"十四五"高等教育机电类专业系列教材

数字电路实验与实训教程

邓文娟　　王怀平　　管小明◎主　　编
张胜群　　刘晓琼　　吴峻楠◎副主编

中国铁道出版社有限公司
CHINA RAILWAY PUBLISHING HOUSE CO., LTD.

内 容 简 介

本书针对普通高等学校电子信息类专业教学要求编写，全书共分七章，包括实验须知及数字电路实验、Multisim 14 仿真软件及使用方法、EDA 设计及应用实验、电子元器件基础及常用电子测量仪器仪表、电子制作焊接技术、电子产品的组装与调试方法、电子技术综合实训项目。

本书注重电子技术基本理论与实际应用的紧密结合，语言表达力求简洁易懂，突出工程性和实用性。

本书适合作为普通高等学校电子信息类专业数字电子技术、EDA 数字逻辑设计及应用、电子工艺实训及电子技术综合实践等课程的实验与实训教材，也可供电子爱好者和相关领域的工程技术人员学习与参考。

图书在版编目（CIP）数据

数字电路实验与实训教程/邓文娟，王怀平，管小明主编. —北京：中国铁道出版社有限公司，2024.8

"十四五"高等教育机电类专业系列教材

ISBN 978-7-113-30875-9

Ⅰ.①数… Ⅱ.①邓…②王…③管… Ⅲ.①数字电路–实验–高等学校–教材 Ⅳ.①TN79-33

中国国家版本馆 CIP 数据核字（2024）第 056985 号

书　　名：	**数字电路实验与实训教程**
作　　者：	邓文娟　王怀平　管小明
策　　划：	曹莉群
责任编辑：	何红艳　绳　超
封面设计：	郑春鹏
责任校对：	苗　丹
责任印制：	樊启鹏

编辑部电话：（010）63560043

出版发行：中国铁道出版社有限公司（100054，北京市西城区右安门西街 8 号）
网　　址：https://www.tdpress.com/51eds
印　　刷：北京市泰锐印刷有限责任公司
版　　次：2024 年 8 月第 1 版　2024 年 8 月第 1 次印刷
开　　本：787 mm×1 092 mm　1/16　印张：13.75　字数：352 千
书　　号：ISBN 978-7-113-30875-9
定　　价：39.00 元

版权所有　侵权必究

凡购买铁道版的图书，如有印制质量问题，请与本社教材图书营销部联系调换。电话（010）63550836
打击盗版举报电话：（010）63549461

前　言

本书是根据普通高等学校电子信息类专业数字电子技术、EDA 数字逻辑设计及应用、电子工艺实训及电子技术综合实践等课程教学大纲而编写，充分参考教育部高等学校电子电气基础课程教学指导分委员会制定的《电子电气基础课程教学基本要求》，教育部高等学校电子信息科学与工程类专业教学指导分委员会制定的《高等学校电子信息科学与工程类本科指导性专业规范》等相关教学指导意见，综合整理与精心挑选多年来积累的教学案例和素材，形成集课程实验、电子线路仿真和电子技术实训于一体的综合性实训教程。

数字电子技术是普通高等学校电子信息类专业必修的具有入门性质的重要技术基础课，具有很强的理论性、实践性和工程性。

本书的第 1 章实验须知及数字电路实验和第 2 章 Multisim 14 仿真软件及使用方法是为了满足数字电子技术课程实验的教学目标而编写的，注重培养学生的数字电路实验基本技能、提高理论联系实际的能力以及培养求实严谨的科学作风。随着半导体器件技术快速发展，EDA（electronic design automation）技术得到了广泛应用，导致数字系统的设计已由传统中小规模数字集成电路逐渐转为采用超大规模可编程硬件逻辑芯片（如 FPGA）来实现，传统数字电路是基于"电路板"来设计的，按照原理图搭建相应电路，EDA 技术是基于"芯片"设计的，电路功能的设计、仿真和调试都在 EDA 集成开发环境中实现，EDA 技术是现代电子设计的发展趋势。因此，编者从课程内容的关联性、实验技能培养的延续性等方面考虑，将 EDA 设计及应用实验作为本书的第 3 章内容。本书第 4 章至第 6 章内容主要是电子工艺实训方面的理论基础和实践指导，第 7 章是电子技术综合实训项目。

本书在内容编排上具有以下特点：

（1）循序渐进，目标明确。

本书内容按照循序渐进的教学思想来编排，前面为课程实验，后面是综合实训，实验内容分为基础性、综合性和创新性。综合实训内容主要来源于编者的工程实践项目以及电子类学科竞赛等。实验与实训有明确的教学目标，符合高等学校电子信息类相关课程教学大纲的教学要求，能够满足当前电子信息类专业工程教育教学基本需要。

（2）虚实结合，树立工程教育理念，培养学生实验技能和创新能力。

实验内容力求"能实不虚"，因此本书在确定实验和实训内容时，综合考虑电子元器件是否容易获取以及内容难度是否适中等。目前，计算机仿真技术已渗透电子学电路分析与设计全过程，它能够帮助学生加深对电路原理、信号传输、元器件参数等对电路性能影响的理解，现已成为电子信息类专业学生必须具备的基本能力。本书第 2

章给出了数字电路仿真分析案例，帮助学生掌握仿真软件的使用。应该注意的是，Multisim 仿真软件提供了丰富的电子元器件库和常用电子仪器仪表等，方便学生从原理及逻辑上仿真实现电路功能，节省时间，不受实验场地和条件限制，但是仿真实验只能作为现场实验的分析和设计参考，不能忽视硬件实验对学生的影响和作用。本书的教学内容力求帮助学生通过方案和原理图设计、仿真分析、现场实验操作，培养科学的实验方法和正确的工程观。

（3）兼顾实验与实训，融合"学、赛、研、创"教学资源。

本书旨在培养电子信息类工科专业学生的电子技术实验和基本实践技能、数字电路实验和 EDA 数字逻辑设计及应用实验技能，注重理论与实践相结合，实验内容难度适中。

数字电子技术是现代电子技术的重要基石，随着半导体集成电路技术的快速发展，数字电子技术现已成为电子学领域发展最快的一门学科，因此，掌握数字电子技术的基本原理、基本分析方法和基本应用对电子信息类专业人才培养尤其重要。学会本书相关内容将为学习单片机原理及应用、数字信号处理、微机原理与接口技术等课程打下良好基础。

本书由邓文娟、王怀平、管小明任主编，张胜群、刘晓琼、吴峻楠任副主编。具体编写分工如下：邓文娟编写第 2 章和第 3 章，王怀平编写第 1 章和第 4 章，管小明编写第 6 章，张胜群编写第 7 章，刘晓琼编写第 5 章，吴峻楠负责编写本书附录部分。全书由邓文娟负责统稿。

东华理工大学邹继军教授和陈志新副教授对本书的编写及出版给予了大力支持和帮助，东华理工大学李跃忠教授、马善农副教授和赣东学院胡开明教授对全书进行了认真细致的审阅，并提出了宝贵的意见和建议，在此表示衷心的感谢！另外，在本书编写过程中，还得到了东华理工大学机械与电子工程学院张建文、冯林、刘梅锋、葛远香、张明智、黄河、肖静、全四龙、曹杰等的帮助，谨在此一并表示感谢！

本书的出版得到了东华理工大学教务处立项支持，在此深表谢意！

本书在编写过程中参考了多位学者的著作，在此向相关作者表示衷心的感谢！

由于编者时间及水平有限，书中不足之处在所难免，恳请读者给予批评指正。

编 者

2024 年 1 月

目 录

第 1 章 实验须知及数字电路实验 ·· 1
1.1 实验室安全操作规程 ·· 1
1.2 实验流程及要求 ·· 2
1.3 常见故障检测方法 ·· 3
1.4 数字电路实验 ·· 5
   1.4.1 集成逻辑门参数测试及应用（基础性实验）················ 5
   1.4.2 SSI 组合逻辑电路的分析、设计与测试（综合性实验）······ 9
   1.4.3 常用 MSI 组合逻辑电路的测试与应用（综合性实验）······ 10
   1.4.4 双稳态触发器及其应用（基础性实验）···················· 16
   1.4.5 时序逻辑电路的分析、设计与测试（综合性实验）·········· 18
   1.4.6 移位寄存器及其应用（基础性实验）······················ 21
   1.4.7 集成计数器及其应用（综合性实验）······················ 24
   1.4.8 脉冲波形产生与整形（综合性实验）······················ 26
   1.4.9 D/A 转换器与 A/D 转换器（综合性实验）················ 31
   1.4.10 单道脉冲幅度分析器（综合性实验）···················· 36
   1.4.11 彩灯控制器（创新性实验）···························· 39
   1.4.12 数字秒表（综合性实验）······························ 40
   1.4.13 拔河游戏机（创新性实验）···························· 42
   1.4.14 数字频率计（创新性实验）···························· 43
   1.4.15 电子密码锁（创新性实验）···························· 45

第 2 章 Multisim 14 仿真软件及使用方法 ······························ 47
2.1 Multisim 14.3 用户界面 ·· 47
   2.1.1 菜单栏·· 47
   2.1.2 工具栏·· 50
   2.1.3 元器件栏及其他······································ 50
2.2 Multisim 14.3 的基本操作 ·· 51
   2.2.1 创建电路图的基本操作································ 51
   2.2.2 元器件的操作·· 54
   2.2.3 导线的操作·· 56
2.3 Multisim 14.3 虚拟仪器的使用方法 ·································· 57
   2.3.1 数字万用表·· 57
   2.3.2 函数信号发生器······································ 58
   2.3.3 瓦特表·· 59
   2.3.4 双通道示波器·· 59
   2.3.5 波特图仪·· 61

2.3.6　频率计 …………………………………………………………………… 62
　　2.3.7　字信号发生器 ………………………………………………………… 63
　　2.3.8　逻辑转换仪 …………………………………………………………… 65
　　2.3.9　逻辑分析仪 …………………………………………………………… 66
　　2.3.10　IV 分析仪 …………………………………………………………… 67
　　2.3.11　失真分析仪 ………………………………………………………… 68
　　2.3.12　频谱分析仪 ………………………………………………………… 69
　　2.3.13　网络分析仪 ………………………………………………………… 70
2.4　Multisim 14.3 的基本分析方法 ……………………………………………… 72
　　2.4.1　直流工作点分析 ……………………………………………………… 72
　　2.4.2　交流分析 ……………………………………………………………… 73
　　2.4.3　瞬态分析 ……………………………………………………………… 75
　　2.4.4　直流扫描分析 ………………………………………………………… 76
　　2.4.5　参数扫描分析 ………………………………………………………… 77
　　2.4.6　噪声分析 ……………………………………………………………… 79
　　2.4.7　傅里叶分析 …………………………………………………………… 80
　　2.4.8　温度扫描分析 ………………………………………………………… 82
　　2.4.9　灵敏度分析 …………………………………………………………… 83
　　2.4.10　最坏情况分析 ………………………………………………………… 84
　　2.4.11　噪声系数分析 ………………………………………………………… 86
　　2.4.12　传输函数分析 ………………………………………………………… 87
2.5　Multisim 14.3 电路仿真举例 ………………………………………………… 87
　　2.5.1　LM7805 制作直流稳压电源 …………………………………………… 87
　　2.5.2　CD4017 计数器制作流水灯 …………………………………………… 88

第 3 章　EDA 设计及应用实验 …………………………………………………… 91

3.1　Quartus Ⅱ 简介 ………………………………………………………………… 91
3.2　Quartus Ⅱ 编译环境使用介绍 ………………………………………………… 91
　　3.2.1　建立工程 ……………………………………………………………… 91
　　3.2.2　Verilog HDL 文本输入与编译 ………………………………………… 93
　　3.2.3　波形仿真 ……………………………………………………………… 94
　　3.2.4　原理图输入与编译 …………………………………………………… 99
3.3　EDA 技术及应用实验 ………………………………………………………… 102
　　3.3.1　格雷码变换器 ………………………………………………………… 102
　　3.3.2　七人表决器 …………………………………………………………… 103
　　3.3.3　四位全加器 …………………………………………………………… 104
　　3.3.4　数码管动态显示 ……………………………………………………… 105
　　3.3.5　矩阵键盘 ……………………………………………………………… 106
　　3.3.6　触发器 ………………………………………………………………… 107
　　3.3.7　序列检测器 …………………………………………………………… 109

  3.3.8 模可变可逆计数器 ··············· 110
  3.3.9 串口通信 ························ 111
  3.3.10 交通灯控制器 ················ 112
  3.3.11 出租车计费器 ················ 113

第4章 电子元器件基础及常用电子测量仪器仪表 ··············· 115
 4.1 常用电子元器件基础 ··············· 115
  4.1.1 电阻器 ························ 115
  4.1.2 电容器 ························ 123
  4.1.3 电感器和变压器 ················ 128
  4.1.4 半导体分立器件 ················ 132
  4.1.5 集成电路 ······················ 137
  4.1.6 其他电路元器件 ················ 142
  4.1.7 电子元器件一般选用原则 ········ 148
 4.2 常用电子测量仪器仪表 ············· 150
  4.2.1 数字万用表 ···················· 150
  4.2.2 SP1641B 型函数信号发生器/计数器 ·· 153
  4.2.3 泰克 TDS 1000B-EDU 系列数字存储示波器 ·· 156
  4.2.4 仪器设备在使用时的接地和共地问题 ·· 160

第5章 电子制作焊接技术 ··············· 162
 5.1 手工焊接技术 ······················ 162
  5.1.1 锡焊基本知识 ·················· 162
  5.1.2 焊接材料与工具 ················ 164
  5.1.3 手工焊接工艺要求及缺陷分析 ···· 169
 5.2 万能板组装工艺 ···················· 180

第6章 电子产品的组装与调试方法 ······ 182
 6.1 电路读图和分析方法 ················ 182
  6.1.1 读图的基本要求 ················ 182
  6.1.2 电路图、框图及装配图三者的关系 ·· 183
  6.1.3 读图的一般步骤 ················ 184
  6.1.4 读图举例 ······················ 185
 6.2 电路在面包板上的安装方法 ·········· 188
 6.3 电子产品的调试 ···················· 189
  6.3.1 电子产品调试的基本要求 ········ 189
  6.3.2 电子产品的调试方法 ············ 190
  6.3.3 电子产品调试的步骤 ············ 190
  6.3.4 电子产品调试中的注意事项 ······ 192
 6.4 电子产品的故障检测方法 ············ 193
  6.4.1 故障现象和产生故障的原因 ······ 193

6.4.2 检测故障的一般方法 …………………………………………………… 194
6.4.3 检测故障的注意事项 …………………………………………………… 195

第7章 电子技术综合实训项目 …………………………………………………… 197
7.1 叮咚音响门铃 ……………………………………………………………… 197
7.1.1 器件选型及参数计算 …………………………………………………… 197
7.1.2 电路原理分析 …………………………………………………………… 198
7.1.3 制作与调试 ……………………………………………………………… 199
7.2 频率合成器 ………………………………………………………………… 199
7.2.1 锁相环简介 ……………………………………………………………… 199
7.2.2 频率合成器设计方案及原理分析 ……………………………………… 200
7.2.3 制作与调试 ……………………………………………………………… 201
7.3 篮球赛24秒违例倒计时报警器 ………………………………………… 203
7.3.1 装置结构分析 …………………………………………………………… 203
7.3.2 电路设计及工作原理 …………………………………………………… 203
7.3.3 制作与调试 ……………………………………………………………… 206

附录A 常用数字IC引脚及功能 …………………………………………………… 208
附录B 图形符号对照表 …………………………………………………………… 211
参考文献 ……………………………………………………………………………… 212

第 1 章 实验须知及数字电路实验

数字电路实验是学习数字电子技术的重要环节，其主要目的：一是通过实验巩固并加深对数字电子技术基本理论和基本概念的理解；二是帮助学生掌握数字电子技术的基本实验方法、培养基本实验技能，通过发现、分析和解决实验过程中出现的问题，提高工程应用能力和学科素养；三是引导学生主动思考，激发专业学习兴趣，培养学生的创新思维和勇于探索的科学精神。

数字电子技术发展日新月异，新器件、新技术、新方法的不断涌现正在推动数字电子技术课程从内容、方法到应用的教学变革。传统中/小规模数字集成芯片（如74系列、4000系列）因功能不足和使用受限等导致在实际电路和实用产品中的应用越来越少，而大规模、超大规模可编程逻辑器件（如CPLD、FPGA）由于内部资源丰富、编程应用灵活、处理速度快以及性价比高等优势在数字系统中得到广泛应用。传统数字电路通常采用模块化、自底向上的设计思路和方法，而现代数字系统则主要应用可编程逻辑器件实现，采用自顶向下的分层次设计方法。目前，在学习数字电子技术时，仍然离不开中/小规模数字集成芯片的应用，因此本章的数字电路实验主要是配合数字电子技术课程教学需要，满足原理验证和简单数字电路系统的一般分析与设计，而Verilog数字逻辑设计及应用实验则是面向现代数字系统应用发展，利用Quartus Ⅱ集成开发环境通过Verilog HDL语言编程实现由简单到复杂的数字逻辑电路的应用设计，逐步培养学生创新思维和工程实践技能。

1.1 实验室安全操作规程

为了维护正常的实验教学秩序，保障人身安全和设备安全，培养学生严谨求实的科学作风，学生进入实验室后应当严格遵守以下实验规定：

(1) 严格遵守实验室规章制度，尤其须注意用电安全。

(2) 实验前必须充分预习，完成预习报告。预习要求如下：

①仔细阅读实验内容，分析和掌握实验电路的工作原理，做好必要的估算；

②熟悉实验任务及要求，完成实验预习指定的内容；

③了解实验中所用仪器设备的使用方法及注意事项。

预习报告经指导老师检查后，方可开始实验。

(3) 实验过程中，须严格遵守"先接线后通电，先断电后拆线"的操作规程，严禁带电接线和拆线，若需更换元器件和改接导线，必须切断电源后才能操作。

(4) 实验电路接线须反复认真检查，确认无误方可接通电源；若无把握，可由指导老师帮助检查。如果发现异常现象（如元器件发烫、冒烟、有异味等）应当立即切断电源，保护现场，报告指导老师，待排除故障，经指导老师同意后再继续实验。

（5）爱护公共财物，使用仪器设备要严格遵守操作规程。各实验台的仪器设备未经许可不得随意搬动。因操作不当损坏仪器设备，必须立即向指导老师报告，认真分析原因，从中吸取教训，并按学校规定给予赔偿。

（6）实验时应当仔细观察实验现象，认真记录实验结果（数据、波形、现象）。所记录的实验结果经指导老师审阅签字后再拆除实验电路。实验完毕应当及时整理仪器设备，清理实验台。

（7）保持实验室整洁，不得打闹和喧哗，着装得体，行为规范。

1.2 实验流程及要求

为了顺利完成实验任务，提高实验课的教学效果，需要认清实验流程并把握相关要求。实验流程大致可分为实验准备、实验操作和实验总结三个阶段，各阶段具体要求如下：

1. 实验准备

在进入实验室做实验之前，应当按照实验指导书中相关要求提前做好实验准备工作，主要包括实验内容预习、实验方案拟定、实验结果及数据记录表格绘制、相关集成芯片数据手册搜集、自备实验工具检查等。

实验内容预习没有统一的要求，既可以写在正式实验报告纸上（与后面实验总结中实验报告相统一），也可以把预习内容记录在实验指导书中。实验预习对实验的组织实施有着重要作用，是实验操作的主要依据。在完成实验预习内容时，一般应以能够看得懂为基准，尽量写得简洁，思路清晰，一目了然，便于指导老师审阅和实验者自己纠正错误。另外，在绘制实验电路图时应当做到：

（1）简单的基础性实验：实验电路图通常以逻辑电路图表示，附以简要文字说明。在逻辑电路图上标注集成芯片型号（名称）及引脚排列序号，从而方便实验电路的搭建和接线，也有利于实验电路逻辑故障的分析和排除。例如，用反相器（74LS04）和与非门（74LS00）构成的同或门实验电路如图1.2.1所示。在原理图上将器件型号、IC引脚编号、元件参数等标注后所得的实验电路图，方便实验电路搭建、导线连接、调试和故障排查。

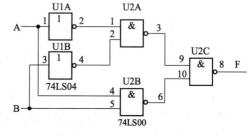

图 1.2.1 同或门实验电路图

（2）稍复杂的综合性、设计性实验：要考虑如何利用已掌握的或者搜集资料所获得的集成芯片进行综合设计来组成满足需要的数字系统。在对设计任务进行分析时，一般先根据总的功能要求把复杂的数字系统分解成若干简单的功能模块（即单元电路），再对单元电路进行具体设计。设计完成的电路原理图，需要标注逻辑门的集成芯片型号、引脚排列序号，若是中规模数字集成芯片也需标注IC型号、引脚排列序号及符号等，以方便实验电路搭建、导线连接以及实验调试。

2. 实验操作

进入实验室后，在做实验过程中应注意以下几点：

（1）认真听取指导老师的实验讲解，如实验要求、注意事项等。

（2）按照实验分组选择实验台，实验操作前先检查仪器设备、实验器材等是否齐全，能否正常使用，如有问题应立即向指导老师报告，及时更换，避免影响实验进程。

（3）用到的导线要检测其好坏，可根据实验条件合理选择检测方法，如利用万用表测导线通断或是利用数字电路实验箱上的逻辑电平指示（LED）与高电平（+5 V）测试，因导线损坏而导致的实验问题常有发生，应特别注意。

（4）在完成实验电路连接时，应当反复检查电路是否正确、完整，在电路图上清晰标注元器件型号、引脚排列序号、主要参数等，合理布局（要求安全、方便、整齐）。选择合理的接线步骤，一般是"先串后并"、"先分后合"或"先主后辅"。要养成良好的接线习惯，接线时应将实验箱电源断开，走线要合理，导线的长短、粗细要适当，防止接线短路。接线头不宜过多地集中在某一点。

（5）按照实验任务及要求，大胆细心地进行实验操作，认真观察实验现象，并仔细记录实验数据和波形等实验结果，及时分析实验结果是否合理。如发现异常现象，应及时查找原因并进行处理。

（6）实验完毕，先关断实验箱电源，对实验数据和结果进行仔细分析、核对，确定没有问题后再让指导老师审核签字，最后拆线并整理实验台方可离开。

3. 实验总结

实验总结主要是编写实验报告，是一项重要的基本功。实验报告是对实验的总结归纳，要求表达通顺、简明扼要、字迹工整、图表清晰、分析合理、结论正确、讨论深入。实验报告一般都有一定的规范和要求，其主要内容包括：

（1）实验名称。

（2）实验目的。

（3）实验器材。

（4）实验内容和方法步骤。

（5）实验电路。

（6）实验数据处理。

（7）实验结果分析并做出结论，写出实验体会，回答思考题。

1.3 常见故障检测方法

实验过程中通常会遇到由于接线错误、元器件损坏、接触不良以及导线断路等问题造成的实验故障，致使电路不能正常工作，严重时会损坏仪器设备，甚至危及人身安全，因此应及时查找原因，排除故障。实验故障原因分析及排除是培养学生工程实践技能的重要途径，需要具备一定的理论基础和熟练的实验技能，并在实践中积累经验。

数字电路实验故障：当组合逻辑电路不满足其真值表工作时，说明该电路存在故障；而时序逻辑电路不按其状态转换图（或状态转换表）工作时，说明该时序逻辑电路存在故障。综合来看，当数字系统在给定输入条件下，输出不能满足预期的逻辑功能，可判断电路有故障。实验电路故障通常可分为静态故障和动态故障两类。静态故障的特点是：在给定的某种输入条件下或者某个时序状态期间，错误输出的结果稳定不变，这类故障原因较容易分析和排除。而动态故障通常是由于输入信号的翻转（如竞争-冒险）、电磁干扰、电源耦合、接触不良等原因引起的，一般持续时间很短，但会导致严重错误的实验结果，这类故障的原因分析和查找比较困难，一般需要逻辑分析仪、高频示波器等专用设备。

数字电路实验常见故障以接线错误、集成芯片功能损坏等问题居多，尤其是导线连接错误（接触不良）引起的故障最多，必须引起高度重视和认真对待。注意布线的合理性和科学性。

1. 正确的布线方法

（1）实验时，应首先检测所用导线和元器件的好坏。

（2）根据实验电路接线图，在实验箱上合理布局，确认元器件型号和引脚排列。

（3）电源和地线最好选用不同颜色的导线，以示区别。

（4）按照信号流向顺序依次布线，以免错接和漏接。

（5）导线长短要适宜，连线必须清晰整齐，同一插孔不宜插入多根导线（少于3根为宜）。

（6）高速应用时，还应当采取防止干扰和减小信号传输时间的措施。

2. 常用故障检测方法

（1）直接观察法。直接观察法是指不借助任何仪器设备，直接观察待查电路来发现问题、寻找故障的方法，方法虽然直观，但是不简单，需要足够的实践经验才能准确判断。一般分为静态观察和通电检查两种，其中静态观察包括：

①观察元器件安装是否合理、正确。如电解电容的极性、二极管和三极管引脚等有无接错和漏接，安装位置是否合理等。

②观察布线是否合理。

③观察电路供电情况。电源的电压值和极性是否符合要求，实验电路的每块集成芯片是否接入电源等。

④观察元器件表面是否有烧焦痕迹，连线及元器件是否有脱落、断裂等现象。

⑤观察仪器使用情况。仪器类型选择是否合适，功能、量程的选用有无差错，共地连接的处理是否妥善等。

静态观察后再进行通电检查。接通电源后，观察元器件有无发烫、冒烟等情况。直接观察法适用于对电路故障的初步判断，可以发现一些较明显的故障。

（2）仪器测试法：

①电阻法。电阻法是在实验电路断电条件下，利用万用表欧姆挡（或通断检测模式）测量电路或者元器件电阻值，借以判断故障的方法。此方法可检查出电路中的短路和断路故障以及元器件连接是否良好，最后找到故障点给予排除。

②电压法。在电路通电条件下，利用万用表测量静态电压，可检查电源供电、元器件供电是否合理以及输入、输出信号电平是否异常等，最后分析并查找故障原因。

③信号循迹法。根据需要在实验电路输入端施以符合要求的信号，按照信号的流向从前级到后级，用示波器或万用表等仪器逐级检查信号在电路中的传输情况，分析、查找电路中的故障点。

（3）部件替换法。有时故障比较隐蔽，难以一眼看出，但如果身边有同样完好的实验电路或仪器设备，可将有疑点的部件进行相应替换，以便缩小故障查找范围。

在进行故障检查分析时，一定要耐心、细致，善于思考，通过反复实践，不断总结和积累成功的经验。

1.4 数字电路实验

1.4.1 集成逻辑门参数测试及应用（基础性实验）

1. 实验目的

（1）熟悉数字电路实验箱和常用电子仪器仪表的使用方法。
（2）掌握 TTL/CMOS 门电路的逻辑功能及其外特性的测试方法。
（3）掌握常用数字集成逻辑门芯片的正确使用与基本应用。

2. 实验设备及器材（见表 1.4.1）

表 1.4.1　实验设备及器材

序号	实验设备及器材名称	型号或规格	数量
1	数字电路实验箱	TPE-D3	1
2	数字万用表	优利德 UT39B	1
3	双踪示波器	泰克 TBS1000B	1
4	四 2 输入 TTL 与非门	74LS00	1
5	四 2 输入 CMOS 与非门	CD4011	1
6	计算机和仿真软件	Multisim 仿真软件	1

3. 预习要求

（1）了解数字电路实验箱、示波器和万用表的使用方法。
（2）熟悉所用集成芯片的各引脚及其功能。
（3）熟悉门电路工作原理及其相应逻辑表达式。
（4）熟悉门电路主要特性及其参数的含义。

4. 实验原理及内容

1）实验原理

（1）正负逻辑的概念。在数字电路中，逻辑"1"和逻辑"0"可表示两种不同电平的取值。正逻辑中，高电平用逻辑"1"表示，低电平用逻辑"0"表示；负逻辑中，高电平用逻辑"0"表示，低电平用逻辑"1"表示。本书中所涉及的数字电路如无特别说明，均为正逻辑。

（2）门电路的基本逻辑功能。门电路是指实现逻辑运算的基本单元电路，常用门电路主要有与、或、非、与非、或非、同或和异或等，其逻辑符号、逻辑表达式和真值表见表 1.4.2，应熟练掌握。

表 1.4.2　常用门电路逻辑符号及其逻辑功能

逻辑符号	逻辑表达式	真值表		
		A	B	Y
A —[&]— Y B	与 $Y = AB$	0	0	0
		0	1	0
		1	0	0
		1	1	1

续表

逻辑符号	逻辑表达式	真值表		
A —[≥1]— Y, B	或 $Y = A + B$	A	B	Y
		0	0	0
		0	1	1
		1	0	1
		1	1	1
A —[1]o— Y	非 $Y = \overline{A}$	A		Y
		0		1
		1		0
A —[=1]— Y, B	异或 $Y = A \oplus B$	A	B	Y
		0	0	0
		0	1	1
		1	0	1
		1	1	0
A —[&]o— Y, B	与非 $Y = \overline{AB}$	A	B	Y
		0	0	1
		0	1	1
		1	0	1
		1	1	0
A —[≥1]o— Y, B	或非 $Y = \overline{A + B}$	A	B	Y
		0	0	1
		0	1	0
		1	0	0
		1	1	0
A —[=1]o— Y, B	同或 $Y = A \odot B$	A	B	Y
		0	0	1
		0	1	0
		1	0	0
		1	1	1

（3）数字集成芯片型号及引脚识别。每一块 TTL/CMOS 数字集成芯片上都印有该芯片型号，如图 1.4.1 所示。国产数字集成芯片规定命名方法如下：

    C T 74LS00 C（或 M） J（或 D、P、F）
    ① ② ③   ④   ⑤

说明：①C 表示中国；②T 表示 TTL 集成电路；③74 表示商用级 74 系列（如果为 54，则表示军用级 54 系列），LS 表示低功耗肖特基电路，00 表示器件序号（00 为四 2 输入与非门）；④C 表示商用级（工作温度 0~70 ℃），M 表示军用级（工作温度-55~125 ℃，该字母只出现在 54 系列）；⑤J 表示黑瓷低熔玻璃双列直插封装，D 表示多层陶瓷双列直插封装，P 表示塑料双列直插封装，F 表示多层陶瓷扁平封装。

芯片型号如果前两位字母不为 CT，则可能为国外厂商缩写字母，表示该器件为国外相应产品的同类型号。例如，SN 表示美国得克萨斯公司，DM 表示美国半导体公司，MC 表示美国摩托罗拉公司，HD 表示日本日立公司等。

常用数字集成芯片的 IC 封装有多种，在数字电路实验中主要有双列直插式封装（dual in-line package，DIP）和表面贴装封装（surface mount package，SMP），如图 1.4.1 所示。集成芯片的每一个引脚各对应有一个数字编号（如 1，2，3，…）是该集成芯片物理引脚的排列次序。使用器件时，应通过 IC 芯片手册了解所用芯片的各引脚所对应的数字编号和相应功能，以保证正确使用。

芯片引脚示意图如图 1.4.2 所示，定位标识有半圆和圆点两种表达形式，最接近定位标识的引脚规定为物理引脚的第 1 脚，编号为 1，其他引脚的排列次序及编号以逆时针方向依次加 1 递增。

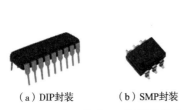

（a）DIP 封装　　（b）SMP 封装

图 1.4.1　常用数字 IC 的封装样式

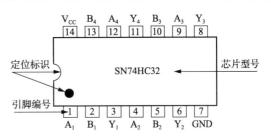

图 1.4.2　芯片引脚示意图（顶视图）

2）实验准备

实验前，首先应检查数字电路实验箱的电源是否正常，用万用表测试+5 V 电源的电压是否正常；然后选择好实验用的集成芯片，查清对应芯片的引脚和功能，根据实验电路图接线。特别注意，V_{CC} 及地的接线不能接错，线接好后反复检查 1~2 遍，确认无误后方可接通电源进行实验。实验中如需改动接线，则须先断开电源，待接好线后再通电实验。后面的数字电路实验也应照此进行。

3）实验内容

（1）测试与非门的逻辑功能。分别将集成芯片 74LS00、CD4011（其引脚图分别如图 1.4.3、图 1.4.4 所示）插入数字电路实验箱的芯片插座上（特别注意定位标识应朝左，不要插反），接好 V_{CC} 和地线，任意选择其中一个逻辑门，并将其输入端接逻辑电平开关的输出插口（S_1~S_8）的任意两个，输出端接电平显示 LED（D_1~D_8）任意一个，根据逻辑真值表测试其逻辑功能。

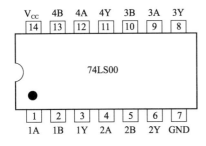

图 1.4.3　74LS00 引脚图

（四 2 输入 TTL 与非门）

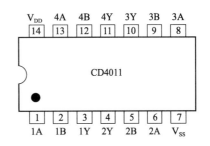

图 1.4.4　CD4011 引脚图

（四 2 输入 CMOS 与非门）

（2）电压传输特性的测试：

①TTL 反相器（非门）电压传输特性的测试。从集成芯片 74LS00 中选择一个与非门，按照图 1.4.5 所示电路连接（与非门实际接成了反相器），调节电位器 R_P 的中心抽头的位置，使输入电压 U_i 按表 1.4.3 变化，用万用表测出每个 U_i 值所对应的 U_o 值，并填入表 1.4.3 中，采用坐标纸（或用 Excel 表绘制）画出电压传输特性曲线。

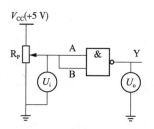

图 1.4.5　TTL 反相器电压传输特性测试电路

表 1.4.3　TTL 反相器电压传输特性的测试

U_i/V	0.0	0.2	0.4	0.6	0.8	1.2	1.4	1.6	2.0	3.5	5.0
U_o/V											

②CMOS 反相器（非门）电压传输特性的测试。从集成芯片 CD4011 中选择一个与非门，按图 1.4.5 所示电路连接，输入电压 U_i 值按表 1.4.4 变化，测出对应的 U_o 值，填入表 1.4.4 中，并用坐标纸（或用 Excel 表绘制）画出电压传输特性曲线。

表 1.4.4　CMOS 反相器电压传输特性的测试

U_i/V	0.0	0.5	1.0	1.5	2.0	2.2	2.5	2.8	3.0	3.5	5.0
U_o/V											

（3）利用与非门组成异或门并测试其逻辑功能（74LS00、CD4011 实现）。

异或门的逻辑表达式为 $Y = A \oplus B$。

用与非门（实验器材中只提供 2 输入与非门）构成异或门，则首先应将异或门转换为 2 输入与非门的形式，写出最简的与非-与非表达式，然后画出对应电路图，最后列出真值表进行实验验证。

$$Y = A \oplus B = \overline{A}B + A\overline{B} = \overline{\overline{\overline{A}B + A\overline{B}}}$$

$$= \overline{\overline{\overline{A}B} \cdot \overline{A\overline{B}}}$$

请根据以上表达式，画出对应逻辑电路图，列出真值表，并用实验验证其功能。

（4）观察与非门对脉冲的控制作用（74LS00 或 CD4011）。

用集成芯片 74LS00（或 CD4011）选取其中一门，按图 1.4.6 接线，在输入端 A 施加连续脉冲，在输入端 B 分别加上低电平"0"和高电平"1"，用示波器观察输出端 Y 的波形，将结果填入表 1.4.5 中，讨论输入端 B 的信号对输出脉冲的控制作用。（本实验内容也可采用 Multisim 软件仿真测试）

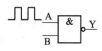

图 1.4.6　与非门控制输出

表 1.4.5　与非门控制测试波形

输入 A	⊓⊔⊓⊔⊓⊔⊓⊔
输出 Y（B=0 时）	
输出 Y（B=1 时）	

5. 实验报告要求与思考题

（1）整理实验数据和图表，并对数据及波形进行分析，完成本实验的实验报告。

（2）回答如下问题：

①如何判断门电路的逻辑功能是否正常？

②与非门在什么情况下输出高电平？什么情况下输出低电平？与非门多余的（不用的）输入端应做如何处理（TTL 和 CMOS 分别说明）？

③与非门的一个输入端接连续脉冲，其余输入端是什么状态时，允许脉冲通过？什么状态时禁止脉冲通过？

1.4.2　SSI 组合逻辑电路的分析、设计与测试（综合性实验）

1. 实验目的

（1）掌握 SSI（小规模集成）组合逻辑电路的分析和测试方法。

（2）掌握 SSI 组合逻辑电路的设计方法。

（3）学会正确使用常用 SSI 组合逻辑集成芯片。

2. 实验设备及器材（见表 1.4.6）

表 1.4.6　实验设备及器材

序号	实验设备及器材名称	型号或规格	数量
1	数字电路实验箱	TPE-D3	1
2	数字万用表	优利德 UT39B	1
3	双踪示波器	泰克 TBS1000B	1
4	四 2 输入 TTL 与非门	74LS00（或 CD4011）	1
5	三 3 输入 TTL 与非门	74LS10	1
6	二 4 输入 TTL 与非门	74LS20	1
7	计算机和仿真软件	Multisim 仿真软件	1

3. 预习要求

（1）了解实验所需集成芯片的引脚排列及功能。

（2）熟悉组合逻辑电路设计与化简方法。

（3）完成实验内容中各电路原理图，并列出真值表。

4. 实验原理及内容

1）实验原理

根据给出的实际逻辑问题，完成实现这一逻辑功能的最简逻辑电路，是设计组合逻辑电路时要完成的工作。所谓"最简"，是指电路所用的器件数量最少，器件种类最少，而且器件之间的连线也最少。

组合逻辑电路设计的一般步骤如下：

（1）根据设计要求，进行逻辑抽象，确定输入变量和输出变量，列出真值表。

（2）利用卡诺图化简法或公式化简法得出最简逻辑表达式。

（3）根据设计时所指定的集成芯片选定器件类型，将最简逻辑表达式变换为所指定门电路的相应形式。

（4）画出逻辑电路图。

（5）用相应门电路集成芯片搭建实验电路，并用实验验证。

2）实验内容

（1）设计一个三人表决电路。具体要求如下：某三人参加会议，对某项提案进行表决，如果同意，就按下桌前的按钮，用逻辑"1"表示；如果不同意，就不按，用逻辑"0"表示。如果三人中有两人或两人以上同意，提案就通过，用逻辑"1"表示，否则就不通过，用逻辑"0"表示。

（2）设计一个数据选择电路，要求为二选一。

（3）设计一个1位8421BCD码的检码电路。电路功能如下：当输入数码等于或大于1010时，电路输出"0"，否则输出为"1"。

（4）Multisim软件仿真。设计一个路灯控制电路，要求实现的功能是：当总电源开关闭合时，安装在三个不同地方的三个开关都能独立地将灯打开或熄灭；当总电源开关断开时，路灯不亮。

实验所用集成芯片引脚图如图1.4.7、图1.4.8所示。

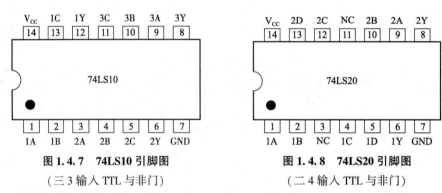

图1.4.7　74LS10引脚图　　　　　图1.4.8　74LS20引脚图
（三3输入TTL与非门）　　　　　（二4输入TTL与非门）

5. 实验报告要求与思考题

（1）根据题目要求，写出化简过程，画出设计的逻辑电路图。

（2）说明实验过程中出现故障的原因及排除方法。

（3）思考题：有同学用完好的74LS12（OC门）代替74LS10组装实验电路，发现无输出，试分析原因（74LS12引脚排列与74LS10相同）。

1.4.3　常用MSI组合逻辑电路的测试与应用（综合性实验）

1. 实验目的

（1）掌握MSI（中规模集成）组合逻辑电路74LS138、74LS151和CD4511等逻辑功能及其测试方法。

（2）掌握应用中规模集成芯片设计组合逻辑电路的方法。

2. 实验设备及器材（见表1.4.7）

表1.4.7　实验设备及器材

序号	实验器材名称	型号或规格	数量
1	数字电路实验箱	TPE-D3	1
2	数字万用表	优利德UT39B	1

续表

序号	实验器材名称	型号或规格	数量
3	3 线-8 线译码器	74LS138	1
4	8 选 1 数据选择器	74LS151	1
5	4 位二进制超前进位全加器	74LS283	1
6	四 2 输入 TTL 与非门	74LS00	2
7	二 4 输入 TTL 与非门	74LS20	1
8	CMOS BCD 锁存/7 段译码/驱动器	CD4511	1
9	1 位共阴极 LED 数码管	5161AS	1
10	计算机和仿真软件	Multisim 仿真软件	1

3. 预习要求

（1）了解 74LS138、74LS151、74LS283 和 CD4511 的工作原理、引脚图、逻辑功能及使用方法。

（2）熟悉应用中规模集成芯片设计组合逻辑电路的方法。

（3）根据实验内容要求画出电路原理图。

4. 实验原理及内容

1）实验原理

（1）74LS138 译码器的工作原理。74LS138 为 3 线-8 线译码器，其工作原理如下：

①当一个选通端 G_1 为高电平，另两个选通端 $\overline{G_{2A}}$ 和 $\overline{G_{2B}}$ 为低电平时，可将地址端（A、B、C）的二进制编码在 $Y_0 \sim Y_7$ 对应的输出端以低电平译出。

例如：CBA=110 时，则 Y_6 输出端输出为低电平信号。

②利用 G_1、$\overline{G_{2A}}$ 和 $\overline{G_{2B}}$ 可级联扩展成 4 线-16 线译码器；若外接一个反相器还可级联扩展成 5 线-32 线译码器。

③若将选通端中的一个作为数据输入端时，74LS138 还可作数据分配器。

④可用在 8086 的译码电路中，扩展内存。

74LS138 引脚图如图 1.4.9 所示，功能表见表 1.4.8。

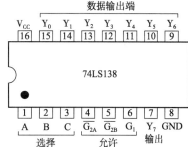

图 1.4.9　74LS138 引脚图

表 1.4.8　74LS138 功能表

输入						输出							
选通端			地址端										
G_1	$\overline{G_{2A}}$	$\overline{G_{2B}}$	C	B	A	Y_7	Y_6	Y_5	Y_4	Y_3	Y_2	Y_1	Y_0
×	1	×	×	×	×	1	1	1	1	1	1	1	1
×	×	1	×	×	×	1	1	1	1	1	1	1	1
0	×	×	×	×	×	1	1	1	1	1	1	1	1
1	0	0	0	0	0	1	1	1	1	1	1	1	0
1	0	0	0	0	1	1	1	1	1	1	1	0	1
1	0	0	0	1	0	1	1	1	1	1	0	1	1
1	0	0	0	1	1	1	1	1	1	0	1	1	1

续表

输入						输出							
选通端			地址端										
G_1	$\overline{G_{2A}}$	$\overline{G_{2B}}$	C	B	A	Y_7	Y_6	Y_5	Y_4	Y_3	Y_2	Y_1	Y_0
1	0	0	1	0	0	1	1	1	0	1	1	1	1
1	0	0	1	0	1	1	1	0	1	1	1	1	1
1	0	0	1	1	0	1	0	1	1	1	1	1	1
1	0	0	1	1	1	0	1	1	1	1	1	1	1

注：×表示输入任意电平（0或1），下同。

⑤用译码器实现逻辑函数的方法：

a. 根据设计任务要求，进行逻辑抽象，确定输入变量和输出变量，并进行逻辑赋值，列出真值表。

b. 根据真值表写出输出为"1"的最小项之和的标准形式。

c. 选择二进制译码器，要求：函数变量数=输入变量个数。

d. 将 b 中所得的逻辑函数表达式转换成给定的集成芯片输出端应有的逻辑表达式形式。

e. 用逻辑符号画出该逻辑函数表达式的逻辑电路图（注意输入变量的高、低位不要弄错），并用实验验证。

（2）74LS151 数据选择器：

①数据选择器又称"多路开关"。数据选择器在地址码（又称选择控制）电平的控制下，从几个数据输入中选择一个并将其送到一个公共的输出端。数据选择器的功能类似一个多路开关，如图 1.4.10 所示，图中有四路数据 $D_0 \sim D_3$，通过选择控制信号 A_1、A_0（地址码）从四路数据中选中某一路数据送至输出端 Q。

②74LS151 为互补输出的 8 选 1 数据选择器，其引脚排列如图 1.4.11 所示，功能表见表 1.4.9。选择控制端（地址端）为 A、B、C，按二进制译码，从 8 个输入数据 $D_0 \sim D_7$ 中选择 1 个需要的数据送到输出端 Q，S 为使能端，低电平有效。

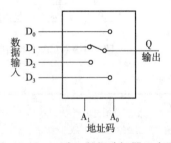

图 1.4.10 4 选 1 数据选择器示意图

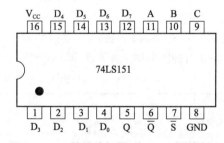

图 1.4.11 数据选择器 74LS151 引脚图

表 1.4.9 74LS151 功能表

输入				输出	
S	C	B	A	Q	$\overline{Q}$
1	×	×	×	0	1
0	0	0	0	D_0	$\overline{D_0}$
0	0	0	1	D_1	$\overline{D_1}$

续表

输入				输出	
S	C	B	A	Q	$\overline{Q}$
0	0	1	0	D_2	$\overline{D_2}$
0	0	1	1	D_3	$\overline{D_3}$
0	1	0	0	D_4	$\overline{D_4}$
0	1	0	1	D_5	$\overline{D_5}$
0	1	1	0	D_6	$\overline{D_6}$
0	1	1	1	D_7	$\overline{D_7}$

③用数据选择器实现逻辑函数。任何一个逻辑函数都可以表示为输入变量最小项之和的标准形式，用数据选择器实现逻辑函数的设计步骤如下：

a. 根据设计要求进行逻辑抽象，确定输入、输出变量的个数及逻辑赋值。

b. 列出真值表。

c. 根据真值表写出逻辑函数的最小项之和的逻辑函数表达式。

d. 确定所用的数据选择器，并写出该数据选择器的逻辑函数表达式。

e. 将所设计的逻辑函数表达式和数据选择器的输出表达式对照比较（也可画出两者的卡诺图后进行对照比较来求解），求解数据选择器的各输入端的逻辑取值或表达式。

f. 画出逻辑电路图。

（3）显示译码器 CD4511 及 LED 数码管：

①CD4511 是一个用于驱动共阴极 LED（数码管）显示器的 CMOS BCD 码-七段显示译码器，具有 BCD 码转换、消隐和锁存控制、七段译码及驱动功能，能提供较大的拉电流，可直接驱动 LED 显示器。CD4511 引脚图如图 1.4.12 所示。

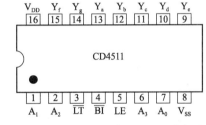

图 1.4.12　显示译码器 CD4511 引脚图

CD4511 引脚功能：

$A_0 \sim A_3$：二进制数据（BCD 码）输入端。

$\overline{LT}$：灯测试端，加高电平时，显示器正常显示；加低电平时，显示器一直显示数码"8"，各笔段都被点亮，以检查显示器是否有故障。

$\overline{BI}$：输出消隐控制端，低电平时使所有笔段均消隐；正常显示时，该端应加高电平。

LE：数据锁存控制端，高电平时锁存，低电平时传输数据。

$Y_a \sim Y_g$：译码输出端。

V_{DD}：电源正极。

V_{SS}：电源负极。

CD4511 真值表见表 1.4.10。

表 1.4.10　CD4511 真值表

输入							输出							显示
LE	$\overline{BI}$	$\overline{LT}$	A_3	A_2	A_1	A_0	Y_a	Y_b	Y_c	Y_d	Y_e	Y_f	Y_g	
×	×	0	×	×	×	×	1	1	1	1	1	1	1	8

续表

LE	$\overline{BI}$	$\overline{LT}$	A_3	A_2	A_1	A_0	Y_a	Y_b	Y_c	Y_d	Y_e	Y_f	Y_g	显示
×	0	1	×	×	×	×	0	0	0	0	0	0	0	消隐
0	1	1	0	0	0	0	1	1	1	1	1	1	0	0
0	1	1	0	0	0	1	0	1	1	0	0	0	0	1
0	1	1	0	0	1	0	1	1	0	1	1	0	1	2
0	1	1	0	0	1	1	1	1	1	1	0	0	1	3
0	1	1	0	1	0	0	0	1	1	0	0	1	1	4
0	1	1	0	1	0	1	1	0	1	1	0	1	1	5
0	1	1	0	1	1	0	0	0	1	1	1	1	1	6
0	1	1	0	1	1	1	1	1	1	0	0	0	0	7
0	1	1	1	0	0	0	1	1	1	1	1	1	1	8
0	1	1	1	0	0	1	1	1	1	0	0	1	1	9
0	1	1	1	0	1	0	0	0	0	0	0	0	0	消隐
0	1	1	1	0	1	1	0	0	0	0	0	0	0	消隐
0	1	1	1	1	0	0	0	0	0	0	0	0	0	消隐
0	1	1	1	1	0	1	0	0	0	0	0	0	0	消隐
0	1	1	1	1	1	0	0	0	0	0	0	0	0	消隐
0	1	1	1	1	1	1	0	0	0	0	0	0	0	消隐
1	1	1	×	×	×	×	锁存							锁存

②LED 数码管。LED 数码管（LED segment display）由多个发光二极管封装在一起组成"8"字形的器件，引线已在内部连接完成，只需引出它们的各个笔段、公共电极。这些笔段分别由字母 a、b、c、d、e、f、g、dp 来表示。七段显示 LED 数码管引脚定义如图 1.4.13 所示。

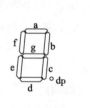
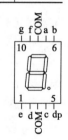

LED 数码管根据其内部发光二极管的连接，分为共阴极接法和共阳极接法，其内部连接如图 1.4.14 所示。

图 1.4.13 七段显示 LED 数码管引脚定义

CD4511 与共阴极 LED 数码管的连接电路如图 1.4.15 所示。

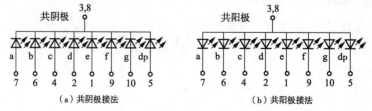

图 1.4.14 LED 数码管内部连接

注：图中数字均为引脚标号。

2）实验内容

（1）译码器、数据选择器逻辑功能测试。在数字电路实验箱的芯片插槽中正确插放 74LS138、74LS151 集成芯片，接好 V_{CC} 和地线后，按照 74LS138、74LS151 集成芯片功能表进行逻辑功能测试。

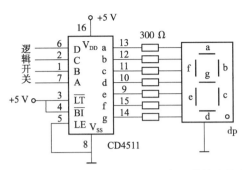

图 1.4.15　CD4511 与共阴极 LED 数码管的连接电路

（2）应用 74LS138 实现三人表决电路（必要时可附加一片 74LS00），要求写出设计过程，画出电路原理图，列出真值表，并在数字电路实验箱或采用 Multisim 仿真软件实验验证。

（3）设计一个用 74LS138 译码器及门电路同时实现如下多输出逻辑函数的电路，要求画出逻辑电路图，自定义实验记录表格并填入验证的结果。

$$F_1 = AB + AC$$

$$F_2 = \overline{A}BC + A\overline{B}C$$

$$F_3 = \overline{A}\,\overline{B}\,C + A\overline{B}\,\overline{C} + ABC$$

（4）用 74LS151 实现交通信号灯故障报警电路。具体要求如下：交通信号灯由红、黄、绿三盏灯组成。正常情况下，任何时刻必有一盏灯点亮，而且只允许有一盏灯点亮。而当出现其他点亮状态时，电路发生故障，这时要求发出故障信号，以提醒维护人员前去修理。

（5）BCD 码与 LED 数码管七段显示验证。参考图 1.4.13 和图 1.4.15，利用数字电路实验箱的硬件资源，自拟设计验证显示译码器 CD4511 功能的实验方案，画出实验电路原理图。参考表 1.4.10，验证 CD4511 功能并做记录。

（6）Multisim 软件仿真（选做）：8421BCD 码加法电路。具体要求如下：试用两片 4 位二进制并行加法器 74LS283（见图 1.4.16）和必要的门电路组成一个二-十进制（BCD 码）加法器电路。

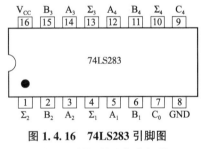

图 1.4.16　74LS283 引脚图
（4 位二进制超前进位全加器）

提示：根据 BCD 码中 8421 码的加法运算规则，当两数之和小于或等于 9（1001）时，相加的结果和按二进制数相加所得到的结果一样。当两数之和大于 9（即等于 1010~1111）时，则应在按二进制数相加的结果上加 6（0110）调整，这样就可以给出进位信号，同时得到一个小于 9 的和。

5. 实验报告要求与思考题

（1）对实验结果进行分析和讨论。

（2）简述 74LS138 的逻辑功能，写出其逻辑函数表达式。

（3）思考题：

①用 74LS151 可以实现几变量的组合逻辑函数？

②试设计一个4位二进制求补码的电路。

③如果实现2位半数码（最大显示99.9的显示功能），可用3片CD4511作为译码显示驱动，如何正确连线？

1.4.4 双稳态触发器及其应用（基础性实验）

1. 实验目的

（1）加深理解各触发器的逻辑功能，熟悉各类触发器逻辑功能相互转换的方法。

（2）熟悉触发器的两种触发方式（电平触发和边沿触发）及触发特点。

（3）掌握D触发器和JK触发器逻辑功能的测试方法。

（4）掌握应用触发器实现简单时序逻辑电路的方法。

2. 实验设备及器材（见表1.4.11）

表1.4.11 实验设备及器材

序号	实验设备及器材名称	型号或规格	数量
1	数字电路实验箱	TPE-D3	1
2	双踪示波器	泰克TBS1000B	1
3	数字万用表	优利德UT39B	1
4	四2输入TTL与非门	74LS00	1
5	双D型TTL触发器	74LS74	1
6	双JK型TTL触发器	74LS112	1
7	计算机和仿真软件	Multisim仿真软件	1

3. 预习要求

（1）了解实验所用集成芯片的引脚和功能。

（2）熟悉触发器的逻辑功能及相互转换的方法。

（3）完成各实验内容的电路原理图的设计。

4. 实验原理及内容

1）实验原理

（1）74LS74集成芯片简介。74LS74为带异步置位和复位的上升沿触发的双D型TTL触发器，其引脚图如图1.4.17所示，功能表见表1.4.12。

（2）74LS112集成芯片简介。74LS112为带异步置位和复位的下降沿触发的双JK型TTL触发器，其引脚图如图1.4.18所示，功能表见表1.4.13。

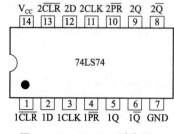

图1.4.17 74LS74引脚图

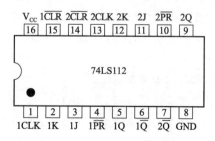

图1.4.18 74LS112引脚图

表 1.4.12　74LS74 功能表

输入				输出	
$\overline{PR}$	$\overline{CLR}$	CLK	D	Q	$\overline{Q}$
0	1	×	×	1	0
1	0	×	×	0	1
0	0	×	×	1*	1*
1	1	↑	1	1	0
1	1	↑	0	0	1
1	1	0	×	Q_0	$\overline{Q_0}$

表 1.4.13　74LS112 功能表

输入					输出	
$\overline{PR}$	$\overline{CLR}$	CLK	J	K	Q	$\overline{Q}$
0	1	×	×	×	1	0
1	0	×	×	×	0	1
0	0	×	×	×	1*	1*
1	1	↓	0	0	Q_0	$\overline{Q_0}$
1	1	↓	1	0	1	0
1	1	↓	0	1	0	1
1	1	↓	1	1	翻转	
1	1	1	×	×	Q_0	$\overline{Q_0}$

说明：表 1.4.12、表 1.4.13 中，↑表示低到高电平跳变（上升沿）；↓表示高到低电平跳变（下降沿）；×表示任意；Q_0 表示稳态输入条件建立前的 Q 的电平；$\overline{Q_0}$ 表示稳态输入条件建立前的 Q 的电平（或 Q_0）的补码；*表示不定。

2）实验内容

（1）基本 RS 触发器逻辑功能验证。选用两个 2 输入与非门接成如图 1.4.19 所示的基本 RS 触发器电路，按表 1.4.14 的顺序在输入端 $\overline{S_D}$、$\overline{R_D}$ 加信号，观察并记录 Q、$\overline{Q}$ 的状态，将结果填入表 1.4.14 中，并说明在各种输入状态下，触发器执行的是什么功能。

表 1.4.14　基本 RS 触发器逻辑功能测试

$\overline{S_D}$	$\overline{R_D}$	Q	Q*	功能说明
0	0	0		
0	0	1		
0	1	0		
0	1	1		
1	0	0		
1	0	1		
1	1	0		
1	1	1		

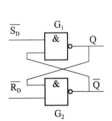

图 1.4.19　基本 RS 触发器

注意：当输入端 $\overline{S_D}$、$\overline{R_D}$ 接低电平时，观察 Q、$\overline{Q}$ 的状态；当 $\overline{S_D}$、$\overline{R_D}$ 同时由低电平跳为高电平时，注意观察 Q、$\overline{Q}$ 的状态，重复几次，以正确理解"不定"状态的含义。为了满足"同时"的要求，则需要将 $\overline{S_D}$、$\overline{R_D}$ 端接入同一逻辑电平开关。

（2）D 触发器逻辑功能测试：

①用数字电路实验箱上的单次脉冲作为 CLK 脉冲加入 74LS74 集成芯片 D 触发器的 CLK 端，并根据表 1.4.12 加输入信号，测试并验证 D 触发器的逻辑功能。

②令 $\overline{PR}=\overline{CLR}=1$，将 D 和 $\overline{Q}$ 端相连，CLK 端加连续脉冲，用示波器观察并记录 Q 和 $\overline{Q}$ 相对于 CLK 的波形，记录于图 1.4.20 中。

（3）JK 触发器逻辑功能测试：

①用数字电路实验箱上的单次脉冲作为 CLK 脉冲加入 74LS112 集成芯片 JK 触发器的 CLK

端，并根据表 1.4.13 加输入信号，测试并验证 JK 触发器的逻辑功能。

②令 $\overline{PR}=\overline{CLR}=1$，J=K=1，CLK 端加连续脉冲，用示波器观察并记录 Q 和 $\overline{Q}$ 相对于 CLK 的波形，记录于图 1.4.21 中。

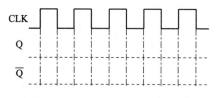

图 1.4.20　D 触发器时序图　　　　　图 1.4.21　JK 触发器时序图

（4）Multisim 仿真：实现下列触发器逻辑功能的转换，写出转换过程，画出电路图，并用实验验证。

①将 D 触发器转换成 JK 触发器。

②将 JK 触发器转换成 D 触发器。

③将 JK 触发器转换成 T 和 T′触发器。

5. 实验报告要求与思考题

（1）整理实验数据、图表并对结果进行分析讨论。

（2）实验内容中各种触发器的转换过程及电路原理图必须明确表示出来。

（3）思考题：

①基本 RS 触发器可以实现开关的"去抖"功能，试设计该去抖电路。

②如果触发器之间的逻辑功能进行了转换，其触发方式是否改变？

③如何用触发器设计实现广告流水灯。广告流水灯要求：该流水灯由 8 个 LED 组成，工作时始终为 1 亮 7 暗，且这一个暗灯循环右移。（触发器、组合逻辑器件和门电路设计后，用 Multisim 仿真验证）

1.4.5　时序逻辑电路的分析、设计与测试（综合性实验）

1. 实验目的

（1）掌握常用时序逻辑电路的分析、设计与测试方法。

（2）熟悉异步时序逻辑电路的分析和设计方法。

（3）掌握用触发器和门电路设计同步时序逻辑电路的方法。

2. 实验设备及器材（见表 1.4.15）

表 1.4.15　实验设备及器材

序号	仪器或器件名称	型号或规格	数量
1	数字电路实验箱	TPE-D3	1
2	双踪示波器	泰克 TBS1000B	1
3	数字万用表	优利德 UT39B	1
4	四 2 输入 TTL 与非门	74LS00	2
5	二 4 输入 TTL 与非门	74LS20	2

续表

序号	仪器或器件名称	型号或规格	数量
6	双 D 型 TTL 触发器	74LS74	2
7	双 JK 型 TTL 触发器	74LS112	2
8	计算机和仿真软件	Multisim 仿真软件	1

3. 预习要求

（1）熟悉时序逻辑电路的分析和设计方法。

（2）了解实验所用集成芯片功能。

（3）根据实验指导老师布置的实验内容设计出实验电路原理图。

4. 实验原理及内容

1）实验原理

（1）时序逻辑电路的分析与测试。对时序逻辑电路的测试，可在 CLK 端加入合适的矩形脉冲信号，然后观察各单元部件之间的配合是否满足要求。例如，对图 1.4.22 所示的 3 位二进制异步加法计数器的测试，可以采用以下几种方法：

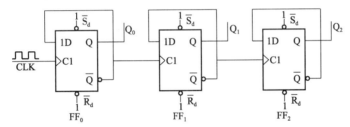

图 1.4.22　计数器的测试电路

①用示波器观察波形。在计数器的 CLK 端加入 1 kHz 的脉冲信号，然后用示波器分别测试脉冲信号 CLK 的波形及计数器输出端 Q_0、Q_1、Q_2 的波形。

②用 0-1（LED 管）显示器显示二进制数。在计数器的 CLK 端加入 1 Hz 的脉冲信号，然后用 0-1（LED 管）显示器观察计数器的输出端 Q_0、Q_1、Q_2 状态的变化。

③用数码管显示。在计数器的 CLK 端加入 1 Hz 的脉冲信号，将计数器的输出端接至字符译码器，译码器的输出接至数码管，由数码管可以显示计数器 CLK 端输入脉冲的个数。

（2）时序逻辑电路的设计。时序逻辑电路的设计就是根据给定的逻辑关系，求出满足此逻辑关系的最简单的逻辑电路图。时序逻辑电路的设计一般按以下几个步骤进行：

①分析给定的逻辑关系，确定输入变量和输出变量，建立状态转换表（图）。

②状态化简，即合并重复（等价）状态，以得到最简单的状态转换图。

③状态分配，即状态编码，对每个状态指定一个二进制编码。

④确定触发器的个数和类型，求出输出方程、状态方程和驱动方程，并检查能否自启动，若不能，则需要对电路方程进行修改。

⑤根据输出方程、状态方程和驱动方程画出逻辑电路图。

由于时序逻辑电路有同步时序逻辑电路和异步时序逻辑电路两种类型，在处理设计步骤的时候，对于异步时序逻辑电路，在把状态转换图转换成卡诺图进行化简时，除了可以把无效状态当作约束项处理外，对于某个触发器的次态来说没有时钟脉冲的电路状态也可以当作约束项处理，这样可以得到更简化的逻辑电路图。

当时序逻辑电路中存在无效状态时，必须考虑电路的自启动问题，即考虑那些无效状态能否在时钟脉冲作用下自动进入工作循环中来。任何一个系统在工作过程中会不可避免地受到各种干扰，在受到外界干扰时，电路可能会进入无效状态。如果电路是自启动的，则经过若干时钟周期后，电路一定能自动回到工作循环中。若电路不能自启动，一旦进入某些无效状态，电路便无法恢复正常工作。

2) 实验内容

(1) 时序逻辑电路的分析与测试：

①异步时序逻辑电路。图1.4.23是一异步二进制加法计数器，按图接线，由CLK端接连续脉冲，用示波器观察并记录CLK、Q_0、Q_1、Q_2的波形。

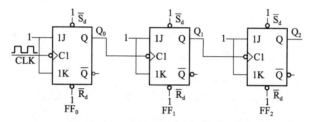

图1.4.23 异步二进制加法计数器

②同步时序逻辑电路。图1.4.24所示是由三个JK触发器和与非门组成的同步时序逻辑电路，CLK是输入计数脉冲，Y是输出信号。按图接线，CLK输入单次脉冲，Q_0、Q_1、Q_2接发光二极管，记录各触发器的状态。

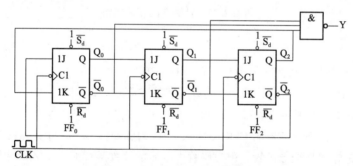

图1.4.24 同步时序逻辑电路

(2) 时序逻辑电路的设计：

①异步计数器的设计。利用集成芯片74LS112设计一个3位异步二进制减法计数器，画出设计逻辑电路图，用实验验证。

②同步计数器的设计。利用集成芯片74LS112设计一个同步五进制加法计数器，画出设计逻辑电路图，用实验验证。

③顺序脉冲发生器的设计。试用D触发器设计一个能自启动的环形计数器，电路的输出$Q_1Q_2Q_3Q_4$为一组顺序脉冲。试自行设计电路，完成电路的连接，测试电路的功能，必要时可附加与非门。

④彩灯控制电路的设计。试用74LS112和74LS00设计一组彩灯循环显示电路，彩灯状态变化如图1.4.25所示，写出设计过程，列出状态转换图，画出逻辑电路图，并用实验验证。

图 1.4.25　彩灯状态变化显示示意图

5. 实验报告要求与思考题

（1）画出实验内容测试结果的时序图或状态转换图。

（2）总结时序逻辑电路的工作特点。

（3）简要写出实验中时序逻辑电路的设计思路。

（4）思考题：设计同步计数器时，怎样确定电路的状态编码？

1.4.6　移位寄存器及其应用（基础性实验）

1. 实验目的

（1）掌握中规模 4 位双向移位寄存器 74LS194 逻辑功能及使用方法。

（2）熟悉移位寄存器的应用——实现数据的串行、并行转换和构成环形计数器。

2. 实验设备及器材（见表 1.4.16）

表 1.4.16　实验设备及器材

序号	实验设备及器材名称	型号或规格	数量
1	数字电路实验箱	TPE-D3	1
2	双踪示波器	泰克 TBS1000B	1
3	数字万用表	优利德 UT39B	1
4	4 位双向移位寄存器	74LS194	2
5	四 2 输入 TTL 与非门	74LS00	2
6	计算机和仿真软件	Multisim 仿真软件	1

3. 预习要求

（1）熟悉有关寄存器的内容。

（2）熟悉 74LS194 逻辑功能及引脚排列。

（3）用 Multisim 软件对实验内容进行仿真分析。

4. 实验原理及内容

1）实验原理

移位寄存器是一个具有移位功能的寄存器，是指寄存器中所存的代码能够在移位脉冲的作用下依次左移或右移。既能左移又能右移的称为双向移位寄存器，只需要改变左、右移的控制信号便可实现双向移位要求。根据移位寄存器存取信息的方式不同分为：串入串出、串入并出、并入串出、并入并出四种形式。

本实验选用的 4 位双向移位寄存器，型号 74LS194，其逻辑符号及引脚图如图 1.4.26 所示。

其中，D_0、D_1、D_2、D_3 为并行输入端；Q_0、Q_1、Q_2、Q_3 为并行输出端；S_R 为右移串行输入端；S_L 为左移串行输入端；S_0、S_1 为操作模式控制端；$\overline{CR}$ 为直接无条件清零端；CLK 为时钟脉冲输入端。74LS194 有五种不同操作模式：并行送数寄存、右移（方向由 $Q_0 \rightarrow Q_3$）、左移（方向由 $Q_3 \rightarrow Q_0$）、保持及清零。

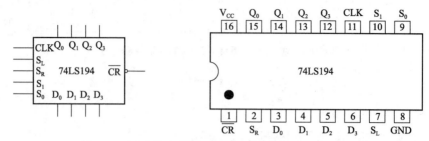

图 1.4.26　移位寄存器 74LS194 的逻辑符号及引脚图

S_1、S_0 和 $\overline{CR}$ 端的控制作用见表 1.4.17。

表 1.4.17　74LS194 功能表

功能	输入										输出			
	CLK	$\overline{CR}$	S_1	S_0	S_R	S_L	D_0	D_1	D_2	D_3	Q_0	Q_1	Q_2	Q_3
清零	×	0	×	×	×	×	×	×	×	×	0	0	0	0
送数	↑	1	1	1	×	×	a	b	c	d	a	b	c	d
右移	↑	1	0	1	D_{SR}	×	×	×	×	×	D_{SR}	Q_0	Q_1	Q_2
左移	↑	1	1	0	×	D_{SL}	×	×	×	×	Q_1	Q_2	Q_3	D_{SL}
保持	↑	1	0	0	×	×	×	×	×	×	Q_0^n	Q_1^n	Q_2^n	Q_3^n
保持	↓	1	×	×	×	×	×	×	×	×	Q_0^n	Q_1^n	Q_2^n	Q_3^n

移位寄存器应用很广，可构成移位寄存器型计数器、顺序脉冲发生器、串行累加器；可用于数据转换，即把串行数据转换为并行数据，或把并行数据转换为串行数据等。本实验研究移位寄存器用作环形计数器和数据的串、并行转换。

（1）环形计数器。把移位寄存器的输出反馈到它的串行输入端，就可以进行循环移位。

（2）数据串行/并行转换器：

①串行/并行转换器。串行/并行转换器是指串行输入的数码，经转换电路之后变换成并行输出。

②并行/串行转换器。并行/串行转换器是指并行输入的数码，经转换电路之后变换成串行输出。

2）实验内容

（1）移位寄存器 74LS194 逻辑功能测试。按图 1.4.27 接线，$\overline{CR}$、S_1、S_0、S_L、S_R、D_0、D_1、D_2、D_3 分别接至逻辑开关；Q_0、Q_1、Q_2、Q_3 接至逻辑电平指示（发光二极管）。CLK 端接单次脉冲源。按表 1.4.18 所规定的输入状态，逐项进行测试。

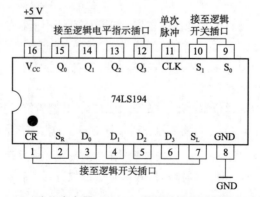

图 1.4.27　移位寄存器 74LS194 逻辑功能测试接线示意图

表 1.4.18　移位寄存器 74LS194 逻辑功能测试记录表

清除	模式		时钟	串行		输入				输出				功能
$\overline{CR}$	S_1	S_0	CLK	S_R	S_L	D_0	D_1	D_2	D_3	Q_0	Q_1	Q_2	Q_3	总结
0	×	×	×	×	×	×	×	×	×					
1	1	1	↑	×	×	a	b	c	d					
1	0	1	↑	0	×	×	×	×	×					
1	0	1	↑	1	×	×	×	×	×					
1	0	1	↑	0	×	×	×	×	×					
1	0	1	↑	0	×	×	×	×	×					
1	1	0	↑	×	1	×	×	×	×					
1	1	0	↑	×	1	×	×	×	×					
1	1	0	↑	×	1	×	×	×	×					
1	1	0	↑	×	1	×	×	×	×					
1	0	0	↑	×	×	×	×	×	×					

①清除：令 $\overline{CR}=0$，其他输入均为任意态，这时寄存器输出 Q_0、Q_1、Q_2、Q_3 应均为 0。清除后，置 $\overline{CR}=1$。

②送数：令 $\overline{CR}=S_1=S_0=1$，送入任意 4 位二进制数，如 $D_0D_1D_2D_3=abcd$，加 CLK 脉冲，观察 CLK=0、CLK 由 0→1 以及由 1→0 三种情况下寄存器输出状态的变化，观察寄存器输出状态变化是否发生在 CLK 脉冲的上升沿。

③右移：清零后，令 $\overline{CR}=1$，$S_1=0$，$S_0=1$，由右移输入端 S_R 送入二进制数码，如 0100，由 CLK 端连续加四个脉冲，观察输出情况并记录。

④左移：先清零或预置，再令 $\overline{CR}=1$，$S_1=1$，$S_0=0$，由左移输入端 S_L 送入二进制数码，如 1111，连续加四个 CLK 脉冲，观察输出端情况并记录。

⑤保持：寄存器预置任意 4 位二进制数码 abcd，令 $\overline{CR}=1$，$S_1=S_0=0$，加 CLK 脉冲，观察寄存器输出状态并记录。

（2）环形计数器。自拟实验步骤。用并行送数法预置寄存器为某二进制数码（如 0100），然后进行右移循环，观察寄存器输出端状态的变化，记入表 1.4.19 中。

表 1.4.19　环形计数器测试记录表

CLK	Q_0	Q_1	Q_2	Q_3
0	0	1	0	0
1				
2				
3				
4				

（3）Multisim 仿真。用 74LS194 设计一个模为 13 的自启动扭环形计数器。

5. 实验报告要求与思考题

（1）使寄存器清零，除采用 $\overline{CR}$ 输入低电平外，可否采用右移或左移的方法？可否使用并行送数法？若可行，如何进行操作？

（2）环形计数器的最大优点和缺点是什么？

（3）根据实验内容（2）所记录状态，画出 4 位环形计数器的状态转换图及波形图。

（4）移位寄存器如何构成计数器？环形计数器和扭环形计数器有何区别？

1.4.7 集成计数器及其应用（综合性实验）

1. 实验目的

（1）熟悉常用中规模集成计数器的逻辑功能和各控制端的作用。

（2）掌握应用常用计数器芯片 74LS161 和 74LS192 构成任意进制计数器的方法。

2. 实验设备及器材（见表 1.4.20）

表 1.4.20 实验设备及器材

序号	仪器或器件名称	型号或规格	数量
1	数字电路实验箱	TPE-D3	1
2	双踪示波器	泰克 TBS1000B	1
3	数字万用表	优利德 UT39B	1
4	4 位同步二进制加法计数器	74LS161	1
5	双时钟同步十进制加/减计数器	74LS192	1
6	四 2 输入 TTL 与非门	74LS00	1
7	计算机和仿真软件	Multisim 仿真软件	1

3. 预习要求

（1）熟悉计数器的基本工作原理。

（2）了解计数器集成芯片 74LS161、74LS192 的引脚和功能。

（3）完成实验电路图的设计。

4. 实验原理及内容

1）实验原理

（1）计数是一种简单的基本运算，计数器则是实现该运算的逻辑电路。计数器在数字系统中主要是对输入脉冲进行计数，以实现测量、计数、控制和分频等功能。计数器按计数进制不同，可分为二进制计数器、十进制计数器等；按计数单元中各触发器的触发翻转次序（触发器连接方式，即结构）可分为同步计数器和异步计数器；按计数功能可分为加法计数器、减法计数器和可逆计数器（加/减计数器）等。

（2）集成计数器 74LS161 逻辑功能及引脚。74LS161 是常用的具有异步清零功能和可预置数的 4 位二进制同步加法计数器，其引脚图如图 1.4.28 所示，逻辑功能见表 1.4.21。

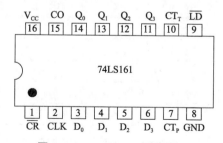

图 1.4.28 74LS161 引脚图

表 1.4.21　74LS161 逻辑功能表

输入									输出			
$\overline{CR}$	$\overline{LD}$	CT_T	CT_P	CLK	D_0	D_1	D_2	D_3	Q_0	Q_1	Q_2	Q_3
0	×	×	×	×	×	×	×	×	0	0	0	0
1	0	×	×	↑	a	b	c	d	a	b	c	d
1	1	1	1	↑	×	×	×	×	计数			
1	1	0	×	×	×	×	×	×	保持			
1	1	×	0	×	×	×	×	×	保持			

注：进位 CO 在平时状态为 0，仅当 $CT_T=1$ 且 $Q_3 \sim Q_0$ 全为 1 时，才输出 1。

（3）集成计数器 74LS192 逻辑功能及引脚。74LS192 是同步十进制可逆计数器，它具有双时钟输入，并具有清除和置数等功能，其引脚图如图 1.4.29 所示，逻辑功能见表 1.4.22。

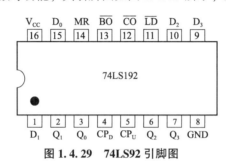

图 1.4.29　74LS92 引脚图

表 1.4.22　74LS192 逻辑功能表

输入								输出			
MR	$\overline{LD}$	CP_U	CP_D	D_3	D_2	D_1	D_0	Q_3	Q_2	Q_1	Q_0
1	×	×	×	×	×	×	×	0	0	0	0
0	0	×	×	d	c	b	a	d	c	b	a
0	1	1	1	×	×	×	×	保持			
0	1	↑	1	×	×	×	×	加计数			
0	1	1	↑	×	×	×	×	减计数			

注：CP_U 为加法计数时芯片时钟脉冲输入端；CP_D 为减法计数时芯片时钟脉冲输入端；MR 为异步复位控制端；$\overline{LD}$ 为异步并行置数控制端。

2）实验内容

（1）集成计数器 74LS161 和 74LS192 逻辑功能验证。

将集成计数器芯片插入数字电路实验箱 IC 空插座中，按照芯片引脚排列接线，V_{CC} 接 +5 V 电源，GND 接地，并行数据输入端 $D_0 \sim D_3$、$\overline{LD}$、$\overline{CR}$（或 MR）、CT_P、CT_T 等接逻辑电平开关，$Q_0 \sim Q_1$、CO 分别接逻辑电平指示 LED。接线完毕，接通电源，按照对应功能表验证。

（2）任意进制计数器的构成方法。采用反馈复位法、反馈置数法，可利用集成计数器构成任意进制（模 M）的计数器。

①利用 74LS161 分别采用反馈复位法和反馈置数法构成十进制（模 $M=10$）加法计数器。

②Multisim 仿真：利用 74LS192 构成 24 秒倒计时（即模 $M=24$ 的加法计数器）电路，并用数码管显示。

要求写出必要的设计过程，画出状态转换图及电路原理图，并用实验验证。

5. 实验报告要求与思考题

（1）画出实验电路图，记录并整理实验现象及实验所得的数据或相关波形，对实验结果进行分析。

（2）总结利用中规模集成计数器实现任意进制计数器的方法。

（3）思考题：

①比较 74LS161 与 74LS163 的清零方式和置数方式的异同。

②比较可逆计数器 74LS191 和 74LS192 逻辑功能以及使用方法。

1.4.8 脉冲波形产生与整形（综合性实验）

1. 实验目的

（1）掌握使用门电路构成脉冲信号产生电路的基本方法。

（2）掌握影响输出脉冲波形参数的定时元件参数的计算方法。

（3）熟悉单稳态触发器、施密特触发器的功能和使用方法。

（4）熟悉 555 时基电路的结构和工作原理。

（5）掌握 555 时基电路的基本应用。

2. 实验设备及器材（见表 1.4.23）

表 1.4.23 实验设备及器材

序号	仪器或器件名称	型号或规格	数量
1	数字电路实验箱	TPE-D3	1
2	双踪示波器	泰克 TBS1000B	1
3	数字万用表	优利德 UT39B	1
4	四2输入TTL与非门	74LS00	1
5	四2输入CMOS与非门	CD4011	1
6	单稳态触发器	CD4098	1
7	施密特触发器	CD40106	1
8	555时基电路	NE555 或 NE556	2
9	元件箱（含电阻、电位器等）	配套实验箱	1
10	计算机和仿真软件	Multisim 仿真软件	1

3. 预习要求

（1）分析实验各电路工作原理，画出待测各点的理论波形。

（2）求出单稳态触发器电路的脉冲宽度 t_W 的理论值。

（3）求出多谐振荡器电路的脉冲宽度 t_W 和频率 f 的理论值。

（4）熟悉 555 时基电路的工作原理。

4. 实验原理及内容

1）实验原理

在数字系统中，如果想要得到所需条件的脉冲信号（幅度和频率），通常有两种方法：一种是脉冲整形电路，它可以把其他形状的信号（如正弦波信号或三角波信号等）变换成矩形脉冲；另一种是自激振荡器，它不需要外界的输入信号，只要加上直流电源，就可产生矩形脉冲。

在脉冲产生电路中，常用门电路组成多谐振荡器、环形振荡器和石英晶体振荡器等。在脉冲整形电路中，主要有单稳态触发器和施密特触发器。

（1）利用与非门组成脉冲信号产生电路。与非门作为一个开关倒相器件，可以构成各种脉冲波形的产生电路。电路的基本工作原理是利用电容器的充放电，当输入电压达到与非门的阈值电压 V_T 时，门的输出状态立即发生变化。因此，电路输出的脉冲波形参数直接取决于电路中阻容元件的数值。

①非对称型多谐振荡器。如图 1.4.30 所示，非门 G_3 用于输出波形整形。

非对称型多谐振荡器的输出波形是不对称的，当用 TTL 与非门组成时，输出脉冲宽度 $t_{W1}=RC$，$t_{W2}=1.2RC$，振荡周期 $T=2.2RC$。

②对称型多谐振荡器。如图 1.4.31 所示，由于电路完全对称，电容器的充放电时间常数相同，因此输出为对称的方波。改变 R 和 C 的取值，可以改变输出振荡频率。非门 G_3 用于输出波形整形。一般 $R \leq 1\text{ k}\Omega$，当 $R=1\text{ k}\Omega$、$C=100\text{ pF} \sim 100\text{ μF}$ 时，f 为几赫兹到几兆赫兹，脉冲宽度 $t_{W1}=t_{W2}=0.7RC$，振荡周期 $T=1.4RC$。

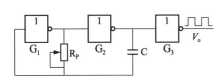 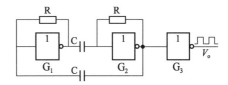

图 1.4.30　非对称型多谐振荡器　　　　图 1.4.31　对称型多谐振荡器

③由反相器构成的环形振荡器。电路如图 1.4.32 所示。环形振荡器是利用门电路的固有传输延迟时间将奇数个反相器首尾相接而成，该电路没有稳态。因为在静态（假定没有振荡时）下任何一个反相器的输入和输出都不可能稳定在高电平或低电平，只能处于高、低电平之间，处于放大状态。假定由于某种原因反相器 G_1 的输入端产生了微小的正跳变，经 G_1 的传输延迟时间 t_{pd} 后，其输出将会产生一个幅度更大的负跳变；再经过 G_2 的传输延迟时间 t_{pd} 后，G_2 的输出将会产生更大的正跳变；最后经 G_3 的传输延迟时间 t_{pd} 后，在输出端 V_o 产生一个更大的负跳变并反馈到 G_1 输入端。可见，在经过 $3t_{pd}$ 后，G_1 的输入又自动跳变为低电平，再经过 $3t_{pd}$ 之后，G_1 的输入又将跳变为高电平。如此周而复始，便产生自激振荡。因此，电路输出脉冲的振荡周期为 $T=6t_{pd}$。如果构成环形振荡器的反相器个数为 n（n 须为奇数），则输出脉冲振荡周期 $T=2nt_{pd}$。

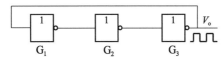

图 1.4.32　由反相器构成的环形振荡器

环形振荡器的突出优点是电路极为简单，但由于门电路的传输延迟时间极短，TTL 门电路只有几十纳秒，CMOS 电路也不过一二百纳秒，难以获得较低的振荡频率，而且频率不易调节。

④石英晶体振荡器。当要求多谐振荡器的工作频率稳定性很高时，常采用石英晶体与门电路构成的多谐振荡器。图 1.4.33 所示为石英晶体振荡器电路，门 G_1 用于振荡，门 G_2 用于缓冲

整形；R_F 是反馈电阻，通常在几十兆欧之间取值，一般选 22 MΩ；R 起稳定振荡作用，通常取几十千欧至几百千欧。输出的脉冲信号振荡频率仅仅由石英晶体的固有振荡频率决定，因此稳定性非常高。

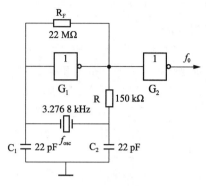

图 1.4.33　石英晶体振荡器电路

（2）单稳态触发器。在数字系统控制装置中，单稳态触发器一般用于定时、延时以及整形等。单稳态触发器有三个特点：

第一，它有一个稳态和一个暂稳态。

第二，在外来脉冲的作用下，能够由稳态翻转到暂稳态。

第三，暂稳态维持一段时间后，将自动返回到稳态，而暂稳态时间的长短与触发脉冲无关，仅决定于电路本身的参数。

集成单稳态触发器 CD4098 芯片引脚图如图 1.4.34 所示，它包含两个单稳态触发器。该器件能够提供稳定的单脉冲，脉宽由外部电阻 R_x 和外部电容 C_x 决定，调整 R_x 和 C_x 可使 Q 端和 $\overline{Q}$ 端输出脉冲宽度有一个较宽的范围。CD4098 功能表见表 1.4.24。

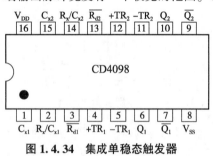

图 1.4.34　集成单稳态触发器 CD4098 芯片引脚图

表 1.4.24　CD4098 功能表

输入			输出	
+TR	−TR	$\overline{R_d}$	Q	$\overline{Q}$
⌐	1	1	⊓	⊔
⌐	0	1	Q	$\overline{Q}$
1	⌐	1	Q	$\overline{Q}$
0	⌐	1	⊓	⊔
×	×	0	0	1

（3）施密特触发器。施密特触发器可用作脉冲整形、幅度甄别等，其工作特点是：一是电路有两个稳态；二是电路状态的翻转依赖于外触发信号电平来维持，一旦外触发信号幅度下降到一定电平后，电路立即恢复到初始稳定状态。

图 1.4.35 为集成施密特触发器 CD40106 引脚图，它包含六个施密特触发器，可用于波形的整形，也可用作反相器或构成单稳态触发器以及多谐振荡器。

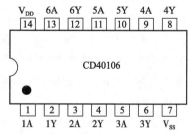

图 1.4.35　集成施密特触发器 CD40106 引脚图

（4）555 时基电路。555 时基电路称为集成定时器或集成时基电路，是一种数字、模拟混合型的中规模集成电路，可用于脉冲整形、产生脉冲、定时、延时等方面。555 时基电路可工作在单稳态和无稳态两种模式，脉冲定时范围广，电路连接方便，得到了广泛的应用。双极型 555 时基电路的工作电压为+5~+18 V，输出电流为 200 mA，输出电压最大值为 V_{CC} −0.5 V，输出最小值为 0.1 V。

555 时基电路逻辑符号及芯片引脚图如图 1.4.36 所示，功能表见表 1.4.25。

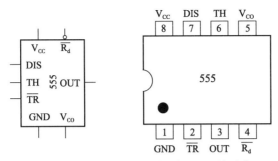

图 1.4.36　555 时基电路逻辑符号及芯片引脚图

表 1.4.25　555 定时器功能表

TH	$\overline{TR}$	$\overline{R_d}$	OUT	DIS
×	×	0	0	导通
$>\frac{2}{3}V_{CC}$	$>\frac{1}{3}V_{CC}$	1	0	导通
$<\frac{2}{3}V_{CC}$	$>\frac{1}{3}V_{CC}$	1	原状态	原状态
$<\frac{2}{3}V_{CC}$	$<\frac{1}{3}V_{CC}$	1	1	截止

555 时基电路可以非常方便地构成施密特触发器、单稳态触发器和多谐振荡器。

2) 实验内容

(1) 用与非门 74LS00 按图 1.4.30 构成多谐振荡器，其中 R 为 22 kΩ 电位器，C 为 0.01 μF 电容器。

①用示波器观察并画出输出波形及电容 C 两端的电压波形。

②调节电位器观察输出波形的变化，测出上、下限频率。

③用一只 100 μF 电容器跨接在 74LS00 的 14 引脚和 7 引脚的最近处，观察输出波形的变化以及电源上纹波信号的变化。

(2) Multisim 仿真：按照图 1.4.32 安装一个由 5 个反相器构成的环形多谐振荡器。要求用示波器观察并画出电路各点的波形，测出振荡周期。

(3) Multisim 仿真：按照图 1.4.33 接线，晶振选用电子表晶振 32 768 Hz，与非门选用 CD4011，用示波器观察并画出输出波形，用频率计测量输出信号频率。

(4) 555 时基电路逻辑功能测试，实验步骤自拟。

(5) 555 时基电路的应用：

①用 555 定时器构成施密特触发器。按照图 1.4.37 所示电路接线，输入频率为 1 kHz 的正弦信号，逐渐增大 V_i 的幅值直到输出稳定的矩形脉冲，观测并记录输入和输出波形。

②用 555 定时器构成单稳态触发器。按照图 1.4.38 所示电路接线，取 $R=10$ kΩ、$C=10$ μF，输入 1 kHz 脉冲信号，用示波器观察并记录 V_i、V_C、V_o 的波形，并在波形图中标出周期、幅值和脉宽等。

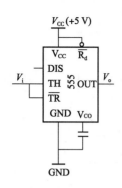
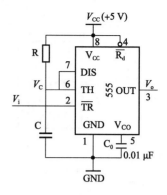

图 1.4.37 555 定时器构成施密特触发器电路　　图 1.4.38 555 定时器构成单稳态触发器电路

该单稳态触发器中暂稳态的持续时间 t_W（即为延迟时间）决定于外接元件 R、C 取值大小，计算公式如下：

$$t_W = 1.1RC$$

③用 555 定时器构成多谐振荡器。按图 1.4.39 所示电路连线，取 $R_1 = 5.1\ \text{k}\Omega$、$R_2 = 10\ \text{k}\Omega$、$C = 0.1\ \mu\text{F}$，用示波器观察并记录 V_C、V_o 的波形。当改变外接元件 R_1、R_2 和 C 的取值时，将相应数据记录于表 1.4.26 中。

输出脉冲信号的时间参数：

$$T = t_{W1} + t_{W2}$$

$$t_{W1} = (R_1 + R_2)C\ln 2$$

$$t_{W2} = R_2 C \ln 2$$

振荡频率为

$$f = \frac{1}{T} = \frac{1}{(R_1 + 2R_2)C\ln 2} \approx \frac{1}{0.7(R_1 + 2R_2)C}$$

占空比为

$$q = \frac{t_{W1}}{T} = \frac{(R_1 + R_2)C\ln 2}{(R_1 + 2R_2)C\ln 2} = \frac{R_1 + R_2}{R_1 + 2R_2}$$

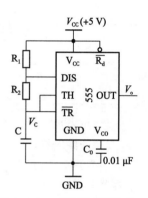

图 1.4.39 555 定时器构成多谐振荡器电路

表 1.4.26 外接元件 R、C 参数变换测试结果

$R_1 = R_2 = 10\ \text{k}\Omega$	$C = 0.1\ \mu\text{F}$	$f =$	占空比 =
$R_1 = R_2 = 10\ \text{k}\Omega$	$C = 0.01\ \mu\text{F}$	$f =$	占空比 =
$R_1 = 22\ \text{k}\Omega$ $R_2 = 10\ \text{k}\Omega$	$C = 0.1\ \mu\text{F}$	$f =$	占空比 =

（6）用两片 555 定时器设计一个模拟救护车音响电路，参考电路如图 1.4.40 所示。用示波器观察两片 555 定时器的输出波形，同时试听扬声器声响。

5. 实验报告要求与思考题

（1）按实验内容各步要求整理实验数据，画出实验内容各相应波形图。

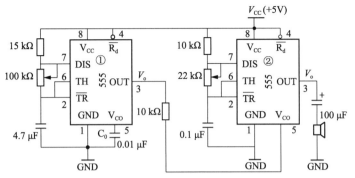

图 1.4.40 模拟救护车音响电路

（2）计算各实验电路有关参数的估算值，并与实验结果对照分析。

（3）总结 555 时基电路工作原理及使用方法。

（4）思考题：若使集成与非门构成的环形振荡器获得更大的频率及维持频率稳定性，应采取什么措施？

注意：NE556 集成芯片为双定时器集成芯片，即一块 NE556 包含了两片 NE555 芯片的功能，由于实验室提供的芯片主要为 NE555，但有时候也会提供 NE556，故将该芯片的引脚功能图附注于此，如图 1.4.41 所示。

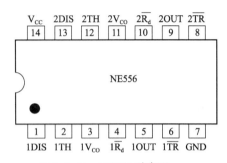

图 1.4.41 NE556 引脚图
（双定时器集成芯片）

1.4.9 D/A 转换器与 A/D 转换器（综合性实验）

1. 实验目的

（1）了解 D/A 和 A/D 转换器的基本结构和性能。

（2）掌握 D/A 和 A/D 转换器的典型应用。

2. 实验设备及器材（见表 1.4.27）

表 1.4.27 实验设备及器材

序号	仪器或器件名称	型号或规格	数量
1	数字电路实验箱	TPE-D3	1
2	双踪示波器	泰克 TBS1000B	1
3	数字万用表	优利德 UT39B	1
4	8 位 D/A 转换器	DAC0832	1
5	8 位 A/D 转换器	ADC0809	1
6	通用运算放大器	μA741	1
7	计算机和仿真软件	Multisim 仿真软件	1

3. 预习要求

（1）熟悉 D/A 和 A/D 转换的工作原理。

（2）熟悉 DAC0832 和 ADC0809 各引脚功能和使用方法。

（3）计算出实验表格中的转换理论值并填入表中。

(4) 拟定各个实验内容的具体实验方案。

4. 实验原理及内容

1) 实验原理

在数字电子技术很多应用场合往往需要把模拟量转换成数字量，或把数字量转成模拟量，完成这一转换功能的转换器有多种型号，使用者借助于手册提供的器件性能指标及典型应用电路，可正确使用这些器件。本实验采用大规模集成电路 DAC0832 实现 D/A（数/模）转换，ADC0809 实现 A/D（模/数）转换。

(1) D/A 转换器 DAC0832。DAC0832 是采用 CMOS 工艺制成的电流输出型 8 位数/模转换器。图 1.4.42 是 DAC0832 的逻辑框图及引脚图。器件的核心部分采用倒 T 型电阻网络的 8 位 D/A 转换器。DAC0832 各引脚功能说明如下：

$D_0 \sim D_7$：数字信号输入端。

ILE：输入寄存器允许，高电平有效。

$\overline{CS}$：片选信号，低电平有效。

$\overline{WR_1}$：写信号 1，低电平有效。

$\overline{XFER}$：传送控制信号，低电平有效。

$\overline{WR_2}$：写信号 2，低电平有效。

I_{OUT1}、I_{OUT2}：DAC 电流输出端。

R_{fb}：反馈电阻，是集成在片内的外接集成运放的反馈电阻。

V_{REF}：基准电压 $-10 \sim +10$ V。

V_{CC}：电源电压 $+5 \sim +15$ V。

注：AGND（模拟地）、DGND（数字地）可接在一起使用。

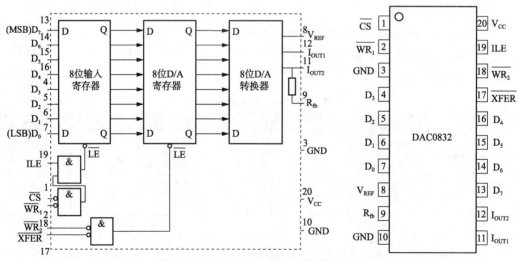

图 1.4.42　DAC0832 逻辑框图及引脚图

DAC0832 输出的是电流，要转换为电压，还必须经过一个外接的运算放大器，应用其实现 D/A 转换的实验电路如图 1.4.43 所示。运算放大器的输出电压 V_o 为

$$V_o = \frac{V_{REF} R_{fb}}{2^n R}(D_{n-1} \cdot 2^{n-1} + D_{n-2} \cdot 2^{n-2} + \cdots + D_0 \cdot 2^0)$$

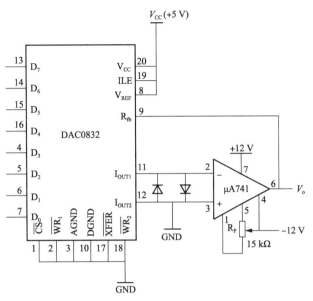

图 1.4.43 D/A 转换器实验电路

(2) A/D 转换器 ADC0809。ADC0809 是采用 CMOS 工艺制成的单片 8 位 8 通道逐次逼近型模/数转换器,其逻辑框图及引脚排列如图 1.4.44 所示。器件的核心部分是 8 位 A/D 转换器,由比较器、逐次逼近寄存器、A/D 转换器及控制和定时五部分组成。

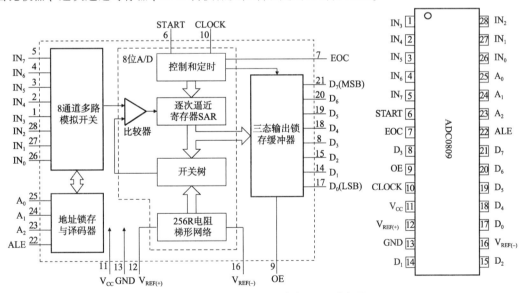

图 1.4.44 ADC0809 逻辑框图及引脚图

ADC0809 的引脚功能说明如下:

$IN_0 \sim IN_7$:8 路模拟信号输入端。

A_2、A_1、A_0:地址输入端。

ALE:地址锁存允许信号输入端。在此引脚施加正脉冲,上升沿有效,此时锁存地址码,从而选通相应的模拟信号通道,以便进行 A/D 转换。

START：启动信号输入端。在此引脚施加正脉冲，当上升沿到达时，内部逐次逼近寄存器复位；在下降沿到达后，开始 A/D 转换。

EOC：转换结束输出端（转换结束标志），高电平有效。

OE：输入允许信号，高电平有效。

CLOCK：时钟信号输入端，外接时钟频率一般为 640 kHz。

V_{CC}：+5 V 单电源供电。

$V_{REF(+)}$、$V_{REF(-)}$：基准电压的正极、负极。一般 $V_{REF(+)}$ 接+5 V，$V_{REF(-)}$ 接地。

$D_0 \sim D_7$：数字信号输出端。

①模拟量输入通道选择。8 路模拟开关由 A_2、A_1、A_0 三个地址输入端选通 8 路模拟信号中的任何一路进行 A/D 转换。ADC0809 地址译码与模拟输入通道的选通关系见表 1.4.28。

表 1.4.28 ADC0809 地址译码与模拟输入通道选通关系

被选模拟通道		IN_0	IN_1	IN_2	IN_3	IN_4	IN_5	IN_6	IN_7
地 址	A_2	0	0	0	0	1	1	1	1
	A_1	0	0	1	1	0	0	1	1
	A_0	0	1	0	1	0	1	0	1

②A/D 转换过程。在启动信号输入端（START）加启动脉冲（正脉冲），D/A 转换即开始。如将启动信号输入端（START）与转换结束输出端（EOC）直接相连，转换将是连续的，用这种转换方式时，开始应在外部加启动脉冲。

2）实验内容

（1）用 DAC0832 及运算放大器 μA741 组成 D/A 转换电路。

①按图 1.4.43 接线，电路接成直通方式，即 $\overline{CS}$、$\overline{WR_1}$、$\overline{WR_2}$、$\overline{XFER}$ 接地，ILE、V_{CC}、V_{REF} 接+5 V 电源，运算放大器电源接±12 V，$D_0 \sim D_7$ 接逻辑开关的输出插口，输出端 V_o 接直流数字电压表。

②调零。将 $D_0 \sim D_7$ 全置零，调节电位器 R_P 使运算放大器 μA741 输出为零。μA741 引脚图如图 1.4.45 所示。

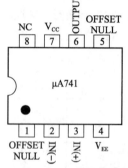

图 1.4.45 μA741 引脚图

③按表 1.4.29 所列的输入数字信号，用数字电压表测量运算放大器的输出电压 V_o，将测量结果填入表 1.4.29 中，并与理论值进行比较。

表 1.4.29 D/A 转换器测量结果记录表

输入数字量								输出模拟量 V_o/V
D_7	D_6	D_5	D_4	D_3	D_2	D_1	D_0	V_{CC} = +5 V
0	0	0	0	0	0	0	0	
0	0	0	0	0	0	0	1	
0	0	0	0	0	0	1	0	
0	0	0	0	0	1	0	0	
0	0	0	0	1	0	0	0	
0	0	0	1	0	0	0	0	
0	0	1	0	0	0	0	0	
0	1	0	0	0	0	0	0	
1	0	0	0	0	0	0	0	
1	1	1	1	1	1	1	1	

（2）用 ADC0809 实现 A/D 转换电路。将 ADC0809 按图 1.4.46 所示接线。

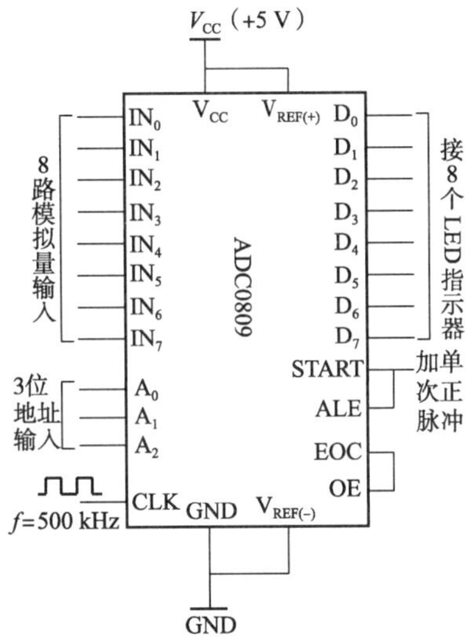

图 1.4.46 ADC0809 实验电路图

在 ADC0809 地址码输入端输入正确的状态，选通 ADC0809 的 IN_1 通道，并按表 1.4.30 输入模拟电压，在 START 和 ALE 端输入单次正脉冲，启动 A/D 转换，记录转换后的结果，写成十六进制数填入表 1.4.30 中。

表 1.4.30 A/D 转换测试表

V_{IN_1}/V	0.0	0.5	1.0	1.5	2.0	2.5	3.0	4.0	5.0
转换理论值									
转换实测值									
相对误差									

改变 ADC0809 的地址输入，选通 IN_6 通道，重复 IN_1 通道的实验内容。

（3）Mutlisim 仿真：用 DAC0832 构成锯齿波发生器。

设计一个用计数器、D/A 转换器（DAC）和低通滤波器组成的锯齿波发生器，其原理框图如图 1.4.47 所示。

图 1.4.47 由 DAC0832 构成的锯齿波发生器原理框图

其工作原理是：将计数脉冲送入计数器进行计数，计数器的输出端接 D/A 转换器的输入端，D/A 转换器的输出则为周期阶梯电压波形，经过低通滤波器输出锯齿波。待计数器计满溢出后，自动回到零状态，产生下一个锯齿波。

按以上框图设计出实际电路，安装调试，加入脉冲信号，用示波器观察输出波形。

5. 实验报告要求与思考题

（1）整理实验内容和各实验数据。

（2）说明影响 D/A 和 A/D 转换器转换精度的主要因素有哪些？

（3）思考题：什么是量化误差？它是怎样产生的？

1.4.10 单道脉冲幅度分析器（综合性实验）

1. 实验目的

（1）熟悉 CMOS 集成数字芯片的应用设计。

（2）掌握核脉冲信号处理时单道脉冲幅度分析器的工作原理和电路结构。

（3）了解单道脉冲幅度分析器的工作过程和波形变化特征。

2. 实验设备及器材（见表 1.4.31）

表 1.4.31　实验设备及器材

序号	仪器或器件名称	型号或规格	数量
1	数字电路实验箱	TPE-D3	1
2	双踪示波器	泰克 TBS1000B	1
3	信号发生器	VICTOR VC2060H	1
4	数字万用表	优利德 UT39B	1
5	直流稳压电源	优利德 UTP3315	1
6	单道脉冲幅度分析器实验板	—	1
7	计算机和仿真软件	Multisim 仿真软件	1

3. 预习要求

（1）预习单道脉冲幅度分析器工作原理。

（2）熟悉施密特触发器工作原理及应用。

4. 实验原理及内容

1）实验原理

单道脉冲幅度分析器（见图 1.4.48）包括两个甄别器，一个称为上甄别器，甄别阈用 V_{up} 表示；另一个称为下甄别器，甄别阈用 V_{down} 表示；上、下甄别阈之差称为道宽，用 ΔV 表示，即 $\Delta V = V_{up} - V_{down}$。除了两个甄别器外，还有一个反符合电路。当 $V_{in} < V_{down}$ 时，单道脉冲幅度分析器无脉冲输出；当 $V_{in} > V_{up}$ 时，单道脉冲幅度分析器也无脉冲输出；仅当 $V_{down} < V_{in} < V_{up}$ 时，单道脉冲幅度分析器才有脉冲输出，如图 1.4.49 所示。

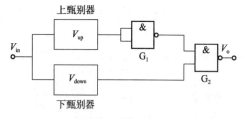

图 1.4.48　单道脉冲幅度分析器结构框图

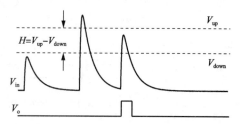

图 1.4.49　单道脉冲幅度分析器工作原理图

（1）参考电压运算器。如图 1.4.50 所示，参考电压运算器是由上、下两路运算放大器组成的加法器及精密的参考电压源构成。电位器 RW_2 和 RW_3 用于调节输入电压，通过调节 RW_2 和 RW_3 可调节单道脉冲幅度分析器的下甄别阈和道宽。上、下两路输入电压首先通过一个跟随器，以提高其稳定性，然后通过 P4 和 P10 分别输入两个反相运算放大器从而得到正的电压（即阈值电压）。同时，下甄别阈运算放大器的输出电压经过 R_{10} 和 R_7 输入上甄别阈的同相端，这相当于一个相加过程，即上甄别阈=下甄别阈+道宽。

第 1 章 实验须知及数字电路实验

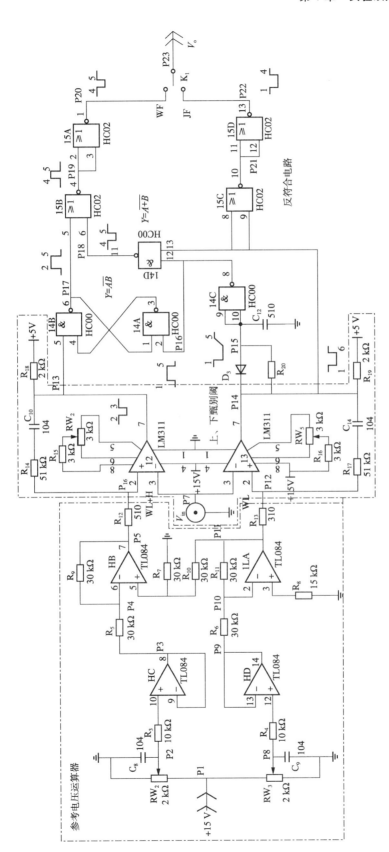

图 1.4.50　单道脉冲幅度分析器电路原理图

(2) 上、下甄别器。如图 1.4.50 所示，该电路原理图中的上、下甄别阈由两个相同的集成电路脉冲幅度分析器组成。上、下阈值电压由前面的参考电压运算器提供，分别加到脉冲幅度分析器的同相端。当输入脉冲信号（由 P7 输入）幅度超过上或下甄别器的阈值电压时，该甄别器由高电平转换为低电平。

(3) 反符合电路。反符合电路的作用是：实现单道脉冲幅度甄别的功能（即只有输入脉冲幅度在上、下甄别阈之间时才有输出）。该电路可通过开关 K_1 来分别实现微分输出和积分输出。

(4) 单道脉冲幅度分析器反符合原理。单道脉冲幅度分析器反符合原理图如图 1.4.51 所示。当 $V_{in}<V_{down}$ 时，上、下两个甄别器的输出（P13、P14）都是高电平，下甄别器的输出在 P15 点通过一个与非门后变成了低电平，这个低电平在 P16 与 P13（高电平）一起输入 RS 触发器当中，然后在 P17 得到低电平，P17 与 P18（P16 与 P14 的与非，为高电平）经过与非门 15B，最终得到 P19 点的低电平；当 $V_{down}<V_{in}<V_{up}$ 时，P13 为低电平，P14 还是高电平，P13 在 P15 处得到展宽（这里二极管 D_3 和电容 C_{12} 组成一个简单的模拟展宽器），P15 经过与非门后变成了高电平，RS 触发器在两端都是高电平的时候保持原来的状态（即 P17 输出为低电平），P17 与 P18（由于 P16 变成了稍微展宽的高电平，经过与非门后，P18 变成低电平）经过或非门 15B，最终在 P19 处得到一个高电平，此高电平代表一个脉冲计数。同理，当 $V_{in}>V_{up}$ 时，可分析得到，最终 P19 为低电平。

此反符合电路的右下支为一积分输出电路，当开关 K_1 打向 JF 时，单道脉冲幅度分析器变成了积分甄别器，输入脉冲只要超过下甄别阈就会有输出。

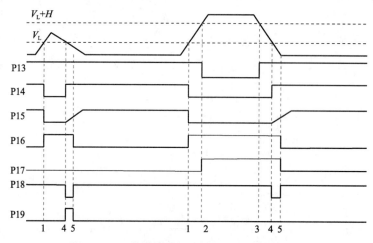

图 1.4.51 单道脉冲幅度分析器反符合原理图

2）实验内容

(1) 按照电路原理图（见图 1.4.50）对照实验电路板，熟悉调节的元器件和观察点的位置。

(2) 按要求连接实验电路。

(3) 调节信号发生器，输出 5 kHz 三角波脉冲，接入 V_{in} 端。

(4) 调节信号发生器 RW_2、RW_3，使得上甄别阈电压值 $V_{up}=4$ V，下甄别阈电压值 $V_{down}=2$ V。

（5）由小到大调节输入信号幅度，分别调节至下列三种状态：$V_\text{in}<V_\text{down}$，$V_\text{down}<V_\text{in}<V_\text{up}$，$V_\text{in}>V_\text{up}$，然后观察 P13、P14、…、P19 各点波形的特征和变化，并做记录。

（6）观察 ADD 和 RST 的计数特征，了解电路的复位过程。

5. 实验报告要求与思考题

（1）分别画出三种状态：$V_\text{in}<V_\text{down}$，$V_\text{down}<V_\text{in}<V_\text{up}$，$V_\text{in}>V_\text{up}$ 各观察点脉冲的波形，进行分析并与实验原理图做比较，得出结果。

（2）思考题：在电路原理图中观察，为什么 RW_2 的调节就是道宽的调节？

1.4.11 彩灯控制器（创新性实验）

1. 实验目的

（1）掌握移位寄存器和集成计数器的应用及设计方法。

（2）掌握发光二极管驱动电路的设计方法。

（3）掌握小型数字系统的设计、安装和调试方法。

2. 实验设备及器材（见表 1.4.32）

表 1.4.32 实验设备及器材

序号	仪器或器件名称	型号或规格	数量
1	数字电路实验箱	TPE-D3	1
2	数字万用表	优利德 UT39B	1
3	双踪示波器	泰克 TBS1000B	1
4	计算机和仿真软件	Multisim 仿真软件	1
5	定时器	NE555	若干
6	D 触发器	74LS74	
7	计数器	74LS161	
8	与门	74LS08	
9	非门	74LS04	
10	数据选择器	74LS153	
11	移位寄存器	74LS164	
12	导线	—	

3. 预习要求

（1）熟悉组合逻辑电路和时序逻辑电路的分析和设计方法。

（2）熟悉所选用数字集成芯片的功能。

4. 实验原理及内容

1）实验原理

发光二极管的亮灭由移位寄存器输出的高低电平来控制，不同图案从左到右或从右到左的变化可由移位寄存器的左移、右移功能来实现，而全亮或全灭则可由移位寄存器的并入功能实现。四种花样的转换可由计数器的四种状态控制。彩灯控制器的原理框图如图 1.4.52 所示。

2) 实验内容

设计一彩灯控制电路,可实现如下四种花样的自动切换循环显示:
如图 1.4.53 所示,彩灯由八个发光二极管模拟,其彩灯花样如下:
花样 1:彩灯一亮一灭,从左向右移动。
花样 2:彩灯两亮两灭,从左向右移动。
花样 3:彩灯四亮四灭,从左向右移动。
花样 4:彩灯从 L_0 到 L_7 逐次点亮,然后逐次熄灭。
上述四种花样自动切换循环显示。

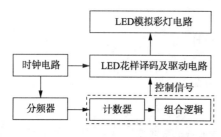

图 1.4.52 彩灯控制器的原理框图

图 1.4.53 LED 模拟彩灯显示示意图

(1) 根据任务要求设计出该系统的电路原理图。
(2) 采用 Multisim 软件仿真,整理所需元器件清单。
(3) 根据元器件清单选用元器件,利用万能板或面包板完成实物制作。

5. 实验报告要求与思考题

(1) 简要写出系统设计思路,画出系统电路原理图。
(2) 记录设计、安装和调试过程中遇到的问题以及解决方法。
(3) 总结本次实验的心得体会。
(4) 思考题:重新分配计数器状态看能否简化设计,使所用芯片较少?

1.4.12 数字秒表(综合性实验)

1. 实验目的

(1) 初步了解和掌握小型数字系统的设计方法。
(2) 学习 555 时基电路、RS 触发器、单稳态触发器、计数及译码显示等单元电路的综合应用。
(3) 学习小型数字系统的组装及调试方法。

2. 实验设备及器材(见表 1.4.33)

表 1.4.33 实验设备及器材

序号	仪器或器件名称	型号或规格	数量
1	数字电路实验箱	TPE-D3	1
2	数字万用表	优利德 UT39B	1
3	双踪示波器	泰克 TBS1000B	1
4	计算机和仿真软件	Multisim 仿真软件	1

续表

序号	仪器或器件名称	型号或规格	数量
5	定时器	NE555	若干
6	与非门	74LS00	
7	计数器	74LS90	
8	显示译码器	CD4511	
9	LED 数码管	共阴	
10	导线	—	

3. 预习要求

（1）熟悉所选用数字集成芯片的功能及引脚排列。

（2）熟悉小型数字系统的组装及调试方法。

4. 实验原理及内容

1）实验原理

图 1.4.54 为数字秒表组成原理框图，按功能可分为脉冲源、控制电路、计数器以、译码和数码管显示四个组成部分。

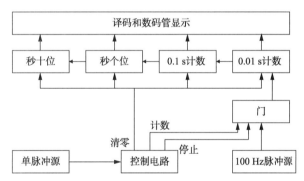

图 1.4.54 数字秒表组成原理框图

单脉冲源由按钮产生，通常采用 RS 触发器消除按键抖动；100 Hz 脉冲源为系统的时钟信号，由 555 时基电路构成多谐振荡器产生 1 kHz 矩形脉冲，再进行十分频得到 100 Hz 脉冲信号。控制电路主要完成清零、计数、停止三个控制状态的转换。计数器为 0000~9999 状态十进制级联计数器。译码和数码管显示采用 CD4511 和七段 LED 数码管组成。

2）实验内容

设计并制作一台数字秒表。具体要求如下：

（1）通过一个按钮实现秒表的清零、计时、停止三种状态的控制功能。

（2）计时范围：00.00~99.99 s。

（3）采用四只 LED 数码管显示计时时间，分辨率 0.01 s，即最小显示 0.01 s。

实验过程需要完成如下任务：

（1）根据任务要求设计出该系统的电路原理图。

（2）采用 Multisim 软件仿真，整理所需元器件清单。

（3）根据元器件清单选用元器件，利用万能板或面包板完成实物制作。

由于实验所用元器件较多，设计及制作时应按照设计的系统方案，将各单元电路模块逐级设计或者安装调试。调试过程中先进行静态调试，观察各元器件安装是否正确，测量调试节点电压是否合理；然后接入时钟脉冲进行动态调试，用示波器或者发光二极管等观察输出波形的时序。

5. 实验报告要求与思考题

（1）总结数字秒表的整个调试过程。

（2）分析调试中发现的问题及故障排除方法。

（3）思考题：采用按钮实现秒表的功能控制时，如何消除按键抖动？

1.4.13 拔河游戏机（创新性实验）

1. 实验目的

（1）熟悉小型数字系统的实际应用及设计方法。

（2）掌握脉冲整形电路、多路选择器、译码显示电路等单元电路的综合应用。

（3）学会小型数字系统的组装和调试的基本方法。

2. 实验设备及器材（见表 1.4.34）

表 1.4.34 实验设备及器材

序号	仪器或器件名称	型号或规格	数量
1	数字电路实验箱	TPE-D3	1
2	数字万用表	优利德 UT39B	1
3	双踪示波器	泰克 TBS1000B	1
4	计算机和仿真软件	Multisim 仿真软件	1
5	与非门	CD4011	若干
6	与门	CD4081	
7	异或门	CD4030	
8	计数器	CD40193	
9	4线-16线译码器	CD4514	
10	显示译码器	CD4511	
11	LED 数码管	共阴	
12	发光二极管	自行选定	
13	按键	自行选定	
14	导线	—	

3. 预习要求

（1）熟悉所选用数字集成芯片的功能及引脚排列。

（2）查阅文献资料，完成拔河游戏机的初步设计。

4. 实验原理及内容

1）实验原理

拔河游戏机的电路原理框图如图 1.4.55 所示。比赛开始，由裁判下达比赛命令，即裁判按下启动按钮后，甲乙双方才能按键参与比赛，否则电路处于自锁状态，使得输入信号无效。电路根据甲乙双方按键快慢,通过数据选择器选择按键速度快的一方,控制可逆计数器工作,通过译码后显示电子绳的状态。计分电路有两个七段数码管分别显示双方的获胜次数,比赛结束时自动进行累加计数。

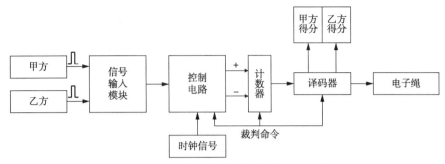

图 1.4.55　拔河游戏机的电路原理框图

2)实验内容

设计一个能进行拔河游戏的电路。游戏分为甲方和乙方,用按键速度来模拟双方力量,以点亮的发光二极管的左右移动来显示双方的比赛状况。电路用 15 个(或 9 个)发光二极管组成一排表示拔河的电子绳,开始游戏时,只有中间的发光二极管点亮,以此为拔河的中心点;游戏开始后,甲乙双方各持一个按键,各自迅速不断地按动按键,以此产生脉冲,谁按得快,亮点就向该方移动,当任何一方的终端点亮时,表示该方胜利,此时,发光二极管的状态保持,双方按键无效。具体要求如下:

(1)由裁判下达比赛口令后,双方才可进行按键输入,否则输入信号无效。
(2)用数码管显示比赛结果,比赛结束时自动给获胜方加 1 分。
(3)设置系统复位信号,可将双方得分清零处理。

实验过程需要完成如下任务:

(1)根据任务要求设计出该系统的电路原理图。
(2)采用 Multisim 软件仿真,整理所需元器件清单。
(3)根据元器件清单选用元器件,利用万能板或面包板完成实物制作。

5. 实验报告要求与思考题

(1)根据设计任务简要写出系统设计思路,优化设计方案,画出完整的电路原理图。
(2)记录实验调试过程中碰到的问题,分析产生原因及解决思路。
(3)总结归纳实验心得。
(4)思考题:实物制作时,为什么需要对甲乙两方的输入信号进行整形处理?

1.4.14　数字频率计(创新性实验)

1. 实验目的

(1)掌握小型数字系统的一般设计方法。
(2)通过查阅参考文献和芯片手册,熟悉常用电子元器件的功能及特性,掌握合理选用的原则。
(3)学会使用 Multisim 软件对数字系统进行仿真设计。
(4)掌握电子电路组装和调试等基本技能。

2. 实验设备及器材（见表 1.4.35）

表 1.4.35 实验设备及器材

序号	仪器或器件名称	型号或规格	数量
1	数字电路实验箱	TPE-D3	1
2	数字万用表	优利德 UT39B	1
3	双踪示波器	泰克 TBS1000B	1
4	计算机和仿真软件	Multisim 仿真软件	1
5	与非门	74LS00	若干
6	D 触发器	74LS273	
7	计数器	74LS90	
8	显示译码器	CD4511	
9	LED 数码管	共阴	
10	单稳态触发器	74LS123	
11	定时器	NE555	
12	电阻	自行选定	
13	电容	自行选定	
14	按钮	自行选定	

3. 预习要求

（1）熟悉所选用数字集成芯片的功能及引脚排列。

（2）查阅文献资料，完成数字频率计的初步设计。

4. 实验原理及内容

1）实验原理

频率是指单位时间内信号振动的次数。从测量的角度看，即在标准时间内，测得的被测信号的脉冲数。数字频率计的组成原理框图如图 1.4.56 所示，被测信号 V_x 送入测量通道，经放大整形后，使每个周期形成一个脉冲，这些脉冲通过闸门电路后进入计数器模块累加计数。如果闸门控制信号的开启时间为 T_s，计数器累计的计数值为 N，则被测频率 $f_x = N/T_s$。

2）实验内容

频率计是对电信号的频率参数进行测量的一种常用电子测量仪器。本实验要求使用中小规模数字集成芯片设计制作一台简易的数字频率计，其设计要求如下：

（1）基本要求：

①被测信号为 TTL 脉冲信号。

②显示的频率范围为 00~99 Hz。

③测量精度为 ±1 Hz。

④用 LED 数码管显示频率数值。

（2）扩展部分：

①输入信号为正弦波信号、三角波信号，幅值为 10 mV。

②显示的频率范围为 0000~9999 MHz。

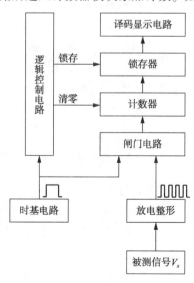

图 1.4.56 数字频率计的组成原理框图

③ 提高测量的精度至 0.1 Hz。
④ 自动量程切换。

实验过程需要完成如下任务：
(1) 查阅文献资料，完成系统方案设计。
(2) 利用 Multisim 软件仿真验证，整理所需元器件清单。
(3) 在万能板或面包板上进行实物安装和调试。

5. 实验报告要求与思考题

(1) 简要写出系统设计思路，分析系统设计过程，画出完整的电路原理图。
(2) 分析实验过程中出现的问题以及解决方法。
(3) 总结归纳实验心得。
(4) 思考题：常用的频率测量方法主要有哪几种？它们各自有何优缺点？

1.4.15 电子密码锁（创新性实验）

1. 实验目的

(1) 掌握小型数字系统的一般设计方法。
(2) 掌握常用中小型数字集成电路的应用。
(3) 培养数字电子技术综合应用能力和工程实践能力。

2. 实验设备及器材（见表 1.4.36）

表 1.4.36 实验设备及器材

序号	仪器或器件名称	型号或规格	数量
1	数字电路实验箱	TPE-D3	1
2	数字万用表	优利德 UT39B	1
3	双踪示波器	泰克 TBS1000B	1
4	计算机和仿真软件	Multisim 仿真软件	1
5	元器件自选		若干

3. 预习要求

(1) 熟悉所选用数字集成芯片的功能及引脚排列。
(2) 查阅文献资料，完成电子密码锁的初步设计。

4. 实验原理及内容

1) 实验原理

电子密码锁的组成原理框图如图 1.4.57 所示。

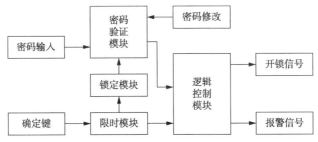

图 1.4.57 电子密码锁的组成原理框图

电子密码锁具有保密性强、防盗性好等优点，在日常生活中受到人们的喜爱。其锁体一般由电磁线圈、锁栓、弹簧和锁框等组成。当有开锁信号时，电磁线圈有电流通过，于是线圈便产生磁场吸住锁栓，锁便打开。当无开锁信号时，线圈无电流通过，锁栓被弹入锁框，门被锁上。实验时，可用发光二极管代替锁体，模拟电子锁的动作，亮为开锁，灭为上锁。密码输入通过拨码键盘输入BCD码。

2）实验内容

利用中小规模数字集成芯片设计一款电子密码锁，具体要求如下：

（1）密码为4位数字，可以设置修改、显示（可隐藏）。

（2）当开锁输入密码与预置密码一致时，锁被打开。

（3）具有开锁时间限制功能，触动"密码输入"按键后的10 s内键盘解锁，可输入密码。其余时间内，数字键盘处于锁定状态，触动无效。

（4）当密码输入错误3次后，触发蜂鸣器报警，电路进入自锁状态，无法开锁。

5. 实验报告要求与思考题

（1）简要写出设计思路，画出系统电路原理图。

（2）分析实验过程中的问题，并找出解决方案。

（3）总结归纳实验心得。

（4）思考题：什么是BCD码？电子密码锁如何通过拨码键盘输入8421BCD码？

第 2 章 Multisim 14仿真软件及使用方法

随着计算机技术的快速发展，EDA（electronic design automation）技术在电子电路的设计开发中已经得到广泛应用。在众多 EDA 仿真软件中，Multisim 软件因界面友好、功能强大、易学易用，受到用户青睐。20 世纪 80 年代末，加拿大图像交互技术（Interactive Image Technology，IIT）公司推出了一款基于 Windows 平台用于电子线路仿真的虚拟电子工作平台（Electronics Workbench，EWB）。它可以对模拟电路、数字电路以及模/数混合电路进行仿真，克服了传统电子产品设计受到实验室客观条件限制的局限性，用虚拟元器件十分方便地搭建各种电路，用虚拟仪器进行各种参数和性能指标的测试。20 世纪 90 年底初，EWB 软件进入我国，1996 年 IIT 公司推出 EWB5.0 版本，由于其具有界面直观、操作方便、功能强大等优点，在我国高等院校得到迅速推广。从 EWB6.0 版本以后，IIT 公司对 EWB 软件功能进行了较大变动，将专门用于电子电路仿真的模块改名为 Multisim，而将 PCB 制作软件 Electronics Workbench Layout 更名为 Ultiboard。2005 年 IIT 公司被美国国家仪器（National Instruments，NI）有限公司收购，并于 12 月推出 Multisim 9.0，该版本融入了 NI 公司最具特色的 LabVIEW 虚拟仪器。2015 年 4 月 NI 公司发行了 Multisim 14.0 版本，包括教学版和专业版，其直观的界面可帮助教师强化学生对电路理论的理解，有助于学生高效地掌握工程课程的基本理论，研究人员和设计人员可借助 Multisim 减少 PCB 的原型迭代，并为设计流程添加功能强大的电路仿真和分析，以节省开发成本。

2.1 Multisim 14.3 用户界面

Multisim 仿真软件可通过 NI 公司官网下载获取，本书以 14.3 版本为例介绍，该版本支持 Windows 10 64-bit 操作系统。完成 Multisim 14.3 的安装之后，单击 Windows "开始"菜单中"所有应用"下的 Multisim 14.3 启动该软件，随即弹出如图 2.1.1 所示的 Multisim 14.3 用户界面。

从图 2.1.1 可以看出，Multisim 14.3 的窗口界面主要包括菜单栏、工具栏、仿真开关、元器件栏、电路工作区、设计工具箱、仪表工具栏等。窗口界面中电路工作区是放置各种电子元器件和测试仪器仪表连接成实验电路的主要工作区域。

2.1.1 菜单栏

Multisim 14.3 的菜单栏如图 2.1.2 所示，它提供了应用程序的全部操作命令，从左向右依次是 File（文件）菜单、Edit（编辑）菜单、View（视图）菜单、Place（放置）菜单、Simulate（仿真）菜单、Transfer（转移）菜单、Tools（工具）菜单、Reports（报告）菜单、Options（选项）菜单、Window（窗口）菜单和 Help（帮助）菜单。

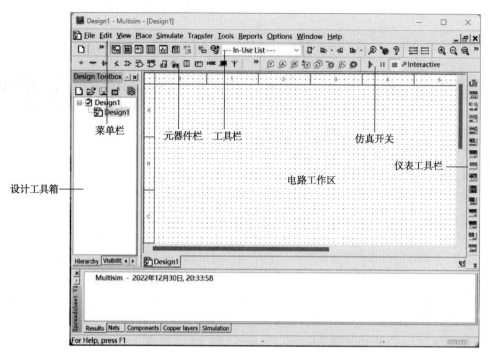

图 2.1.1　Multisim 14.3 用户界面

图 2.1.2　Multisim 14.3 的菜单栏

1. File（文件）菜单

该菜单提供了新建、打开、关闭、保存文件等操作,其用法与 Windows 系统中常用的应用程序如 Office 系列软件类似。

2. Edit（编辑）菜单

该菜单提供了撤销、重复、剪切、复制、粘贴、删除、查找等操作,其用法与 Windows 系统中常用的应用程序类似,以下介绍一些其他选项。

(1) Orientation（方向）:调整工作区中选定的元器件、仪器仪表等方向,包括水平调整、垂直调整、顺时针旋转 90°以及逆时针旋转 90°。

(2) Align（对齐）:将工作区中选定的元器件、仪器仪表等进行对齐操作,包括左对齐、右对齐、垂直居中、底对齐、顶对齐以及水平居中。

(3) Font（字体）:设置字体,可以对电路窗口中的元器件标识、参数值等进行设置,字体设置对话框如图 2.1.3 所示。

(4) Properties（属性）:属性设置对话框如图 2.1.4 所示,其包含了七个选项卡,可对电路窗口的各个方面进行设置。

①Sheet visibility（电路图可见性）选项卡用于对电路窗口内的仿真电路图和元器件参数值进行设置,如设置是否显示元器件的 Labels（标签）和 Values（参数值）等,以及网络名称和总线是否显示等。

②Colors（颜色）选项卡用于设置仿真电路图的颜色方案。

第 2 章　Multisim 14 仿真软件及使用方法

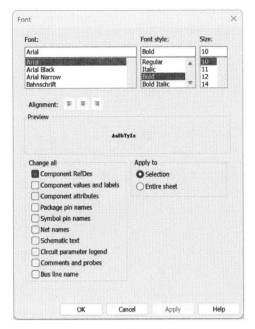

图 2.1.3　字体设置对话框

图 2.1.4　属性设置对话框

③Workspace（工作区）选项卡用于设置电路图页面纸张大小以及图纸的显示方式等参数。

④Wiring（布线）选项卡用于设置仿真电路中的导线和总线宽度。

⑤Font（字体）选项卡用于设置字体，与执行 Edit→Font 命令完全一致。

⑥PCB 选项卡用于 PCB 相关参数的设置。

⑦Layer settings（图层设置）选项卡包括"固定图层（Fixed layers）"和"自定义图层（Custom layers）"两个选项组，在"固定图层"列表中显示原理图默认的固有图层；在"自定义图层"列表框右侧单击"添加"按钮，即可添加自定义图层，并可对自定义图层进行删除、重命名操作。"固定图层"不能进行此类操作。

3. View（视图）菜单

该菜单提供了以下功能：全屏显示、缩放、网格、边界、标尺等显示方式。

4. Place（放置）菜单

该菜单提供了绘制仿真电路所需的元器件、节点、导线、总线、连接器，以及文本框、标题栏等文字内容。

5. Simulate（仿真）菜单

该菜单提供了启停电路仿真和仿真所需的各种仪器仪表；提供了对电路的各种分析（如放大电路静态工作点分析、动态分析等）；设置仿真环境以及 XSPICE 等仿真操作。

6. Transfer（转移）菜单

该菜单提供了仿真电路的各种数据与 Ultiboard 和其他 PCB 软件的数据相互传送的功能。

7. Tools（工具）菜单

该菜单主要提供各种常用电路，如 555 定时器、滤波器和运算放大器的快速创建向导。用户也可以通过工具菜单快速创建自己想要的电路。另外，各种电路元器件都可以通过工具菜单修改其外部形状。

8. Reports（报告）菜单

该菜单主要用于产生指定元器件存储在数据库中的所有信息和当前电路窗口所有元器件的详细参数报告。

9. Options（选项）菜单

该菜单提供根据用户需要自己设置电路功能、存放模式以及工作界面的功能。

10. Windows（窗口）菜单

该菜单提供对一个电路的各个多页子电路以及不同的各个仿真电路同时浏览的功能。

11. Help（帮助）菜单

该菜单提供了 Multisim 帮助主题目录、帮助主题索引以及版本说明等选项。

2.1.2 工具栏

工具栏如图 2.1.5 所示，包含了有关电路窗口基本操作的按钮。

图 2.1.5 工具栏

1. 系统工具栏

它包含一些常用的基本功能按钮，如新建、打开、保存等。

2. 查看工具栏

放大、缩小、缩放区域、缩放页面、全屏显示。

3. 设计工具栏

设计工具箱按钮、电子表格视图按钮、SPICE 网表查看器按钮、面包板视图按钮、图示仪视图按钮、后处理器按钮、母电路图视图按钮、元器件向导按钮、数据库管理器按钮、使用中的元器件列表、电气规则查验按钮、转移到 Ultiboard 按钮、例程查找按钮、获取 Multisim 使用帮助按钮。

2.1.3 元器件栏及其他

1. 元器件栏

元器件栏如图 2.1.6 所示，从左向右依次是信号源库（Source）、基本元件库（Basic）、二极管库（Diode）、晶体管库（Transistor）、模拟集成电路库（Analog）、TTL 集成电路库（TTL）、CMOS 集成电路库（CMOS）、其他数字集成电路库（Misc Digital）、混合集成电路库（Mixed）、指示器件库（Indicator）、功率元器件库（Power）、其他元器件库（Miscellaneous）、高级外设（Advanced Peripherals）、RF 元件库（RF）、机电元件库（Electromechanical）、NI 元件库、连接器（Connectors）、MCU、层次模块（Hierarchical Block）、总线（Bus）等。

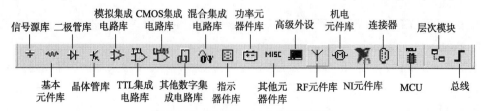

图 2.1.6 Multisim14.3 的元器件栏

2. 仿真开关

仿真开关如图 2.1.7 所示，主要用于仿真过程的控制。

3. 设计工具箱

设计工具箱如图 2.1.8 所示，它位于 Multisim 用户界面的左半部分，主要用于层次电路的显示。Hierarchy（层次）选项卡用于对不同电路的分层显示。Visibility（可见度）选项卡用于设置是否显示电路的各种参数标识，如集成电路的引脚名、引脚号等。

图 2.1.7　仿真开关

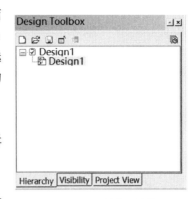

图 2.1.8　设计工具箱

4. 电路工作区

电路工作区是用户界面的最主要部分，用来创建、编辑电路，仿真分析和波形显示。

5. 电子表格视图

电子表格视图（扩展条）位于图 2.1.1 所示用户界面的最下方，用于检验电路是否存在错误时显示检验结果以及当前电路文件中所有元器件属性的统计窗口，通过该窗口可以改变元器件部分或者全部的属性。

6. 仪表工具栏

仪表工具栏如图 2.1.9 所示，从左向右依次是万用表、函数信号发生器、瓦特表、双踪示波器、4 通道示波器、波特图仪、频率计数器、数字信号发生器、逻辑转换器、逻辑分析仪、IV 分析仪、失真分析仪、频谱分析仪、网络分析仪、安捷伦函数信号发生器、安捷伦数字万用表、安捷伦示波器、泰克示波器、LabVIEW 仪器列表和动态测量探针。

图 2.1.9　仪表工具栏

2.2　Multisim 14.3 的基本操作

2.2.1　创建电路图的基本操作

由双极型晶体管组成的共发射极放大电路如图 2.2.1 所示，现以该电路为例简述 Multisim 14.3 创建电路图的基本操作过程。

1. 创建新的电路文件

启动 Multisim 14.3 应用程序，打开 Multisim 14.3 用户界面，选择"文件"→"新建"命令（快捷键【Ctrl+N】）在电路窗口中新建一个空白设计（Blank），然后保持文件，将文件名命名为"ampCircuit.ms14"（ampCircuit 为文件名主名，ms14 为扩展名）。

2. 放置元器件

根据所示电路原理图（见图 2.2.1），从 Multisim 14.3 的元器件栏中逐一选取元器件并放置在电路工作区中。

单击元器件栏中的任一按钮（或单击菜单栏中 Place/Component），将弹出如图 2.2.2 所示的 Select a Component 对话框。

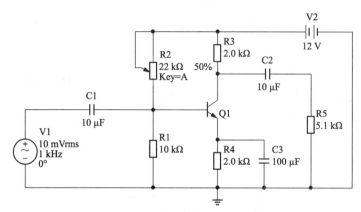

图 2.2.1 共发射极放大电路①

该对话框包括以下几个部分：

（1）Database（数据库）下拉列表框。单击该列表框可以看到三个选项：Master Database（主数据库）表示主元器件库；Corporate Database（企业数据库）表示公司元器件库；User Database（用户数据库）表示用户元器件库。主数据库中存储了大量常用的元器件。仿真时所需的器件基本都能从主元器件库中找到，后两者是为用户的特殊需要而设计的。

（2）Group（组）下拉列表框。Group（组）即为某一元器件库中的各种不同族元件的集合。单击该列表框后出现 18 种元器件族，如图 2.2.3 所示。选择元器件时，首先应确定某一数据库，然后确定元器件族，接着确定某种系列。

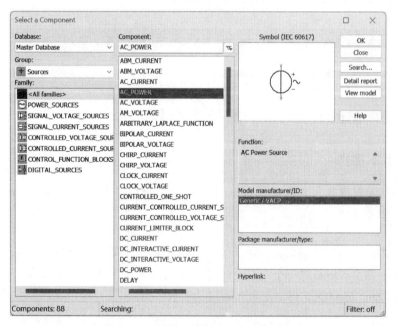

图 2.2.2 Select a Component 对话框

图 2.2.3 Group（组）下拉列表框

---

① 仿真电路图中的图形符号与国家标准符号不符，两者对照关系参见附录 B。

①放置交流信号源和直流电压源。按图2.2.2中设置,单击 OK 按钮,交流信号源就被放置到电路工作区中。双击该信号源图标,在弹出的 AC_POWER 对话框中,将交流信号源的幅值改为10 mV,频率改为1 kHz。

同理,找到 DC_POWER 和 GROUND,将直流电压源和接地端放置到电路工作区。

②放置电阻。在图2.2.2中的 Group(组)下拉列表框中选择 Basic,左侧系列(Family)滚动窗口中单击 RESISTOR,Select a Component 对话框变为如图2.2.4所示。找到需要的电阻值,将其放置到电路工作区中。默认情况下电阻均是水平放置的,可依次选中,再单击 Edit(编辑)菜单中的方向"顺时针旋转90°"或"逆时针旋转90°"命令,将它们垂直放置。同理,左侧系列(Family)滚动窗口中单击 POTENTIOMETER,完成电位器的放置。

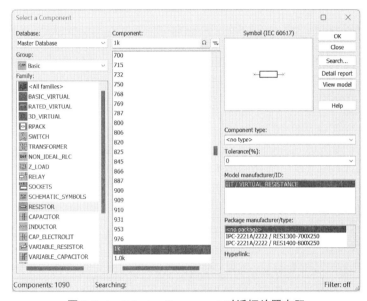

图 2.2.4 Select a Component 对话框放置电阻

③放置电容。放置电容与放置电阻的过程基本相似,在图2.2.4中的左侧系列(Family)滚动窗口中单击 CAPACITOR,找到10 μF 电容,选中放置到电路工作区中。100 μF 电容可通过放置10 μF 电容后,双击该符号图标,在弹出的 Capacitor 对话框中单击 Value 选项卡(见图2.2.5),进行电容值的修改。

④放置晶体管。在图2.2.2中的 Group(组)下拉列表框中选择 Transistors,左侧系列(Family)滚动窗口中单击 BJT_NPN,找到 2N2221,将其放置到电路工作区中。

3. 连接电路

移动鼠标至元器件的某个引脚上,当鼠标指针变成中心为实心黑点的十字形时,单击,再次移动鼠标,会拖出一条黑色实线,移动鼠标至所要连接的另一个引脚处,再次单击,就可以将两个引脚连接起来。

4. 保存电路

编辑完电路图之后,将电路文件存盘保存。存盘的方法和其他 Windows 应用软件相同。

5. 分析仿真电路

Multisim 14.3 为仿真电路提供了两种分析方法:一是利用 Multisim 14.3 提供分析功能,仿真电路的各种性能;二是利用 Multisim 14.3 提供的虚拟仪表,观测电路的各项参数。

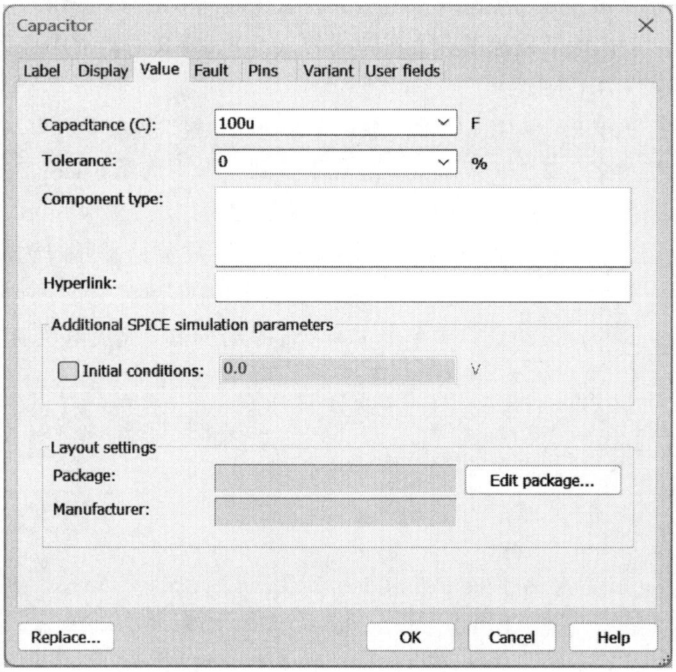

图 2.2.5　Capacitor 对话框

2.2.2　元器件的操作

1. 元器件的选用

选用元器件时，首先在图 2.1.6 的元器件库栏中用鼠标单击包含该元器件的图标，打开该元器件库。然后选中元器件，用鼠标将该元器件拖动至电路工作区。

2. 选中元器件

在连接电路时，要对元器件进行移动、旋转、删除、设置参数等操作。这就需要先选中该元器件。要选中某个元器件可使用鼠标的左键单击该元器件。被选中的元器件以蓝色虚框包含显示，便于识别。另外拖动某个元器件时，也同时选中了该元器件。用鼠标拖动形成一个矩形区域，在该矩形区域内包围的一组元器件即被同时选中。

要取消一个元器件的选中状态，只需单击电路工作区的空白部分即可。

3. 元器件的移动

用鼠标的左键单击该元器件（左键不松手），拖动该元器件即可移动该元器件。

要移动一组元器件，必须先用前述的矩形区域方法选中这些元器件，然后用鼠标左键拖动其中的任意一个元器件，则所有选中的部分就会一起移动。

选中元器件后，也可使用箭头键使之做微小的移动。

4. 元器件的旋转与翻转

对元器件进行旋转或翻转操作，需要选中该元器件，然后单击鼠标右键，利用弹出菜单选择水平翻转、垂直翻转、顺时针旋转 90°、逆时针旋转 90°等，或者选择编辑菜单/方向/水平翻转、垂直翻转、顺时针旋转 90°、逆时针旋转 90°等命令。也可使用【Ctrl+R】组合键实现旋转操作。

5. 元器件的复制、删除

对选中的元器件进行元器件的复制、移动、删除等操作，可使用编辑菜单/剪切、复制、粘贴、删除等菜单命令实现元器件的复制、移动、删除等操作，也可在选中元器件时单击右键选择弹出菜单的相关命令或者使用快捷键操作。

6. 元器件标签、编号、数值、模型参数的设置

选择元器件后，单击鼠标右键，选择弹出菜单中的属性命令，或者是选择编辑菜单/属性命令，会弹出元器件属性对话框如图 2.2.5 所示。元器件属性对话框具有多种选项可供设置，包括 Label（标签）、Display（显示）、Value（值）、Fault（故障）、Pins（引脚）等。

（1）Label：Label 用于设置元器件的 Label（标签）和 RefDes（编号）。RefDes 由系统自动分配，必要时可以修改，但必须保证编号的唯一性。注意连接点、接地、电压表、电流表等元器件没有编号。在电路图上是否显示标号和编号可由编辑菜单/电路图属性的对话框设置，如图 2.2.6 所示。

图 2.2.6　电路图属性对话框

（2）Value：对于电阻、电容、电感等元器件，会出现 Value 选项，可设置其数值大小及容差。

（3）Fault：可供人为设置元器件的隐含故障，图 2.2.7 所示为某个晶体管的故障设置对话框。在该对话框中，C、B、E 为与故障设置有关的引脚号，从图中可以看出，此对话框提供了 None（无故障）、Open（开路）、Short（短路）、Leakage（漏电）等设置，这些设置可为电路的故障分析提供方便。

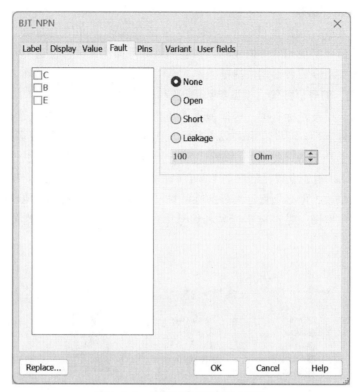

图 2.2.7　晶体管故障设置对话框

2.2.3　导线的操作

1. 导线的连接

首先将鼠标指向一个元器件的端点使其出现一个实心圆点的十字形，按下鼠标左键并拖动出一根导线，拉住导线并指向另一个元器件的端点连接处，单击鼠标左键后释放，则导线连接完成。

2. 连线的删除与改动

将鼠标指向元器件与导线的连接点，会显示×形鼠标，按下左键拖动该×形鼠标使导线离开元器件端点，然后移动到需要重新连接的端点，可实现连线的改动。选中已连接好的导线，按【Delete】键（或单击鼠标右键选择弹出菜单删除命令）可删除连接的导线。

3. 改变导线的颜色

在复杂的电路中，可以将导线设置为不同的颜色。要改变导线的颜色，双击该导线，弹出网络属性对话框，如图 2.2.8 所示。选择网络颜色按钮，弹出如图 2.2.9 所示颜色选择对话框，选择合适的颜色即可。

4. 在导线中插入元器件

将元器件直接拖动放置在导线上，然后释放即可将元器件插入电路中。

5. "连接点"的使用

"连接点"是一个小圆点，可通过绘制菜单/节点命令放置。一个"连接点"最多可连接来自四个方向的导线。可以直接将"连接点"插入连线中，还可给"连接点"赋予标识。

图 2.2.8　导线颜色设置

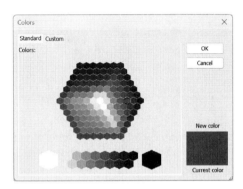

图 2.2.9　颜色选择对话框

6. 节点及其标识、编号与颜色

在连接电路时，Multisim 14.3 自动为每个节点分配一个编号。是否显示节点编号可由电路图属性对话框中电路图可见性选项卡的"网络名称"栏设置。双击与节点连接的导线可弹出对话框用于设置节点的名称，以及与节点相连的导线的颜色。

2.3　Multisim 14.3 虚拟仪器的使用方法

2.3.1　数字万用表

数字万用表（Multimeter）可以用来测量交流电压（电流）、直流电压（电流）、电阻以及电路中两个节点间的分贝损耗，其量程可以自动调整。

单击仪表工具栏/万用表按钮（或者仿真菜单/仪器/万用表命令），有一个万用表图形跟随鼠标移动到电路工作区的相应位置，单击鼠标左键，即可完成虚拟仪器的放置，得到如图 2.3.1（a）所示的数字万用表图标。双击该图标，得到如图 2.3.1（b）所示的数字万用表控制面板。

该控制面板各部分的功能是：

上面的黑色条形框用于测量数值的显示，下面按钮为测量类型选择设置栏。

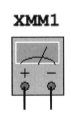

（a）数字万用表图标

（b）数字万用表控制面板

图 2.3.1　数字万用表

（1）A：测量对象为电流。

（2）V：测量对象为电压。

（3）Ω：测量对象为电阻。

（4）dB：将万用表切换到分贝表示。

（5）~：表示测量对象为交流参数。

（6）-：表示测量对象为直流参数。

（7）+：对应数字万用表的正极；-：对应数字万用表的负极。

（8）Set（设置）：单击该按钮可弹出如图2.3.2所示的对话框，在其中可以对数字万用表的表内电阻的量程等参数进行设置。

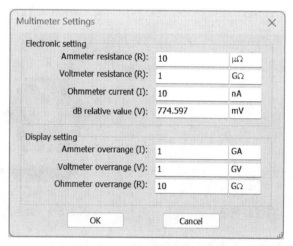

图2.3.2　万用表设置对话框

2.3.2　函数信号发生器

函数信号发生器（Function generator）是用来提供正弦波、三角波和矩形波的信号源，单击仪表工具栏/函数信号发生器按钮，得到如图2.3.3（a）所示的函数信号发生器图标，双击该图标，便可得到2.3.3（b）所示的函数信号发生器的参数设置控制面板。

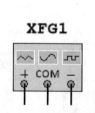
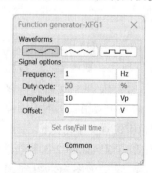

（a）函数信号发生器图标　　（b）函数信号发生器参数设置控制面板

图2.3.3　函数信号发生器

控制面板中上方的三个按钮用于选择输出波形，分别为三角波、正弦波和矩形波。

(1) Frequency（频率）：设置输出信号的频率。

(2) Duty cycle（占空比）：设置输出的矩形波和三角波电压信号的占空比。

(3) Amplitude（振幅）：设置输出信号的幅值。

(4) Offset（偏置）：设置输出信号的偏置电压，即设置输出信号中直流成分的大小。

(5) Set rise/Fall time（设置上升/下降时间）：设置上升沿与下降沿的时间，仅对矩形波有效。

(6) ＋：表示输出波形电压信号的正极性输出端。

(7) －：表示输出波形电压信号的负极性输出端。

(8) Common（公共端）：表示公共接地端。

2.3.3 瓦特表

瓦特表（Wattmeter）用于测量电路的功率，它可以测量电路的交流或直流功率。

单击仪表工具栏/瓦特表按钮，得到如图 2.3.4（a）所示的瓦特表图标。双击该图标，便可得到如图 2.3.4（b）所示的瓦特表参数设置控制面板。

控制面板的上方黑色条形框用于显示所测量的功率，即电路的平均功率。

(1) Power factor（功率因数）：功率因数显示栏。

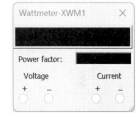

（a）瓦特表图标　　（b）瓦特表参数设置控制面板

图 2.3.4　瓦特表

(2) Voltage（电压）：电压的输入端子，从"＋""－"极接入。

(3) Current（电流）：电流的输入端子，从"＋""－"极接入。

2.3.4 双通道示波器

双通道示波器（Oscilloscope）用来显示被测信号的波形、频率和周期等参数。

单击仪表工具栏/示波器按钮，得到如图 2.3.5（a）所示的双通道示波器图标。双击该图标，便可得到如图 2.3.5（b）所示的双通道示波器参数设置控制面板。

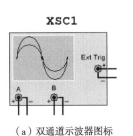
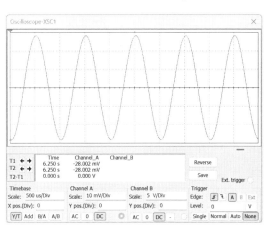

（a）双通道示波器图标　　（b）双通道示波器参数设置控制面板

图 2.3.5　双通道示波器

双通道示波器的控制面板与真实示波器的设置基本一致，共分为三个模块的控制设置。

1. Timebase（时基）模块

该模块主要用来进行时基信号的控制设置。

（1）Scale（刻度）：X 轴刻度选择。在示波器显示信号时，控制 X 轴每一格所代表的时间。单位为 ms/Div，范围为 1 ps～1 000 s。直接单击 Scale 右侧的 X 轴刻度选择参数设置文本框，将弹出上/下拉按钮，即可为显示信号选择合适的时间刻度。

（2）X pos.（Div）（X 轴位移）：用来调整时间基准的起始点位置，即控制信号在 X 轴的偏移位置。单击 X pos.（Div）右侧的参数设置文本框，在弹出的上/下按钮中选择合适的信号起点。正值使起点向右移动，负值使起点向左移动。

（3）Y/T：信号波形随时间变化的显示方式，是默认显示方式。

（4）Add：X 轴显示时间，Y 轴显示 A 通道和 B 通道输入电压信号幅度之和。

（5）B/A：A 通道信号作为 X 轴的扫描信号，Y 轴为 B 通道信号幅度除以 A 通道信号幅度。

（6）A/B：B 通道信号作为 X 轴的扫描信号，Y 轴为 A 通道信号幅度除以 B 通道信号幅度。

2. Channel（通道）模块

该模块用于双通道示波器输入通道的设置。

（1）Channel A（通道 A）：A 通道设置。

（2）Scale（刻度）：Y 轴刻度选择。在示波器显示信号时，控制 Y 轴每一格所代表的电压刻度，单位为 V/Div，范围为 1 fV～1 000 TV。单击刻度（Scale）右侧的 Y 轴刻度选择设置文本框，在弹出的上/下按钮中选择合适的 Y 轴电压刻度。Scale 参数设置文本框主要用于在显示信号时，对输出信号进行适当的衰减，以便能在示波器的显示屏上观察到完整的信号波形。

（3）Y pos.（Div）（Y 轴位移）：用来调整示波器 Y 轴方向的原点。即波形在 Y 轴的偏移位置。直接单击 Y pos.（Div）右侧的参数设置文本框，在弹出的上/下按钮中选择合适的 Y 轴起点位置。正值使波形向上移动，负值使波形向下移动。Y position 主要用于使两个混合在一起的信号通过 Y 轴原点的设置区分开来。

耦合方式：

①交流（AC）：滤除显示信号的直流部分，仅显示信号的交流部分。

②接地（0）：没有信号显示，输出端接地。

③直流（DC）：将显示信号的直流部分与交流部分。

（4）通道 B（Channel B）：B 通道设置，其方法同通道 A 设置。

3. Trigger（触发）模块

该模块用于设置示波器的触发方式。

（1）Edge（边沿）：触发边沿的选择设置，有上升沿和下降沿等选择方式。

（2）Level（电平）：设置触发电平的大小，该选项表示只有当被显示的信号超过该文本框中的数值时，示波器才能进行采样显示。

（3）Type（方式）：设置触发方式。Multisim 14.3 提供了以下几种触发方式：

①Single（单次）：单脉冲触发方式，满足触发电平的要求后，示波器仅仅采样一次，每单

击 Single 一次便产生一个触发脉冲。

②Normal（正常）：只要满足触发电平要求，示波器就采样显示输出一次。

③Auto（自动）：自动触发方式，只要有输入信号就显示波形。

2.3.5 波特图仪

波特图仪（Bode Plotter）又称频率特性仪，主要用于测量滤波电路的频率特性，包括测量电路的幅频特性和相频特性。

单击仪表工具栏/波特图仪按钮，得到如图 2.3.6（a）所示波特图仪图标，双击该图标，便得到如图 2.3.6（b）所示的波特图仪内部参数设置控制面板。

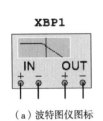

(a) 波特图仪图标　　　　(b) 波特图仪内部参数设置控制面板

图 2.3.6　波特图仪

该控制面板分为以下四部分：

1. Mode（模式）

该区域是输出方式选择区。

（1）Magnitude（幅值）：设置显示被测电路的幅频特性曲线。

（2）Phase（相位）：设置显示被测电路的相频特性曲线。

2. Horizontal（水平）

该区域是水平坐标（X 轴）的频率显示格式设置区，水平轴总是显示频率的数值。

（1）Log（对数）：水平坐标采用对数的显示格式。

（2）Lin（线性）：水平坐标采用线性的显示格式。

（3）F：水平坐标（频率）的最大值。

（4）I：水平坐标（频率）的最小值。

波特图仪能产生一定频率范围的扫描信号，其值在（3）、（4）两项中输入。如果频率很宽，则采用对数格式较为合适。

3. Vertical（垂直）

该区域是垂直坐标设置区。

（1）Log（对数）：垂直坐标采用对数的显示格式。

（2）Lin（线性）：垂直坐标采用线性的显示格式。

（3）F：垂直坐标（dB）的最大值。

（4）I：垂直坐标（dB）的最小值。

在仿真分析时，（3）、（4）两项应该合理设置，以便能够完整地观察曲线。当测量电路的相频特性曲线时，垂直坐标始终是线性的。

4. Controls（控制）

该区域是输出控制区。

（1）Reverse（反向）：将波特图仪显示屏的背景色由黑色改为白色。

（2）Save（保存）：保存显示的特性曲线及相关参数设置。

（3）Set（设置）：设置扫描的分辨率。单击该按钮，在弹出如图2.3.7所示的对话框中输入分辨率的值。

默认的分辨率的数值为100，完成设置后，单击OK按钮，返回波特图仪内部参数设置控制面板。

在波特图仪内部参数控制面板的最下方有IN（进）和OUT（出）两个按钮。它们分别对应图标中的IN和OUT两组接口。IN是被测信号的输入端口，"＋"和"－"信号分别接入被测信号的正端和负端。OUT是被测信号的输出端口，"＋"和"－"信号分别接入仿真电路的正端和负端。

图2.3.8所示为CR滤波电路，以此为例来说明波特图仪的使用。波特图仪IN接口需要接电路的信号输入端，OUT接口则需要接信号输出端，双击波特图仪图标可弹出图2.3.9（a）的幅频特性和图2.3.9（b）的相频特性。

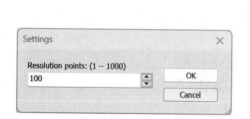

图2.3.7 波特图仪分辨率设置对话框

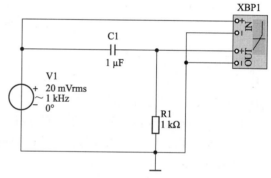

图2.3.8 CR滤波电路

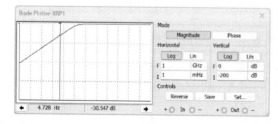

（a）幅频特性

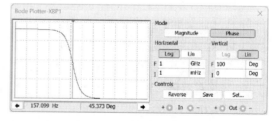

（b）相频特性

图2.3.9 CR滤波电路的波特图仪分析

在波特图仪显示窗口的正下方单击←或→图标，波特图仪的游标将会按所设的数值单位移动，在旁边的文本框中将显示对应的水平轴的频率值和垂直刻度的分贝值或相位值。

2.3.6 频率计

频率计（Frequency counter）可以用来测量信号的频率、周期、脉冲高/低电平持续时间以及脉冲上升沿/下降沿时间。

单击仪表工具栏/频率计按钮,得到图 2.3.10(a)所示的频率计图标,双击该图标便可得到图 2.3.10(b)所示的频率计内部参数设置控制面板。

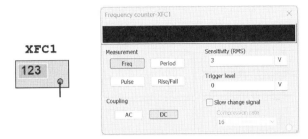

(a)频率计图标　　(b)频率计内部参数设置控制面板

图 2.3.10　频率计

该控制面板共分四部分:

1. Measurement（测量）选项区

参数测量选择区。

(1) Freq（频率）：用于测量频率。

(2) Period（周期）：用于测量周期。

(3) Pulse（脉冲）：用于测量正/负脉冲的持续时间。

(4) Rise/Fall（上升/下降）：用于测量上升沿/下降沿的时间。

2. Coupling（耦合）选项区

用于选择电路的耦合方式。

(1) AC（交流）：选择交流耦合方式。

(2) DC（直流）：选择直流耦合方式。

3. Sensitivity（灵敏度）选项区

主要用于灵敏度的设置。

4. Trigger level（触发电平）选项区

触发电平设置区,当被测信号的幅度大于触发电平时才能进行测量。

2.3.7　字信号发生器

字信号发生器（Word generator）是一个通用的数字输入编辑器,通过设置,有多种方式产生 32 位同步逻辑信号,可用于测试数字电路。

单击仪表工具栏/字信号发生器按钮,得到图 2.3.11(a)所示的字信号发生器的图标。在字信号发生器的左右两侧各有 16 个端口,分别为 0~15 和 16~31;下面的 R 表示输出端,用以输出与字信号同步的时钟脉冲;T 表示输入端,用来接外部触发信号。

双击字信号发生器图标,可得到图 2.3.11(b)所示的字信号发生器内部参数设置控制面板。该控制面板分为五部分:

1. Controls（控件）

用来设置字信号发生器的最右端的字符编辑显示区字符信号的输出方式,有下列三种模式。

(1) Cycle（循环）：在已经设置好的初始值和终止值之间循环输出字符。

(2) Burst（单帧）：每单击一次，将从初始值开始到终止值结束的逻辑字符输出一次，即单页模式。

(3) Step（单步）：每单击一次，输出一条字信号，即单步模式。

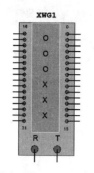 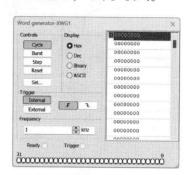

（a）字信号发生器图标　　　（b）字信号发生器内部参数设置控制面板

图 2.3.11　字信号发生器

单击 Set（设置）按钮，弹出如图 2.3.12 所示的对话框，该对话框主要用来设置字符信号的变化规律，其中各参数的含义如下所述。

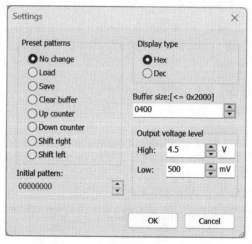

图 2.3.12　控件设置对话框

Preset patterns（预设模式）：

No change（无更改）：保持原有的设置。

Load（加载）：装载以前的字符信号的变化规律的文件。

Save（保存）：保存当前的字符信号的变化规律的文件。

Clear buffer（清除缓冲区）：将字信号发生器的最右端的字符编辑器显示区的字信号清零。

Up counter（加计数器）：字符编辑显示区字信号以加 1 的形式计数。

Down counter（减计数器）：字符编辑显示区字信号以减 1 的形式计数。

Shift right（右移）：字符编辑显示区字信号右移。

Shift left（左移）：字符编辑显示区字信号左移。

Display type（显示类型）：用来设置字符编辑显示区字信号的显示格式，分为 Hex（十六进制）和 Dec（十进制）。

Buffer size（缓冲区大小）：字符编辑显示区的缓冲区的长度。

Initial pattern（初始模式）：采用某种编码的初始值。

2. Display（显示）

该区域用于设置字信号发生器的最右端的字符编辑显示区的字符显示格式，分为 Hex（十六进制）、Dec（十进制）、Binary（二进制）和 ASCII 等格式。

3. Trigger（触发）

该区域用于设置触发方式。

（1）Internal（内）：内部触发方式，字信号的输出由控制区的三种输出方式中某一种来控制。

（2）External（外部）：外部触发方式，此时需要接入外部触发信号。

右侧的两个按钮用于外部触发脉冲的上升沿或下降沿的选择。

4. Frequency（频率）

该区域用于设置字符信号的输出时钟频率。

5. 字符编辑显示区

字信号发生器的最右侧的空白显示区，用来显示字符。

2.3.8 逻辑转换仪

逻辑转换仪（Logic converter）是 Multisim 特有的仪器，能够完成真值表、逻辑表达式和逻辑电路图三者之间的相互转换，实际中不存在与此相对应的设备。单击仪表工具栏/逻辑转换仪按钮，得到图 2.3.13（a）所示的逻辑转换仪图标，双击该图标，便可得到图 2.3.13（b）所示的逻辑转换仪控制面板。

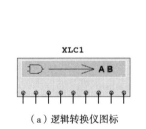
（a）逻辑转换仪图标

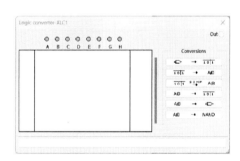
（b）逻辑转换仪控制面板

图 2.3.13 逻辑转换仪

1. 逻辑电路→真值表

逻辑转换仪可以导出多路（最多 8 路）输入、1 路输出的逻辑电路的真值表。首先画出逻辑电路，并将其输入端接至逻辑转换仪的输入端，输出端接至逻辑转换仪的输出端。按下"逻辑电路→真值表"按钮，在逻辑转换仪的显示窗口，即真值表区出现该电路的真值表。

2. 真值表→逻辑表达式

真值表的建立：一种方法是根据输入端数，用鼠标单击逻辑转换仪控制面板顶部代表输入端的小圆圈，选定输入信号（A~H）。此时真值表区自动出现输入信号的所有组合，而输出列的初始值全部为 0。可根据所需要的逻辑关系通过修改真值表的输出值来建立真值表；另一种方法是由电路图通过逻辑转换仪转换过来的真值表。

对已在真值表区建立的真值表，用鼠标单击"真值表→表达式"按钮，在控制面板底部的逻辑表达式栏出现相应的逻辑表达式。如果要简化该逻辑表达式或直接由真值表得到简化的逻辑表达式，单击"真值表→简化表达式"按钮后，在逻辑表达式栏中出现该真值表的简化逻辑表达式。

3. 逻辑表达式→真值表、逻辑电路或与非门电路

可以直接在逻辑表达式栏中输入逻辑表达式（"与-或"式及"或-与"式均可），然后按下"表达式→真值表"按钮得到相应的真值表；按下"表达式→电路"按钮得到相应的逻辑电路；按下"表达式→与非门电路"按钮得到由与非门构成的逻辑电路。

2.3.9 逻辑分析仪

逻辑分析仪（Logic Analyzer）可以同时显示 16 路逻辑信号，常用于数字电路的时序分析，其功能类似于示波器，只不过逻辑分析仪可以同时显示 16 路信号，而示波器最多可显示 4 路信号。单击仪表工具栏/逻辑分析仪按钮，得到图 2.3.14（a）所示的逻辑分析仪图标，双击该图标，便可得到图 2.3.14（b）所示的逻辑分析仪内部参数设置控制面板。

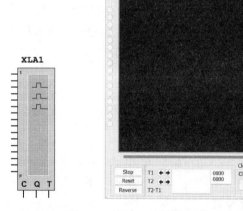

（a）逻辑分析仪图标　　　（b）逻辑分析仪内部参数设置控制面板

图 2.3.14　逻辑分析仪

控制面板各部分功能如下：

最上方的黑色区域为逻辑信号的显示区域。

（1）Stop：停止逻辑信号波形的显示。

（2）Reset：清除显示区域的波形，重新仿真。

（3）Reverse：将逻辑信号的波形的显示区域由黑色变为白色。

（4）T1：游标 1 的时间位置。左侧的空白处显示游标 1 所在位置的时间值，右侧的空白处显示该时间所对应的数据值。

（5）T2：游标 2 的时间位置，用法与 T1 相同。

（6）T2-T1：显示游标 T2 与 T1 的时间差。

（7）Clock 区：时钟脉冲设置区。其中，Clock/Div 用于设置每格所显示的时钟脉冲个数。

单击 Clock 区的 Set 按钮，弹出图 2.3.15 所示对话框。其中，Clock source 用于设置触发模式，有 External（外触发）和 Internal（内触发）两种模式；Clock rate 用于设置时钟频率，仅对内触发模式有效；Sampling setting 用于设置取样方式，有 Pre-trigger samples（触发前采样）和 Post-trigger samples（触发后采样）两种方式。Threshold volt.（V）用于设置门限电平。

（8）Trigger 区：触发方式控制区。单击 Set 按钮，弹出 Trigger Settings 对话框，如图 2.3.16 所示。其中共分三个区域：Trigger clock edge 用于设置触发边沿，有 Positive（上升沿）触发、Negative（下降沿）触发以及 Both（上升沿/下降沿）触发三种方式。Trigger qualifier 用于触发限制字设置，X 表示只要有信号逻辑分析仪就采样，0 表示输入为 0 时采样，1 表示输入为 1 时采样。Trigger patterns 用于设置触发样本，可通过文本框和 Trigger combinations 下拉列表框设置触发条件。

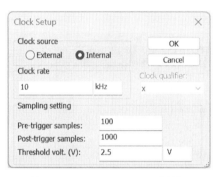 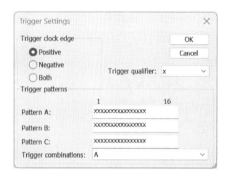

图 2.3.15　Clock Setup 对话框　　　　图 2.3.16　Trigger Settings 对话框

2.3.10　IV 分析仪

IV 分析仪（IV analyzer）在 Multisim 14.3 中专门用于测量二极管、晶体管和 MOS 管的伏安特性曲线。单击仪表工具栏/IV 分析仪按钮，得到如图 2.3.17（a）所示的 IV 分析仪图标，其中共有三个接线端，从左至右分别接三极管的三个电极。

双击 IV 分析仪图标，可得到图 2.3.17（b）所示的 IV 分析仪的内部参数设置控制面板，该控制面板主要功能如下：

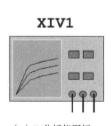 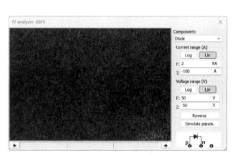

（a）IV 分析仪图标　　　　（b）IV 分析仪的内部参数设置控制面板

图 2.3.17　IV 分析仪

（1） Components 区：伏安特性测试对象选择区，有 Diode（二极管）、BJT NPN/BJT PNP（晶体管）、PMOS/NMOS（场效应管）等选项。

（2） Current range（A）区：电流范围设置区，有 Log（对数）和 Lin（线性）两种选择。

（3） Voltage range（V）区：电压范围设置区，有 Log（对数）和 Lin（线性）两种选择。

（4） Reverse 按钮：转换显示区背景颜色。

（5） Simulate param. 按钮：设置仿真参数。

2.3.11 失真分析仪

失真分析仪（Distortion analyzer）是用于测量信号的失真程度以及信噪比等参数的仪器。经常用于测量存在较小失真度的低频信号。单击仪表工具栏/失真分析仪按钮，得到图 2.3.18（a）所示的失真分析仪的图标。该仪器有一个接线端，用于连接被测电路的输出端。双击该图标，可得到图 2.3.18（b）所示的失真分析仪内部参数设置控制面板。

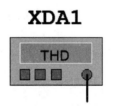
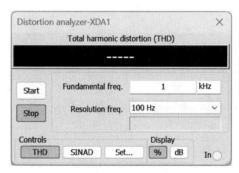

（a）失真分析仪图标　　　（b）失真分析仪内部参数设置控制面板

图 2.3.18　失真分析仪

该控制面板的主要功能如下：

（1） Total harmonic distortion（THD）：总的谐波失真显示区。

（2） Start：启动失真分析按钮。

（3） Stop：停止失真分析按钮。

（4） Fundamental freq.：设置失真分析的基频。

（5） Resolution freq.：设置失真分析的频率分辨率。

（6） THD：显示总的谐波失真。

（7） SINAD：显示信噪比。

（8） Set：测试参数对话框设置。单击该按钮，弹出如图 2.3.19 所示的对话框。该对话框有如下选项：

①THD definition：用于设置总的谐波失真的定义方式，有 IEEE 和 ANSI/IEC 两种选择。

②Harmonic num.：用于设置谐波分析的次数。

③FFT points：用于设置傅里叶变换的点数，默认值为 1 024 点。

（9） Display 区：用于设置显示模式，有百分比（%）和分贝（dB）两种显示模式。

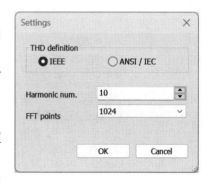

图 2.3.19　Settings 的参数设置对话框

(10) In:用于连接被测电路的输出端。

谐波失真用来表示检测非线性失真的结果。非线性失真的定义是输入信号经过处理后,理想上的输出只有基频信号的频带,但由于谐波现象而在原始声波的基础上生成二次、三次甚至多次谐波,这些谐波是原始信号频率的整数倍。总谐波失真是指输出信号(谐波及其倍频成分)比输入信号多的除基频以外的谐波成分,通常用百分数来表示。

2.3.12 频谱分析仪

频谱分析仪(Spectrum analyzer)主要用于信号的频域分析。单击仪表工具栏/频谱分析仪按钮,得到图 2.3.20(a)所示的频谱分析仪图标,其有两个接线端,用于连接被测电路的被测端点(Input)和外部触发端(Trigger)。双击该图标,可得到如图 2.3.20(b)所示的频谱分析仪内部参数设置控制面板。

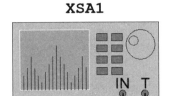
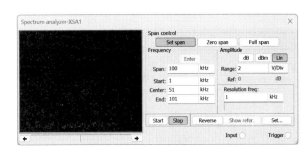

(a)频谱分析仪图标　　　　　　(b)频谱分析仪内部参数设置控制面板

图 2.3.20　频谱分析仪

该控制面板的主要功能如下:

控制面板的左侧为测试结果显示窗口,其右侧功能区主要为:

(1) Span control:用于设置测试频率。直接影响正下方的 Frequency 的参数设置。

①Set span:单击此按钮后,可在下方的 Frequency 区输入频率参数。

②Zero span:单击此按钮,频率测试范围由 Frequency 区的 Center 中的参数决定。

③Full span:单击此按钮,测试频率范围确定为 0~4 GHz,与 Frequency 区中的参数无关。

(2) Frequency:用于设置测试频率范围。

①Span:设置频率范围。

②Start:设置测试频率的起始频率。

③Center:设置测试频率的中心频率。

④End:设置测试频率的终止频率。

(3) Amplitude:设置纵坐标的显示格式。

①dB:纵坐标采用分贝刻度单位。

②dBm:纵坐标采用 dBm(分贝)刻度单位。

③Lin:纵坐标采用线性刻度。

(4) Resolution freq:频率分辨率设置。

(5) 其他功能按钮:

①Start:启动频谱分析仪,进行仿真分析。

②Stop:停止频谱分析仪的仿真分析。

③Reverse：将背景颜色由黑色变为白色。

④Settings：主要进行触发源参数设置。单击后弹出如图 2.3.21 所示的对话框。其中，Trigger source 用于设置触发源，有 Internal（内部触发）和 External（外部触发）两种触发源选择；Trigger mode 用于设置触发源模式，有 Continuous（连续模式）和 Single（单触发模式）两种选择；Threshold volt.（V）用于设置触发开启电压，大于此值便触发采样；FFT points 用于设置傅里叶计算的采样点数，默认值为 1 024 点。

频谱分析仪主要用于分析信号中的频带宽度，现以函数信号发生器产生的幅值为 5 V，频率为 1 kHz 的方波信号为例，说明频谱分析仪的应用。仿真电路如图 2.3.22 所示，频谱分析仪的 Frequency 项的设置如图 2.3.23 所示。全部设置完毕，单击 Frequency 项的 Enter 按钮，启动仿真开关，得到仿真结果如图 2.3.23 左侧窗口显示。

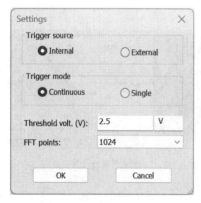

图 2.3.21　Settings 参数设置对话框

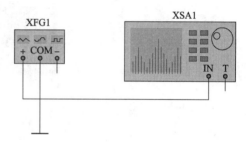

图 2.3.22　频谱分析仪应用仿真电路

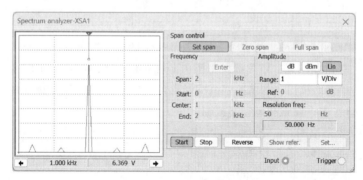

图 2.3.23　频谱分析仿真结果

2.3.13　网络分析仪

网络分析仪（Network analyzer）主要用来测试电路中的双端口网络，如高频电路中的混频器，其主要用来测试电路的 S、H、Y 和 Z 等参数。单击仪表工具栏/网络分析仪按钮，得到图 2.3.24（a）所示的网络分析仪图标，其有两个接线端，用于连接被测电路的被测端点和外部触发端。双击该图标，可得到图 2.3.24（b）所示的网络分析仪内部参数设置控制面板。

该控制面板功能设置如下：

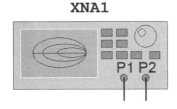

(a）网络分析仪图标　　　　（b）网络分析仪内部参数设置控制面板

图 2.3.24　网络分析仪

（1）Mode 区：设置分析模式。

①Measurement：设置网络分析仪为测量模式。

②RF characterizer：设置网络分析仪为射频分析模式。

③Match net. designer：设置网络分析仪为高频分析模式。

（2）Graph 区：设置分析参数及其结果显示模式。

①param.：参数选择下拉菜单。有 S-parameters、H-parameters、Y-parameters、Z-parameters、Stability factor（稳定度）等选项。

②Smith（史密斯模式）、Mag/Ph（波特图）、Polar（极化图）、Re/Im（虚数/实数方式显示），用于设置显示格式。

（3）Trace 区：用于显示所要显示的某个参数。

（4）Functions 区：功能控制区。

①Marker：用于设置仿真结果显示方式，有 Re/Im（实部/虚部）、Mag/Ph（极坐标）和 dB Mag/Ph（分贝极坐标）三种形式。

②Scale：调整纵轴刻度。

③Auto scale：自动调整纵轴刻度。

④Set up：用于设置频谱仪数据显示窗口的显示方式。单击该按钮后将弹出如图 2.3.25 所示对话框，可以对频谱仪显示区的曲线宽度、颜色，网格的宽度、颜色，图片框的颜色等参数进行设置。在 Trace 选项卡中，可以对线宽、线长、线的模式等选项进行设置。

（5）Settings：数据管理设置区。

①Load：装载专用格式的数据文件。

②Save：存储专用格式的数据文件。

③Export：将数据输出到其他文件。

④Print：打印仿真结果数据。

⑤Simulation setup：单击此按钮，将弹出如图 2.3.26 所示的分析模式参数设置对话框。其中，Start frequency 用于设置仿真分析时输入信号的起始频率，Stop frequency 用于设置仿真分析时输入信号的终止频率，Sweep type 用于设置扫描模式，Number of points per decade 用于设置每 10 倍频的采样点数，Characteristic impedance 用于设置特性阻抗。

图 2.3.25　Set up 对话框

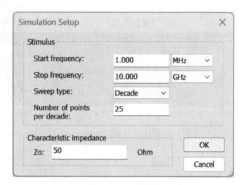

图 2.3.26　Simulation Setup 对话框

2.4　Multisim 14.3 的基本分析方法

在分析电子电路的性能时，通常需要对电路的指标参数进行研究，如分析基本放大电路的静态工作点、动态性能等，这些分析将决定电路的某些性能是否符合标准要求。Multisim 14.3 提供了 19 种分析方法，以下介绍常用的分析方法。

2.4.1　直流工作点分析

直流工作点分析（DC operating point analysis）也常称为静态工作点分析，是指当电路中只有直流电压源和直流电流源作用时，分析计算电路中各节点电压和各支路电流。在进行静态工作点分析时，需要先假定只有直流电源（电压源和电流源）作用，因此需要对电路中的非线性元器件做特殊处理：电容设定为开路，电感设定为短路；电路中的交流分量做置零处理，即交流电压源设定为短路，交流电流源设定为开路。

下面以单级放大电路为例介绍直流工作点分析。首先建立如图 2.4.1 所示的单级共射放大电路。

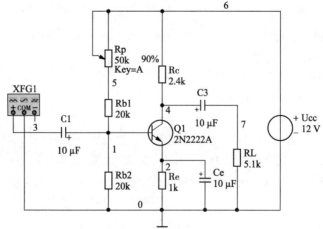

图 2.4.1　单级共射放大电路

单击 Simulate/Analyses and Simulation/DC operating Point，弹出如图 2.4.2 所示对话框。

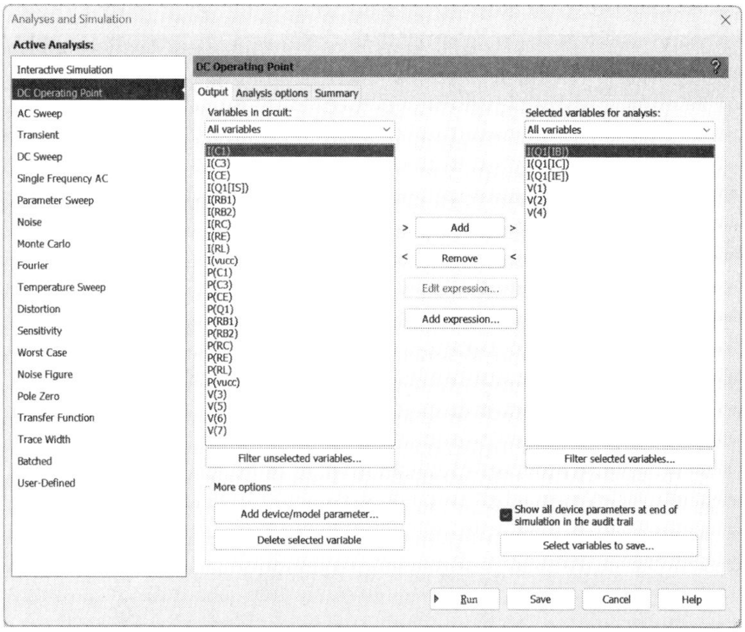

图 2.4.2 DC Operating Point 仿真分析对话框

在该对话框中可设置直流工作点分析的输出节点电压（如 V（1）、V（2）等）、支路电流（如 I（Q1［IB］）、I（Q1［IC］）等）以及功率（如 P（C1）、P（Q1）等）。本例分析静态工作点，选择晶体管各电极的直流电流以及输入偏置电压 V（1）和输出发射极、集电极电位等分析，在左侧列表中选择相应参数后，单击 Add 按钮，即可将其添加至右侧的 Selected variables for analysis 列表框，其他设置采用默认，单击 Run 按钮，开始仿真，仿真运行结果如图 2.4.3 所示。

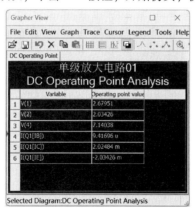

图 2.4.3 DC Operating Point 仿真运行结果

2.4.2 交流分析

交流分析（AC Sweep）就是对电路的交流频率响应进行分析，得到电路的幅频特性和相频特性，是一种线性分析方法。在进行交流分析时，应首先分析电路的静态工作点，以使电路工作在合理状态，原电路的所有激励被视作正弦信号，若使用其他非正弦信号作为激励，Multisim

14.3 会自动将其改为正弦信号。

以下仍以图 2.4.1 所示的单级共射放大电路为例，对该放大电路做交流分析。函数信号发生器产生幅值为 10 mV、频率为 1 kHz 的正弦信号。单击 Simulate/Analyses and Simulation，在弹出的对话框左侧选择 AC Sweep，弹出如图 2.4.4 所示的对话框。

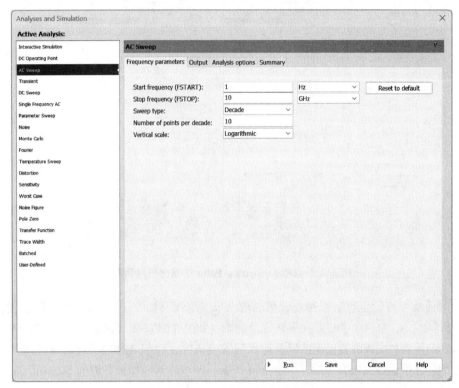

图 2.4.4　AC Sweep 对话框

在 Output 选项卡中选择 V（1）和 V（7）作为输出，其余保持默认设置，单击 Run 按钮启动仿真分析，其仿真结果如图 2.4.5 所示。

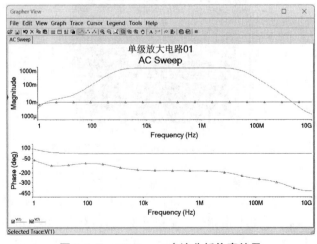

图 2.4.5　AC Sweep 交流分析仿真结果

2.4.3 瞬态分析

瞬态分析（Transient）就是时域内电路在激励信号作用下响应函数波形。下面以图 2.4.1 所示的单级共射放大电路为例来介绍瞬态分析仿真方法。

单击菜单栏 Simulate/Analyses and Simulation，在弹出的 Analyses and Simulation 对话框中左侧 Active Analysis 选择 Transient，则弹出图 2.4.6 所示对话框。

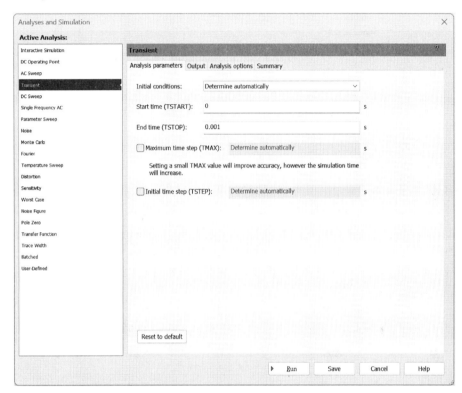

图 2.4.6　Transient 对话框

其中，Analysis parameters 选项卡主要用来设置瞬态分析中的时间参数，它分为两个区域：

（1）Initial conditions 区：设置开始仿真时的初始条件。

（2）参数设置区：主要用于时间参数的设置。

①Start time（TSTART）：设置起始时间。

②End time（TSTOP）：设置终止时间。

③Maximum time step（TMAX）：设置仿真分析时的最大采样时间步长。

在本例分析时，按照图 2.4.6 中的设置，只更改仿真时间 End time 改为 0.01 s，其余按默认设置。在 Output 选项卡中选择 V（7）作为输出，单击 Run 按钮启动仿真，其仿真结果如图 2.4.7 所示。

对瞬态分析，如果结果与预期的结果不相符甚至相差很大，在电路没有错误的情况下，可以通过适当调整仿真时间来达到预期的结果。

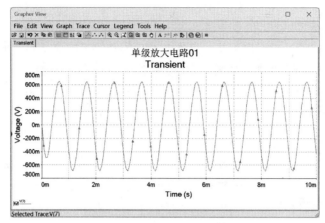

图 2.4.7 瞬态分析仿真结果

2.4.4 直流扫描分析

直流扫描分析（DC Sweep）用来分析电路中的某个节点电压（电流）随着电路中的一个或两个直流电源变化的情况。利用直流扫描分析的直流电源的变化范围可以快速确定电路的直流工作点。

单击菜单栏 Simulate/Analyses and Simulation，在弹出的 Analyses and Simulation 对话框中选择左侧 Active Analysis 列表中的 DC Sweep，其仿真设置对话框如图 2.4.8 所示。Analysis parameters 选项卡分为两个区域：

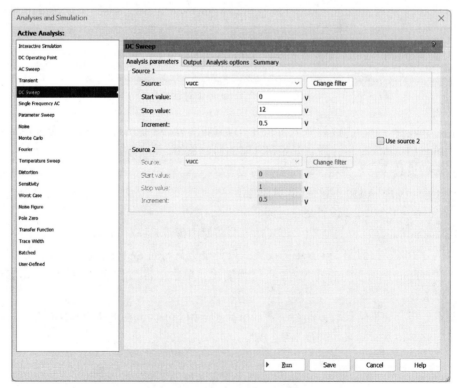

图 2.4.8 DC Sweep 对话框

(1) Source 1 区：设置电源 1 的主要参数。
①Source：选择所要扫描的直流电源。
②Start value：设置所要扫描的直流电源的初始值。
③Stop value：设置所要扫描的直流电源的终止值。
④Increment：设置扫描时直流电源的增量步长。
(2) Source 2 区：设置电源 2 的主要参数，用法与 Source1 区的设置相同。

这里仍以图 2.4.1 所示的单级共射放大电路为例来介绍 DC Sweep 仿真分析。设置 Analysis parameters 选项卡中的 Stop value 为 12 V，Output 选项卡选择分析变量 V（1）和 V（4）-V（2），单击 Run 按钮启动仿真分析，得到图 2.4.9 所示仿真结果。

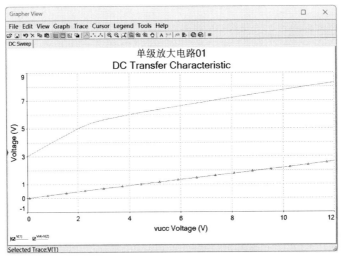

图 2.4.9　DC Sweep 仿真分析结果

2.4.5　参数扫描分析

参数扫描分析（Parameter Sweep）就是通过不断改变仿真电路中某个元器件的参数值，观察其参数值在一定范围内的变化对电路的直流工作点、瞬态特性以及交流频率特性的影响。

单击菜单栏 Simulate/Analyses and Simulation，在弹出的对话框的左侧 Active Analysis 列表栏选择 Parameter Sweep，则弹出图 2.4.10 所示的 Parameter Sweep 对话框。以下仍以图 2.4.1 所示的单级共射放大电路为例来介绍 Parameter Sweep 仿真分析。

图 2.4.10 中 Analysis parameters 选项卡分为三个区域：

（1）Sweep parameters 区：用于设置扫描元器件及其参数类型。Sweep parameter 共有 Device parameter、Model parameter 和 Circuit parameter 三个选项，图 2.4.10 中设置电阻 RB2 为要扫描的元器件。

（2）Points to sweep 区：用于设置扫描方式。
①Sweep variation type：设置扫描变量的类型，有 Decade、Linear、Octave、List 四种类型可供选择，系统默认类型为 Linear。
②Start：设置扫描的初始值。
③Stop：设置扫描的终止值。

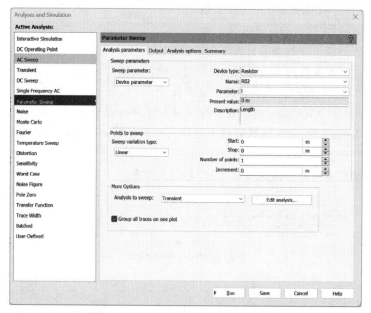

图 2.4.10　Parameter Sweep 对话框

④Number of points：设置扫描的点数。

⑤Increment：设置扫描的步长增量值。

（3）More Options 区：更多选项设置。

①Analysis to sweep：用于设置分析类型，有 DC Operating Point、AC Sweep、Single Frequency AC、Transient 和 Nested sweep 五种类型，系统默认为 Transient。

②Group all traces on one plot：用于将所有的分析曲线放在同一个图中进行显示。

上述设置中，Sweep parameter 选择 Device parameter，Device type 选择 Resistor，Name 选择电路中的 RB2。Points to sweep 选项中，Stop 设置为 20 kΩ，Increment 设置为 2 kΩ，其他为默认设置。Output 选项卡选择 I_B 为分析变量，完成设置后，单击 Run 按钮启动仿真，可得到如图 2.4.11 所示仿真结果。

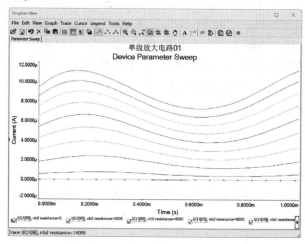

图 2.4.11　Parameter Sweep 仿真结果

2.4.6 噪声分析

噪声分析（Noise）主要是分析噪声对电路性能的影响，Multisim 14.3 中的噪声模型假定了仿真电路中的每一个元器件都经过噪声分析后，它们的总的输出对仿真电路的输出节点的影响。

单击菜单栏 Simulate/Analyses and simulation，在弹出对话框的左侧 Active Analysis 列表框中选择 Noise，则显示如图 2.4.12 所示对话框。

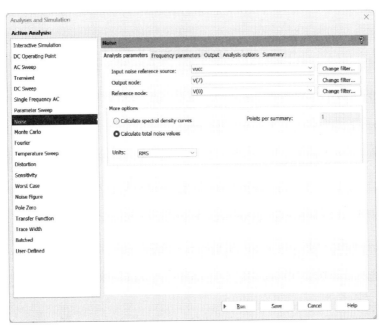

图 2.4.12　Noise 对话框

其中，Analysis parameters 选项卡主要用来设置将要分析的参数，包括以下几个选项：

（1）Input noise reference source：选择交流信号的输入噪声参考源。

（2）Output node：选择输出噪声的节点。

（3）Reference node：设置参考电压的节点，默认值为接地点。

（4）More options：更多的选项设置。

①Calculate spectral density curves：选择此选项后，可设置 Points per summary（即每次求和的采样点数），该选项为计算频谱密度，噪声分析将会以图形的方式给出分析结果。

②Calculate total noise values：计算总的噪声值。

以下仍以图 2.4.1 所示的单级共射放大电路为例来介绍噪声分析仿真方法。在 Noise 的 Analysis parameters 选项卡中 Input noise reference source 选择 vfgen_src_positive；xfg1（即函数信号发生器输出），Output node 选择 V（7），Reference node 选择 V（0），More options 选择 Calculate spectral density curves，并且 Points per summary 填入 3。Output 选项卡中将 inoise_spectrum 和 onoise_spectrum 选为分析变量，单击 Run 按钮启动仿真分析，其仿真结果如图 2.4.13 所示。

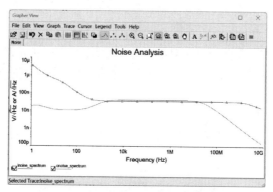

图 2.4.13　Noise Analysis 仿真结果

2.4.7　傅里叶分析

傅里叶分析（Fourier）是工程中常用电路分析方法之一，用来评估时间连续信号的直流、基波和各次谐波分量。傅里叶分析的对象一般是非正弦（余弦）的复杂周期性信号，经过傅里叶分析可以将其分解为一系列的正弦（余弦）信号和直流信号的代数和。其数学表达式为

$$f(t) = a_0 + a_1 \cos \omega t + b_1 \cos \omega t + a_2 \cos 2\omega t + b_2 \cos 2\omega t + \cdots$$

在傅里叶分析后，表达式将会以图形、线条以及归一化等形式表示。

下面以图 2.4.14 所示的由函数信号发生器产生的方波信号为例介绍信号的傅里叶分析。函数信号发生器 XFG1 设置产生方波信号，其频率为 1 kHz，占空比为 50%，幅值为 10 V。

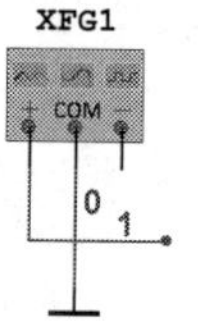

单击菜单栏 Simulate/Analyses and Simulation，在弹出的对话框左侧 Active Analysis 列表栏中选择 Fourier，则出现如图 2.4.15 所示对话框。

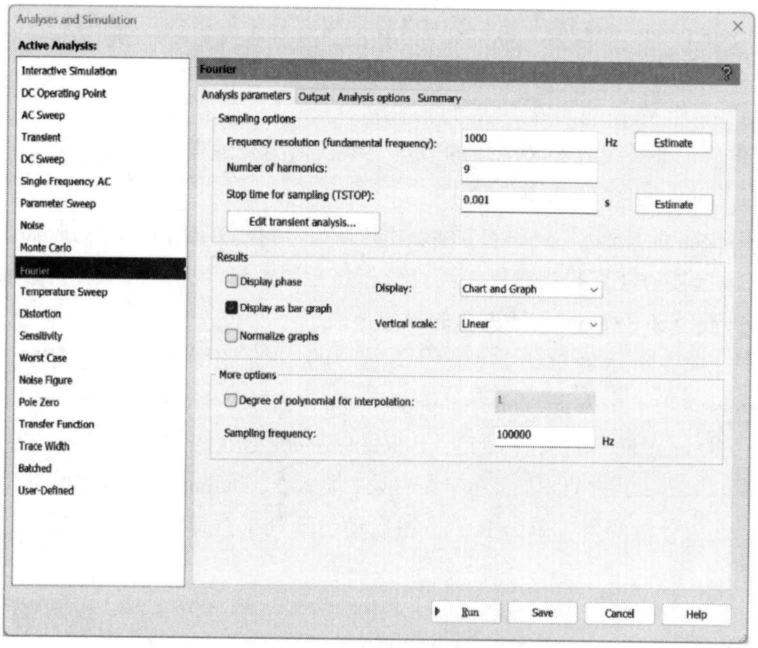

图 2.4.14　函数信号发生器

图 2.4.15　Fourier 对话框

其中 Analysis parameters 选项卡主要用来设置傅里叶分析时的有关采样参数和显示方式，它分为三个区域：

（1）Sampling options 区：设置傅里叶分析基本参数区。

①Frequency resolution (fundamental frequency)：设置仿真电路中的基波频率。如果电路中有多个交流电源，将取其频率的最小公倍数。右侧的 Estimate 按钮用于估算仿真电路中的基波频率。

②Number of harmonics：设置需要分析的谐波次数。

③Stop time for sampling（TSTOP）：设置停止采样的时间，单击右边的 Estimate 按钮程序会自动设置。

（2）Results 区：设置结果显示。

①Display phase：选择显示相位图。

②Display as bar graph：选择绘制棒状频谱图，如不选择该复选框，将绘制连续图。

③Normalize graphs：选择绘制归一化频谱图。

④Display：设置显示方式，包括 Char（表格）、Graph（图形）以及 Chart and Graph（同时显示表格和图形）三种形式。

⑤Vertical scale：设置纵轴的刻度，包括 Linear（线性刻度）、Logarithmic（对数刻度）、Decibel（分别刻度）和 Octave（八倍刻度）四种选项。

（3）More options 区：进行其他参数设置。

①Degree of polynomial for interpolation：设置内插多项式维数。

②Sampling frequency：设置采样频率。

在本例中，Fourier 对话框中 Analysis parameters 选项卡中基波频率设置为 1 000 Hz，分析的谐波次数设置为 9，以图和表的方式显示；Output 选项卡选择 V（1）作为分析变量，其仿真结果如图 2.4.16 所示。

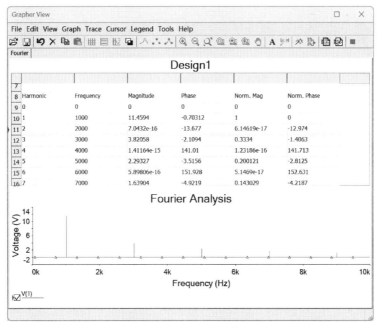

图 2.4.16　Fourier 仿真结果

2.4.8 温度扫描分析

温度扫描分析（Temperature Sweep）用于研究温度变化对电路性能的影响。通常电路的仿真都是假设在室温 27 ℃下进行的，由于许多电子元器件的性能会受到温度的影响，因此当温度变化时，其电路的特性也会产生一些改变。该分析相当于在不同的工作温度下多次对电路进行仿真。需要注意的是，Multisim 中的温度扫描分析只对元器件模型中具有温度特性的元器件有效。

当需要进行温度扫描分析时，单击菜单栏 Simulate/Analyses and Simulation，在弹出的对话框的左侧 Active Analysis 栏的列表框中选择 Temperature Sweep，其对话框如图 2.4.17 所示。

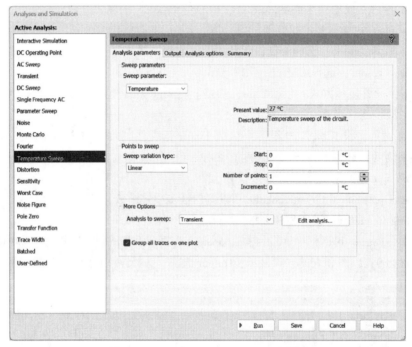

图 2.4.17　Temperature Sweep 对话框

该对话框包含四个选项卡（Analysis parameters、Output、Analysis options 和 Summary），其中 Analysis parameters 选项卡分为三个区域：

（1）Sweep parameters 区：设置扫描参数。此处只有一个选项 Temperature，其右侧的 Present value 为当前温度显示，默认为 27 ℃。

（2）Points to sweep 区：设置扫描方式。

①Sweep variation type：选择扫描类型，有 Linear（线性）、Decade（10 倍频程）、Octave（8 倍频程）以及 List（列表）等四个选项。

②Value list：扫描温度值列表。

（3）More Options 区：其他选项设置，包括 Analysis to sweep（扫描分析方法）和 Group all traces on one plot（将所有仿真曲线放在一个图中）等。

此处仍以图 2.4.1 所示的单级共射放大电路为例介绍温度扫描分析。将 Temperature Sweep 的 Analysis parameters 选项卡中的 Value list 设置为 27，125，150，在 More Options 栏的 Analysis to sweep 选择 Transient，然后单击 Edit analysis 按钮，在弹出的 Sweep of Transient Analysis 对话框中将 End time（TSTOP）设置为 0.005 s，Output 选项卡中选择分析变量为 V（7），其他选项默认设置，单击 Run 按钮启动仿真分析，得到如图 2.4.18 所示的仿真结果，从图中可看出温度对晶体管工作性能的影响。

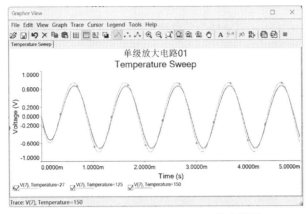

图 2.4.18　Temperature Sweep 仿真结果

2.4.9　灵敏度分析

灵敏度分析（Sensitivity）是指当电路中某个元器件的参数发生变化时，分析其变化对电路的节点电压和支路电流的影响。灵敏度分析包括直流灵敏度分析和交流灵敏度分析，直流灵敏度的仿真分析结果以数值的形式显示，交流灵敏度的仿真分析结果以曲线的形式显示。

单击菜单栏 Simulate/Analyses and Simulation，在弹出的对话框中选择左侧栏 Active Analysis 的 Sensitivity，则弹出图 2.4.19 所示的 Sensitivity 设置对话框。

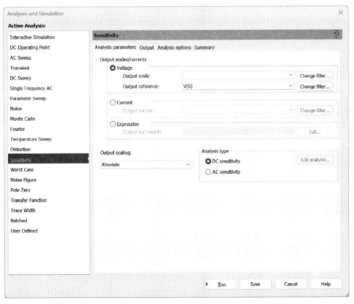

图 2.4.19　Sensitivity 对话框

Analysis parameters 选项卡中各选项含义如下：

（1） Output nodes/currents：设置所要分析的输出节点号。

①Voltage：选择进行电压灵敏度分析。

②Current：选择进行电流灵敏度分析。

③Expression：选择进行表达式灵敏度分析。

（2） output scaling：选择输出灵敏度的格式，有 Absolute（绝对灵敏度）和 Relative（相对灵敏度）两种。

（3） Analysis type：选择灵敏度分析类型，有 DC sensitivity（直流灵敏度）和 AC sensitivity（交流灵敏度）两种。

2.4.10 最坏情况分析

最坏情况分析（Worst Case）是指在已知电路元器件的参数容差时，电路元器件参数在容差所允许的边界上取值时所造成的电路输出值的最大偏差。

单击菜单栏 Simulate/Analyses and Simulation，在弹出的对话框中选择左侧 Active Analysis 列表框中的 Worst Case，显示图 2.4.20 所示对话框。

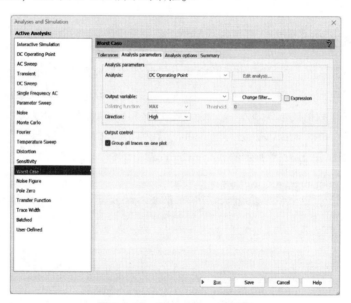

图 2.4.20　Worst Case 对话框

Worst Case 对话框 Analysis parameters 选项卡中各选项的含义如下：

（1） Analysis Parameters 区：设置相关参数。

①Analysis：选择分析对象，包括 DC Operating Point（直流工作点）和 AC Sweep（交流分析）。

②Output variable：选择最坏情况分析的输出节点。

③Direction：元器件容差的变化方向，包括 High（增大）、Low（减小）两项。

（2） Output control 区：选中复选框，将仿真结果显示在一张图或者表格中。

Tolerances 选项卡用于电路元件的容差设置，如图 2.4.21 所示，单击 Add tolerance 按钮，弹出图 2.4.22 所示的对话框。该对话框包含三个区域：

（1） Parameter type 栏：用于选择 Model parameter（模型参数）、Device parameter（器件参

数）或者 Circuit parameter（电路参数）。

（2）Parameter 选项区：

①Device type：用于设置仿真电路中用到的元件类型。

②Name：选择所要设定参数的元件名称。

③Parameter：用于分析对象的参数设定。

④Present value：显示所选定元件的当前参数值。

⑤Description：对所选定元件的说明。

（3）Tolerance 选项区：用于容差的设定。

①Tolerance type：设置容差的类型，有 Absolute（绝对值）和 Percent（百分比）两种选项。

②Tolerance value：按照选择的容差形式设置容差值。

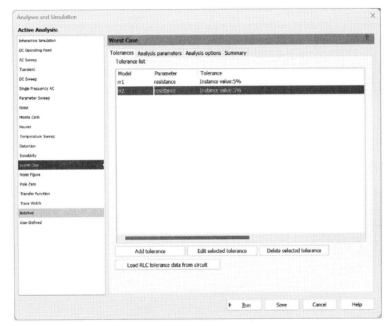

图 2.4.21 Tolerances 选项卡

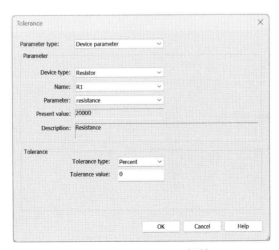

图 2.4.22 Tolerance 对话框

下面以图 2.4.23（a）串联分压电路为例，分析其 Worst Case 仿真运行结果，如图 2.4.23（b）所示。图 2.4.23（b）给出了电路工作时正常运行和最坏运行时节点 2 的电压值，并在下方以文本描述的形式给出了此时的电阻值。从中可以看出，当电阻 R1 的阻值为 9 500 Ω，R2 的阻值为 21 000 Ω，最坏情况分析 V2 输出为 8.262 24 V。

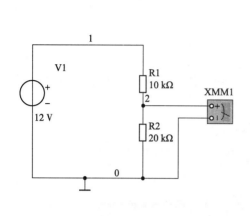

（a）串联分压电路　　　　　　　　　　　　　　（b）仿真结果

图 2.4.23　串联分压电路 Worst Case 分析仿真结果

2.4.11　噪声系数分析

信噪比是衡量电子线路中信号质量好坏的重要参数，将噪声系数定义为输入信噪比/输出信噪比。对电路进行噪声系数分析（Noise Figure）就是研究元件模型中噪声参数对电路的影响。

单击菜单栏 Simulate/Analyses and Simulation，在弹出的对话框左侧 Active Analysis 栏选择 Noise Figure，则显示如图 2.4.24 所示对话框。其中，Input noise reference source 为输入噪声的信号源选择，Output node 为输出节点选择。设置完毕，单击下方 Run 按钮可运行仿真。

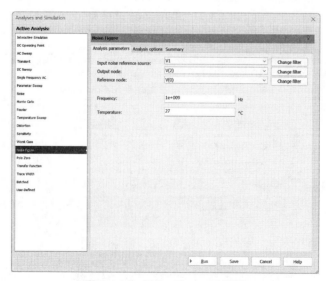

图 2.4.24　Noise Figure 对话框

2.4.12 传输函数分析

传输函数分析（Transfer Function）在系统分析中占有重要地位，它与系统结构框图及相应的频率响应特性等密切相关。

单击菜单栏 Simulate/Analyses and Simulation，在弹出的对话框左侧 Active Analysis 栏选择 Transfer Function，则显示如图 2.4.25 所示 Transfer Function 对话框。

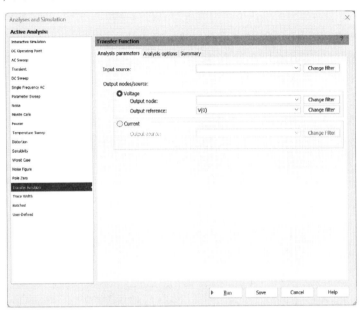

图 2.4.25 Transfer Function 对话框

传输函数分析的设置主要是 Analysis parameters 选项卡，其中 Input source 为选择输入电压，Output nodes/source 选择输出节点。设置完毕单击 Run 按钮即可运行仿真，其结果将以表格形式分别显示传递函数、从输入源两端向电路看进去的输入阻抗和输出阻抗。

2.5 Multisim 14.3 电路仿真举例

在模拟电子技术、数字电子技术等电子电路课程的学习过程中，利用 Multisim 软件进行仿真分析，有助于加深相关理论知识的理解，增强感性认识，也能够促进电子技术实践技能的培养。下面给出两个常用电子电路的仿真案例，引导并逐步掌握 Multisim 仿真分析的方法。

2.5.1 LM7805 制作直流稳压电源

直流稳压电源是电子设备的能源电路，关系到整个电路工作的稳定性和可靠性，它一般由电源变压器、整流电路、滤波电路以及稳压电路组成，如图 2.5.1 所示。

电源变压器的作用是将市电 220 V 的交流电变换成整流电路所需的电压 U_1。

整流电路的作用是将电压 U_1 变换成脉动直流电压 U_2，它主要有半波整流、全波整流方式，通常由整流二极管构成的整流桥堆来执行，常见整流二极管有 1N4007、1N5148 等，整流桥堆有 RS210 等。

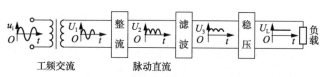

图 2.5.1 直流稳压电源组成框图

滤波电路的作用是将脉动直流电压 U_2 滤除纹波,变换成纹波小的 U_3,常见电路有 RC 滤波、RL 滤波和 π 型滤波等。若选用 RC 滤波电路,C 的选择应满足:$RC=(3\sim5)T/2$,式中 T 为输入交流信号周期,R 为整流滤波电路的等效负载电阻。

稳压电路的作用是将滤波电路输出电源经稳压后,输出稳定的直流电压,常见稳压电路有三端稳压器、串联式稳压电路等。

由三端集成稳压模块 LM7805 构成的直流稳压电源原理图如图 2.5.2 所示。

按照图 2.5.2 所示原理图,在 Multisim 14.3 的工作窗口中建立如图 2.5.3 所示直流稳压电源仿真电路,采用万用表和示波器观察输出电压的变化。

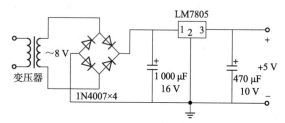

图 2.5.2 LM7805 构成的直流稳压电源原理图

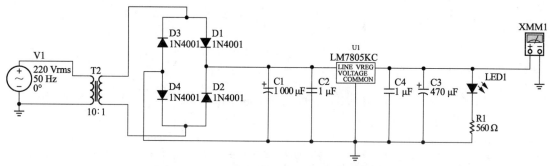

图 2.5.3 LM7805 构成的直流稳压电源仿真电路

2.5.2 CD4017 计数器制作流水灯

采用 NE555 定时器和 CD4017 计数器制作流水灯,其原理图如图 2.5.4 所示。

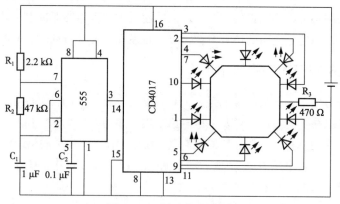

图 2.5.4 流水灯原理图

NE555 定时器构成的多谐振荡器主要用于产生各种方波或时间脉冲信号。

CD4017 是 5 位 Johnson 计数器,具有 10 个译码输出端,3 个输入端 CLK、CR、INH。该芯片的引脚图见图 2.5.5 所示,功能表见表 2.5.1。

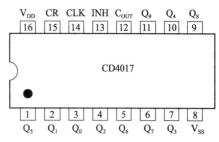

图 2.5.5　CD4017 集成芯片引脚排列图

时钟输入端的施密特触发器具有脉冲整形功能,对输入时钟脉冲上升和下降时间无限制,此特点为 CD4017 提供了一个输入周期可变的功能。INH 为低电平时,计数器在时钟上升沿计数,并且 INH 必须为低电平,否则输入脉冲无效。具备计数器清零功能,通过拉高 CR 端,可以清零输出。每 10 个时钟输入周期,CO 信号完成一次进位,并用作多级计数链的下级脉动时钟。Johnson 计数器提供了快速操作,2 输入译码选通和无毛刺译码输出。防锁选通,保证了正确的计数顺序。CD4017 时序图如图 2.5.6 所示。

表 2.5.1　CD4017 集成芯片功能表

CR	CLK	INH	功能
H	×	×	$Q_0 = C_{OUT} = H$;$Q_0 \sim Q_9 = L$
L	H	↓	计数器进位
L	↑	L	计数器进位
L	L	×	保持不变
L	×	H	保持不变
L	H	↑	保持不变
L	↓	L	保持不变

注:H 为高电平,L 为低电平,×为任意状态,↑为上升沿,↓为下降沿。

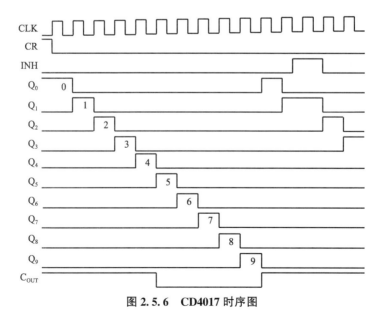

图 2.5.6　CD4017 时序图

由 NE555 和 CD4017 构成的流水灯仿真电路如图 2.5.7 所示。

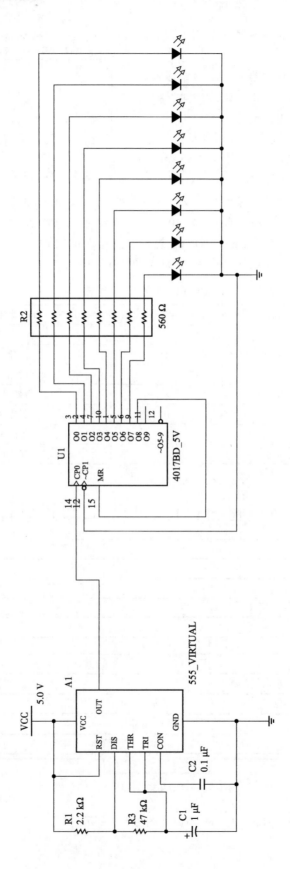

图2.5.7 由NE555和CD4017构成的流水灯仿真电路

第3章 EDA设计及应用实验

3.1 Quartus Ⅱ 简介

Quartus Ⅱ 是 ALTERA 在 21 世纪初推出的开发集成环境，是 ALTERA 前一代 FPGA/CPLD 开发集成环境 MAX-PLUS 的换代产品，其界面友好、使用方便，其强大的设计能力和直观易用的接口，越来越受到数字系统设计者的欢迎。

Quartus Ⅱ 支持原理图、VHDL、Verilog 等多种设计输入形式，内嵌自带的综合器以及仿真器，可以完成从设计输入到硬件配置的完整 PLD 设计流程。Quartus Ⅱ 模块化的编译器包括的功能模块有分析/综合器（Analysis & Synthesis）、适配器（Fitter）、装配器（Assembler）、时序分析器（Timing Analyzer）、设计辅助模块（Design Assistant）、EDA 网表文件生成器（EDA Netlist Writer）、编辑数据接口（Compiler Database Interface）等。可以通过选择 Start Compilation 来运行所有的编译器模块，也可以通过选择 Start 单独运行各个模块。还可以通过选择 Compiler Tool（Tools 菜单），在 Compiler Tool 窗口中运行该模块来启动编译器模块。在 Compiler Tool 窗口，可以打开该模块的设置文件或报告文件，或打开其他相关窗口。

Quartus Ⅱ 支持 ALTERA 的 IP 核，包含了 LPM/MegaFunction 宏功能模块库。它们是复杂或高级系统构建的重要组成部分，使用户可以充分利用成熟的模块，简化了设计的复杂性，加快了设计速度；在 SOPC 设计中被大量使用，也可与 Quartus Ⅱ 普通设计文件一起使用；对第三方 EDA 工具的良好支持也使用户可以在设计流程的各个阶段使用熟悉的第三方 EDA 工具。

此外，Quartus Ⅱ 通过和 DSP Builder 工具与 Matlab/Simulink 相结合，可以方便地实现基于 FPGA 的 DSP 系统开发和数字通信模块的开发。

3.2 Quartus Ⅱ 编译环境使用介绍

Quartus 仿真软件可通过 Intel 公司官方网站下载获取。本章在完成 Quartus 13.0 的安装之后，举例介绍 Quartus Ⅱ编译环境使用。

3.2.1 建立工程

（1）打开 Quartus Ⅱ 软件，出现如图 3.2.1 所示的软件登录界面。

（2）在菜单栏上选择 File→New Project Wizard…命令，进入图 3.2.2 所示界面。在 What is the name of this project? 下输入工程名，What is the name of the top-level design entity for this project? 下输入工程顶层设计文件名，工程名和工程顶层文件通常需要保持一致。What is the working directory for this project? 为文件存储路径。

（3）在图 3.2.2 中单击 Next 按钮，出现图 3.2.3 所示界面。若已有设计文件，可以通过单击─按钮添加（Verilog 或 VHDL 文件），选择已有文件加入此工程。若是新建一个全新的工程，则不添加现成可用的设计文件，可直接单击 Next 按钮，进入图 3.2.4 所示界面。

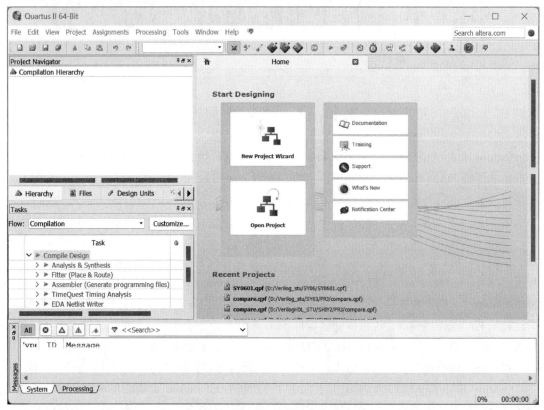

图 3.2.1　Quartus Ⅱ 软件登录界面

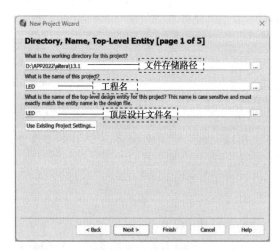

图 3.2.2　建立工程

图 3.2.3　添加文件至工程

（4）在图 3.2.4 中进行芯片型号选择。需要根据实际工程应用来选择相应的目标芯片。为了方便在 Available device 一栏中快速找到开发板上的芯片型号，可将芯片的信息填写完整，先在 Family 选择芯片家族，在 Package 一栏中选择芯片封装类型，Pin count 一栏中选择芯片引脚数目，Speed grade 一栏中选择芯片速度，其他选项默认即可。

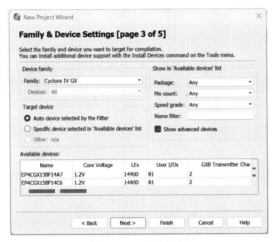

图 3.2.4　芯片选择

（5）在图 3.2.4 中单击 Next 按钮，进入图 3.2.5 所示界面，可以设置工程各开发环节需要用到的第三方 EDA 工具，如仿真软件 Modelsim、综合工具 Synplify 等。设置完成后单击 Next 按钮进入 Summary 界面，如图 3.2.6 所示，检查无误后单击 Finish 按钮完成工程创建。

图 3.2.5　EDA 工具选择

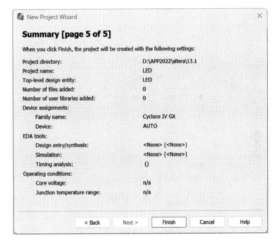

图 3.2.6　工程信息概要

3.2.2　Verilog HDL 文本输入与编译

（1）以上工程创建完毕之后，需要创建工程的顶层源文件。在菜单栏中选择 File→New 命令，选择 Verilog HDL File，创建 verilog.v 文件，如图 3.2.7 所示。

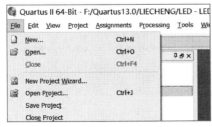 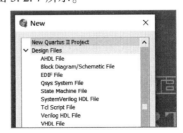

图 3.2.7　建立源文件

（2）在代码编译区输入 Verilog 代码（以 LED 闪烁为例），如图 3.2.8 所示。

（3）编辑完成后，按【Ctrl+S】组合键或者单击工具栏中的 Save 按钮保存文件。保存的文件名会与当前的 module 名一致。为方便后续操作，建议在工程文件路径建立 SRC 文件夹，Verilog HDL 文件也保存在其中，保存完毕之后，进入图 3.2.9 所示界面。

```
1  module LED(
2      input CLK,
3      input RST,
4      output reg LED
5  );
6  reg [3:0] cnt;   //仿真
7                   //reg [32:0] cnt;  实验
8  always @ (posedge CLK or negedge RST)
9  begin
10     if(!RST)
11     begin
12         cnt <= 4'd0;
13         //cnt <= 32'd0;
14     end
15 // 每500ms切换状态
16     else if(cnt < 4'd10)
17     //else if(cnt < 32'd10)
18     begin
19         cnt <= cnt + 1'b1;
20     end
21     else
22     begin
23         cnt <= 4'd0;
24         //cnt <= 32'd0;
25     end
26 end
27 //每500ms灯切换一次状态
28 always @(negedge CLK)
29 begin
30 // 点亮灯
31     if(cnt <= 4'd5)
32     //if(cnt <= 32'd5)
33     begin
34         LED <= 1'b0;
35     end
36     else if (cnt <= 4'd10) // 关闭灯
37     //else if(cnt <= 32'd5)
38     begin
39         LED <= 1'b1;
40     end
41 end
42 endmodule
```

图 3.2.8　源文件输入

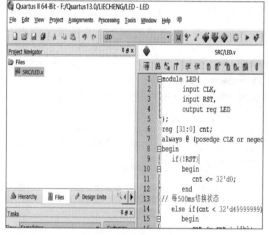

图 3.2.9　源文件保存

（4）保存完毕后可以进行编译来检查 Verilog HDL 语法是否有误。选择菜单栏中的 Processing→Start→Start Analysis & Synthesis 命令或者按【Ctrl+K】组合键进行单个文件编译。在编译过程中如果没有出现语法错误，编译状态显示窗口中的 Analysis & Synthesis 前面的问号会变成"打钩"，表示编译通过，如图 3.2.10 所示；若出现错误，则需要回到源文件进行修改，直到编译通过。

3.2.3　波形仿真

（1）为进一步验证代码所实现功能的正

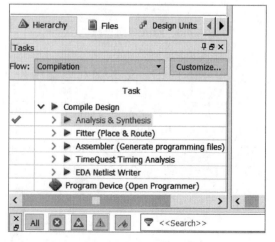

图 3.2.10　源文件编译

确性,还需要进行波形仿真(仿真包括功能仿真和时序仿真),因此需要新建一个波形文件。选择菜单栏中的 File→New 命令,弹出图 3.2.11 所示的新建波形文件窗口,选择其中 University Program VWF 并单击 OK 按钮完成波形文件创建。

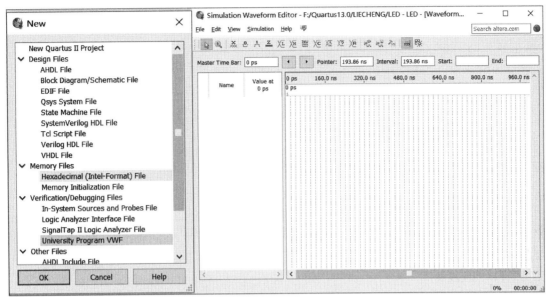

图 3.2.11 新建波形文件窗口

(2) 添加仿真端口。双击左侧空白处,在弹出的对话框中单击 Node Finder 按钮(见图 3.2.12),在出现的窗口界面依顺序先在 Filter 选择所有端口(pins:all),然后单击按钮 List 按钮遍历出所有端口,之后根据需要单击界面中间的 > (一个个添加)或 >> (全部添加)按钮,添加 Verilog 模块编写时所定义的端口进行仿真。本次例程中,单击 >> 按钮添加全部端口(见图 3.2.13),最后单击 OK 按钮。

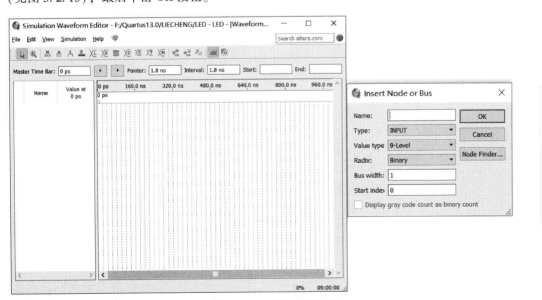

图 3.2.12 添加仿真端口

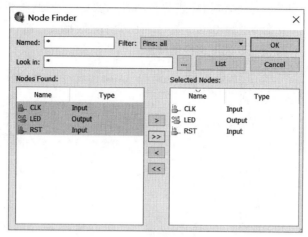

图 3.2.13　选择仿真端口

（3）本例程中，CLK 与 RST 为两个输入激励信号，其中 CLK 为周期性信号，RST 为低电平复位信号；LED 为输出信号。周期性激励信号的添加：单击输入信号端口，等单击的输入信号条框变成蓝色时，选择端口上方的工具按钮，单击"时钟"按钮进入周期选择界面（见图 3.2.14），完成设置。

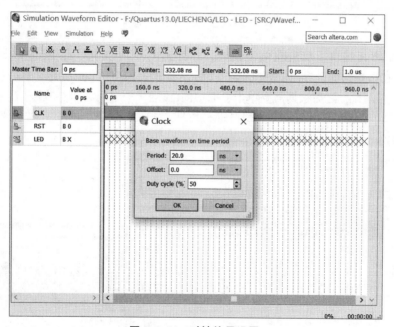

图 3.2.14　时钟信号设置

（4）复位信号 RST 直接拉到高电平即可，如图 3.2.15 所示。

（5）对于输出端口，不用进行激励，按【Ctrl+S】组合键或选择菜单栏中的 File→Save 命令后则会弹出一个对话框提示输入文件名和保存路径，文件名和所命名的 module 名相一致，本例程为"LED"，默认路径是当前的工程文件夹（见图 3.2.16），通常采用默认设置进行保存即可。

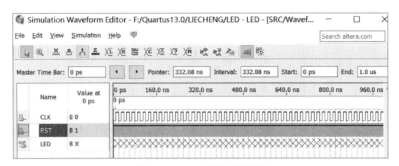

图 3.2.15 复位信号设置

图 3.2.16 波形信号保存

至此，完成了波形文件的建立和输入。波形仿真分为功能仿真与时序仿真。功能仿真是指在一个设计中，在设计实现前对所创建的逻辑进行的验证其功能是否正确的过程，布局布线以前的仿真都称为功能仿真，又称前仿真；时序仿真使用布局布线后器件给出的模块和连线的延时信息，在最坏的情况下对电路的行为做出实际估价，又称后仿真。时序仿真使用的仿真器和功能仿真使用的仿真器是相同的，所需的流程和激励也是相同的；唯一的差别是时序仿真加载到仿真器的设计包括基于实际布局布线设计的最坏情况的布局布线延时，并且在仿真结果波形图中，时序仿真后的信号加载了时延，而功能仿真没有。

目前 Quartus Ⅱ 13.0 软件自带的仿真工具加入了 ModelSim 的仿真器（见图 3.2.17），在进行波形仿真时，需要选择仿真器。一般选择 Quartus Ⅱ Simulator。具体操作是选择 Simulation→Options→quartus Ⅱ simulator 命令。

（6）选择 Simulation→Run Functional Simulation 命令进行功能仿真，编译正确后出现如图 3.2.18 所示界面。

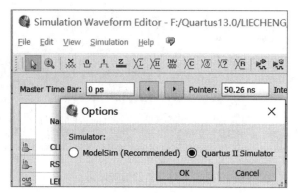

图 3.2.17　仿真工具选择

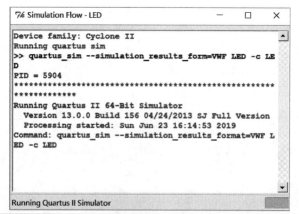

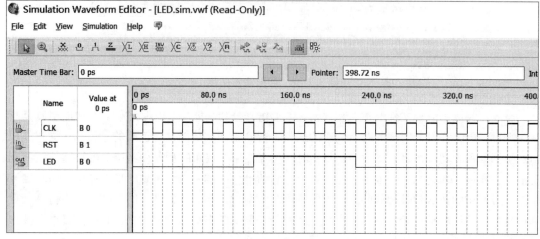

图 3.2.18　功能仿真结果

（7）选择菜单栏中的 Simulation→Run Timing Simulation 命令进行时序仿真，编译正确后出现图 3.2.19 所示界面。

第3章 EDA 设计及应用实验

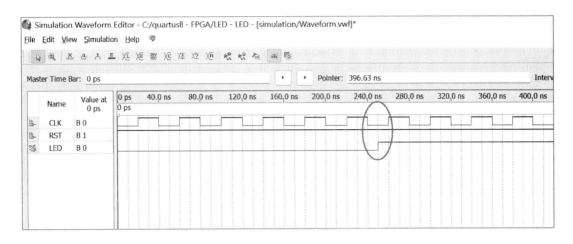

图 3.2.19　时序仿真结果

3.2.4　原理图输入与编译

（1）对项目工程进行编译后，单击资源管理窗中的 Files，右击 SRC/LED.v 文件（SRC 是存放这个文件的文件夹名称），在弹出的快捷菜单中选择 Creat Symbol Files for Current File 命令，如图 3.2.20 所示。

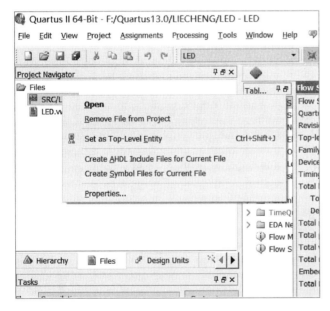
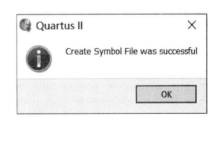

图 3.2.20　原理图文件创建

（2）模型创建成功后，创建原理图输入源文件。选择菜单栏中的 File→New→Block Diagram→Schematic File 命令，单击 OK 按钮，进入图 3.2.21 所示界面。

（3）双击原理图输入源文件编辑区域，弹出图 3.2.22 所示界面。图中 LED 为刚才创建的原理图输入源文件模型。

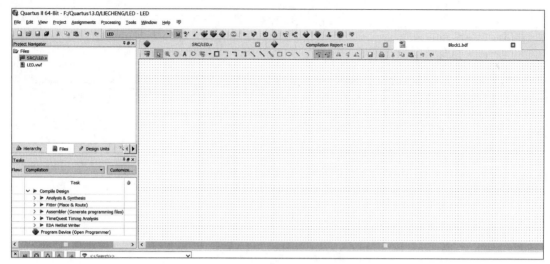

图 3.2.21　原理图输入界面

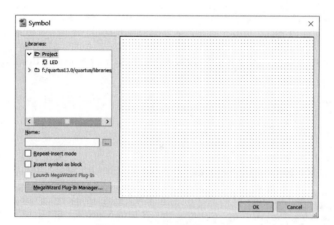

图 3.2.22　原理图输入界面

（4）选择 LED 模型，如图 3.2.23 所示，选择两个输入端口以及一个输出端口。

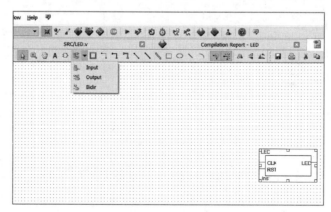

图 3.2.23　选择模型

(5) 创建完端口并连线之后,如图 3.2.24 所示,双击端口可重命名。

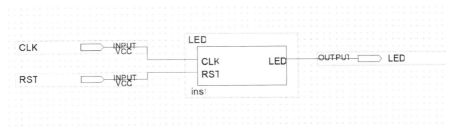

图 3.2.24 创建端口

(6) 完成了以上原理图输入源文件的编辑,接下来需要保存文件。单击"保存"按钮或按【Ctrl+S】组合键,弹出图 3.2.25 所示对话框,选择保存在工程文件的主目录下,文件名称命名为 LED_TOP。(注意:该文件名称不能与 .v 文件重名,否则编译无法通过)。

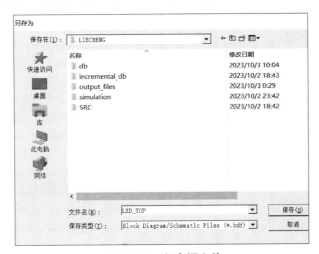

图 3.2.25 保存源文件

(7) 保存完毕后,如果需要设置该原理图输入源文件为顶层文件,可在资源管理窗口中单击 Files,右击 LED_TOP.bsf 文件,在弹出的快捷菜单中选择 Set as Top-Level Entity 命令,将原理图输入源文件设置为顶层文件,设置完成后如图 3.2.26 所示。

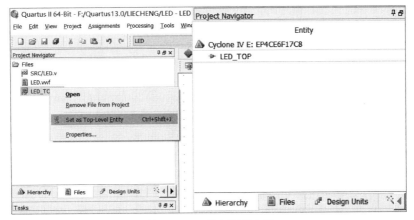

图 3.2.26 保存顶层文件

101

（8）完成原理图输入源文件顶层文件的创建后，需要编译验证工程的正确性。如图 3.2.27 所示，编译通过，即完成了整个原理图输入源文件工程的创建。

图 3.2.27　编译工程

3.3　EDA 技术及应用实验

3.3.1　格雷码变换器

1. 实验目的

（1）了解格雷码变换的基本原理。

（2）熟悉 EDA 软件 Quartus Ⅱ 的使用方法，掌握用图形输入法和 Verilog HDL 描述法设计组合逻辑电路的基本流程。

（3）学会组合逻辑电路的仿真分析。

2. 实验设备及器材

（1）PC。

（2）EDA 实验箱。

3. 预习要求

（1）查阅文献，理解格雷码变换原理及特点。

（2）了解一个完整的 Verilog HDL 语言程序包含的内容。

（3）熟悉 Quartus Ⅱ 图形输入方法连接电路。

4. 实验原理及内容

1）实验原理

格雷码（Gray code）又称循环码，是一种可靠性编码，在数字系统中应用广泛。其特点是任意两个相邻的二进制码中仅有一位不相同，因此在按数码顺序变换翻转时不容易出错。二进制码转换为格雷码的基本原理如下：

根据组合逻辑电路的分析方法，先列出其转换真值表，再通过卡诺图化简，即可得出格雷码和二进制码之间的逻辑关系。其转换规律是：高位不变，从高位到低位，如果相异，则出"1"，相同则出"0"。二进制码转化为格雷码的示意图如图 3.3.1 所示。

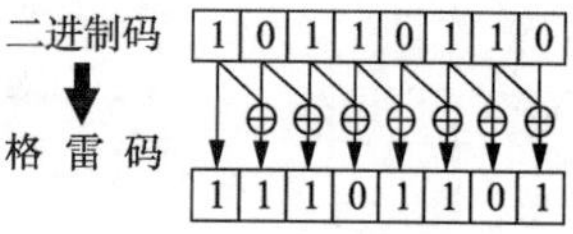

2）实验内容

本实验要求实现 8 位二进制码变换为 8 位格雷码。

实验时用 8 个拨动开关模块 $Key_1 \sim Key_8$ 表示 8 位二进制输入，用发光二极管 $LED_1 \sim LED_8$ 表示转换的 8 位格雷码。发光二极管亮

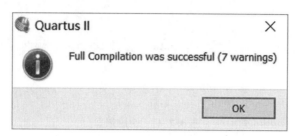

图 3.3.1　二进制码转换为格雷码的示意图

表示对应的位为"1",灭表示对应的位为"0"。通过输入不同的码值来观察实验结果是否与转换原理一致。

5. 实验步骤

(1) 用 Quartus Ⅱ 图形输入法设计格雷码转换器,并仿真验证其功能。

①直接调用 Quartus Ⅱ 里面的逻辑门单元实现。

②完成电路图设计和仿真。

③生成新的格雷码图形模块单元。

④仿真结果要求输入状态完备。

⑤了解仿真周期的意义。

(2) 用 Verilog HDL 语言设计格雷码转换器,并仿真验证其功能。

①用 Verilog HDL 语言描述格雷码转换器。

②完成电路图设计和仿真。

③生成新的格雷码图形模块单元。

④仿真结果要求输入状态完备。

⑤了解仿真周期的意义。

6. 实验报告要求和思考题

(1) 归纳总结采用 Quartus Ⅱ 图形输入法和 Verilog HDL 描述方法设计实现组合逻辑电路的基本步骤。

(2) 绘出仿真波形并对实验结果进行分析。

(3) 思考题:为了验证设计电路是否满足要求,在 Quartus Ⅱ 中仿真时,设计输入信号的波形时应该注意哪些问题?

3.3.2 七人表决器

1. 实验目的

(1) 熟悉 Quartus Ⅱ 软件的使用。

(2) 掌握用图形输入法和 Verilog HDL 描述法设计组合逻辑电路的基本流程。

(3) 熟悉七人表决器的工作原理。

2. 实验设备及器材

(1) PC。

(2) EDA 实验箱。

3. 预习要求

(1) 熟悉组合逻辑电路设计方法。

(2) 熟悉 Verilog HDL 语言的三种基本描述方式。

4. 实验内容

表决器常用于会议投票或者多人商议投票等场合。由多个人投票,如果同意的票数过半,则表决提案通过;否则,表决提案不予通过。

七人表决器由七人投票,当同意的票数大于或等于四人,就认为提案获得通过;反之,当不同意的票数少于四人时,则认为提案被否决。实验时用七个按键来表示投票意愿,当按下按键时即输入"1"表示此人同意,否则即输入"0",表示此人反对。表决的结果用一个发光二极管 LED 来表示，若 LED 被点亮，则表示结果获得通过；否则，结果被否决。

5. 实验步骤

（1）用 Quartus Ⅱ 软件完成七人表决权的设计。包括 Verilog HDL 程序输入、编译和综合。

（2）建立仿真波形文件，使用仿真软件 Modelsim 进行功能仿真。

（3）在 EDA 实验箱上完成目标器件选择与引脚锁定（建立表 3.3.1 功能引脚分配表），并重新编译、综合和适配。

表 3.3.1 功能引脚分配表

端口名	使用模块信号	对应 FPGA 引脚	说明
K1	拨动开关 SW1	PIN_AD15	七人投票表决器
…	…	…	
LED1	LED 模块 LED1	PIN_N4	表决结果
…	…	…	

（4）下载并验证实验结果。

6. 实验报告要求和思考题

（1）绘出仿真波形并对实验结果进行分析说明。

（2）思考题：FPGA 芯片在进行引脚分配时需要注意哪些事项？

3.3.3 四位全加器

1. 实验目的

（1）掌握 Verilog HDL 语言的基本结构。

（2）理解四位全加器的工作原理，并能用 FPGA 设计多位加法器。

（3）熟练应用 Quartus Ⅱ 进行 FPGA 开发。

2. 实验设备及器材

（1）PC。

（2）EDA 实验箱。

3. 预习要求

（1）熟悉二进制半加器、全加器工作原理。

（2）采用组合逻辑电路设计方法列出全加器真值表，通过卡诺图法化简得到全加器逻辑表达式。

（3）用 Verilog HDL 语言描述全加器模块，并通过模块级联得到 4 位全加器。

4. 实验内容

本实验要求完成设计一个 4 位二进制全加器。实验中加数 A 由拨动开关 $SW_0 \sim SW_3$ 输入，另一加数 B 由拨动开关 $SW_4 \sim SW_7$ 输入，输出结果 Y 用发光二极管 $LED_0 \sim LED_7$ 显示，LED 亮表示输出为"1"，LED 灭表示输出为"0"。

5. 实验步骤

（1）打开 Quartus Ⅱ 软件新建一个工程，再新建一个 Verilog HDL 文件。

（2）在 Verilog HDL 编辑窗口编写 Verilog HDL 程序，再进行编译、调试及仿真。

(3) 编译无误后,根据 EDA 实验箱提供的数据手册进行引脚分配,再进行一次全编译,以使引脚分配生效。

(4) 下载及验证。

6. 实验报告要求和思考题

(1) 给出不同加数,记录验证实验结果。

(2) 将实验原理、设计过程、编译结果和硬件测试结果记录下来。

(3) 思考题:在四位全加器基础上,设计 4 位 BCD 码加法器。

3.3.4 数码管动态显示

1. 实验目的

(1) 了解七段 LED 数码管的工作原理。

(2) 掌握数码管动态扫描显示驱动电路的设计方法。

(3) 学习 Verilog HDL 的 case 语句及多层次设计方法。

2. 实验设备及器材

(1) PC。

(2) EDA 实验箱。

3. 预习要求

(1) 熟悉七段 LED 数码管的共阴极和共阳极两种接法。

(2) 编写共阴极数码管的字形与段码对应关系表。

(3) 熟悉数码管动态扫描显示原理及优点。

4. 实验原理及内容

1) 实验原理

LED 数码管根据其内部发光二极管的连接方式可分为共阴极接法和共阳极接法两种,共阴极接法是将所有发光二极管的阴极连接在一起作为公共端(COM),阳极作为驱动端;而共阳极接法则与此相反。七段 LED 数码管的外形及引脚排列参考图如图 1.4.13 所示。

动态显示原理:将多位数码管的公共端(COM)作为位选端,段码输入端 A~G、dp 分别连接作为字形码输入端,采用动态扫描显示的方式,轮流向各位数码管送出字形码和相应的位选,利用发光二极管的余辉和人眼视觉暂留现象,使人感觉各位数码管同时都在显示。数码管的段选(七段)控制数码管显示的数字,位选控制哪个数码管显示,合理控制动态扫描显示时间,数码管可实现稳定显示。

2) 实验内容

本实验内容要求用 Verilog HDL 语言设计并实现八个数码管的动态扫描显示电路,要求实现 0~9 数码的自检测试,此外还要求实现在时钟信号的作用下,通过拨动开关输入二进制编码在数码管上显示相应的十六进制数。在实验过程中,通过对系统时钟分频后得到 1 kHz 脉冲作为动态显示扫描的时钟,用四个拨动开关作为输入,在数码管上显示其十六进制数值。8 位七段 LED 数码管动态显示电路原理图如图 3.3.2 所示。

5. 实验步骤

(1) 用 Quartus Ⅱ软件新建工程,编写 Verilog HDL 程序。

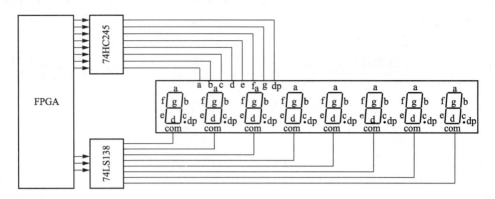

图 3.3.2　8 位七段 LED 数码管动态显示电路原理图

（2）对 Verilog HDL 程序进行编译和仿真，修改程序中的错误。

（3）编译无误后，进行 FPGA 引脚分配；分配完成后再进行一次全编译，以使引脚分配生效。

（4）下载及验证，观察实验结果是否满足实验内容要求。

6. 实验报告要求和思考题

（1）绘出仿真波形，并简要分析说明各信号的逻辑关系。

（2）记录实验过程中碰到的问题以及解决方法。

（3）思考题：简要说明动态扫描显示工作原理，改变扫描时钟对显示有什么影响？

3.3.5　矩阵键盘

1. 实验目的

（1）了解 4×4 矩阵键盘识别原理。

（2）熟悉数码管动态显示原理。

（3）掌握输入/输出端口的定义方法。

（4）理解状态机的工作原理和设计方法。

2. 实验设备及器材

（1）PC。

（2）EDA 实验箱。

3. 预习要求

（1）熟悉矩阵键盘扫描识别原理。

（2）熟悉数码管动态显示原理及 Verilog HDL 程序设计方法。

4. 实验原理及内容

1）实验原理

矩阵键盘扫描识别原理：4×4 矩阵键盘的通常连接方式为 4 行、4 列，按键设置在行线和列线的交点上，行线和列线分别连接到按键开关的两端，因此，要识别按键，只需要知道是哪一行和哪一列即可。其识别原理是：首先固定输出 4 行为高电平，然后输出 4 列为低电平，再读入输出的 4 行的值，通常某行的高电平会因按键被按下而拉为低电平，如果读入的

4行均为高电平,那么肯定没有按键按下,这样便可以获取到按键的行值。行列输出反转,即先输出4列为高电平,然后输出4行为低电平,再读入列值,如果其中有某列为低电平,那么肯定对应的那一列有按键按下,从而获取列值。获取到的行值和列值组合为一个8位数据,根据实现不同的编码再对每个按键进行匹配,可最终确定矩阵键盘中某位按键的唯一键值。

2) 实验内容

本实验内容是完成4×4矩阵键盘(原理图如图3.3.3所示)的识别,然后将其正确的键值编码用数码管显示。

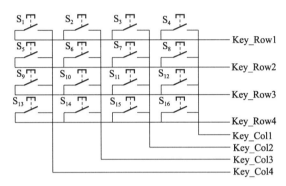

图 3.3.3 4×4 矩阵键盘电路原理图

按键的键值定义如下:$S_1 \sim S_{16}$ 对应键值分别为 01~16(也可自行指定)。

5. 实验步骤

(1) 打开 Quartus Ⅱ 软件新建一个工程,编写 Verilog HDL 程序。

(2) 编译、仿真及调试 Verilog HDL 程序。

(3) FPGA 引脚分配及锁定,进行一次全编译。

(4) 用下载电缆通过 JTAG 方式将对应的 sof 文件加载到 FPGA 中,观察并验证实验结果。

6. 实验报告要求和思考题

(1) 常用按键消抖的方法有哪几种?本实验在设计时如何实现消抖?

(2) 将实验原理、设计过程、编译结果以及硬件测试结果记录下来。

(3) 思考题:查阅文献,至少再寻找一种其他的键盘识别技术,画出流程图。

3.3.6 触发器

1. 实验目的

(1) 掌握 Verilog HDL 语言的编程方法。

(2) 掌握 D 锁存器和 JK 触发器的设计方法。

(3) 熟悉时序逻辑电路编译及波形仿真。

2. 实验设备及器材

(1) PC。

(2) EDA 实验箱。

3. 预习要求

（1）根据 D 锁存器的逻辑功能写出其逻辑表达式。

（2）根据 JK 触发器的逻辑功能写出其逻辑表达式。

（3）熟悉 Verilog HDL 描述时序逻辑电路的程序编写方法。

4. 实验原理及内容

1）实验原理

（1）D 锁存器。上升沿触发的 D 锁存器图形符号如图 3.3.4 所示。D 锁存器有一个数据输入端 D 和一个时钟输入端 CLK，有两个互补输出端 Q 和 $\overline{Q}$，其逻辑功能表见表 3.3.2。

图 3.3.4 D 锁存器图形符号

表 3.3.2 D 锁存器逻辑功能表

数据输入端	时钟输入端	数据输出端
D	CLK	Q
×	0	保持
×	1	保持
0	↑	0
1	↑	1

（2）JK 触发器。带有异步复位/置位功能的 JK 触发器图形符号如图 3.3.5 所示。JK 触发器的输入端有异步置位输入 $\overline{S}_d$、复位输入 $\overline{R}_d$，控制输入端 J 和 K，时钟输入端 CLK，有两个互补输出端 Q 和 $\overline{Q}$。JK 触发器逻辑功能表见表 3.3.3。

图 3.3.5 JK 触发器图形符号

表 3.3.3 JK 触发器逻辑功能表

输入端					输出端	
$\overline{S}_d$	$\overline{R}_d$	CLK	J	K	Q	$\overline{Q}$
0	1	×	×	×	1	0
1	0	×	×	×	0	1
0	0	×	×	×	×	×
1	1	↑	0	0	保持	

续表

输入端					输出端	
$\overline{S_d}$	$\overline{R_d}$	CLK	J	K	Q	$\overline{Q}$
1	1	↑	0	1	0	1
1	1	↑	1	0	1	0
1	1	↑	1	1	翻转	
1	1	0	×	×	保持	

2）实验内容

（1）采用 Verilog HDL 语言描述设计 D 锁存器和 JK 触发器，并通过仿真分析其逻辑功能和触发方式。

（2）扩展内容：设计其他触发器，如 RS 触发器、T 触发器等，研究其相互转化方法。

5. 实验步骤

（1）用 Quartus Ⅱ 软件新建工程，编写 Verilog HDL 程序。

（2）对 Verilog HDL 程序进行编译和仿真，修改程序中的错误。

（3）编译无误后，进行 FPGA 引脚分配。

（4）下载及验证。

6. 实验报告要求和思考题

（1）写出 D 锁存器和 JK 触发器的 Verilog HDL 源程序。

（2）绘出仿真波形。

（3）思考题：4 位 D 触发器的 Verilog HDL 实现思路是什么？

3.3.7 序列检测器

1. 实验目的

（1）熟悉序列检测器的工作原理。

（2）了解时序逻辑电路状态机的设计方法。

（3）掌握 Verilog HDL 语言描述复杂时序逻辑电路的设计方法。

2. 实验设备及器材

（1）PC。

（2）EDA 实验箱。

3. 预习要求

（1）了解状态机概念及基本原理。

（2）用 Verilog HDL 描述状态机的方式。

4. 实验原理及内容

1）实验原理

序列检测器的功能是从一系列码流中找出用户希望出现的序列，它在通信系统中有着广泛的应用。序列检测器的种类很多，有逐比特比较的，也有逐字节比较的，实际应用中需采取何种比较方式，主要是看序列的长短以及系统的延时等要求。逐比特比较的序列检测器原理如下：

在输入的一个特定比特率的二进制码流中，每次输入一个二进制码位都和给定序列的码位进行比较，首先比较第 1 个码位，如果二进制码流中第 1 个码位与给定序列第 1 个码位相同，则继续比较下一个输入二进制码流中的第 2 个码位与给定序列的第 2 个码位，依次进行比较，直到所有的码位和给定序列相一致，就认为检测到一个期望的序列。如果检测过程中出现一个码位和给定序列对应码位不相同，则从头开始比较。

2) 实验内容

本实验要求设计一个序列检测器，检测序列长度为 8 位（如检测给定序列为"10010011"）。实验中采用拨挡开关 $SW_0 \sim SW_7$ 作为外部二进制码流的输入，采用按键模块 Key_0 作为启动信号，如果 $SW_0 \sim SW_7$ 输入序列与 Verilog HDL 设计时的期望序列相一致，则认为检测到一个正确的序列，否则认为没有检测到正确的序列。为了便于观察，序列检测结果采用一个 LED 显示，如果检测到正确的序列，则 LED 亮起，否则 LED 熄灭；用数码管来显示检测成功的次数。

5. 实验步骤

（1）用 Quartus Ⅱ 软件新建工程，编写 Verilog HDL 程序。
（2）对 Verilog HDL 程序进行编译和仿真，修改程序中的错误。
（3）编译无误后，进行 FPGA 引脚分配。
（4）下载及验证。

6. 实验报告要求和思考题

（1）绘出仿真波形，并给出必要的分析说明。
（2）思考题：利用状态机进行时序逻辑电路设计有何优点？

3.3.8 模可变可逆计数器

1. 实验目的

（1）掌握加减法计数器以及特殊功能计数器的设计原理。
（2）熟悉用 Verilog HDL 语言设计多功能计数器的方法。

2. 实验设备及器材

（1）PC。
（2）EDA 实验箱。

3. 预习要求

（1）熟悉计数器工作原理及任意进制计数器构成相关知识。
（2）画出模可变可逆计数器的顶层设计图。

4. 实验原理及内容

1) 实验原理

计数器是对时钟脉冲进行累计的数字电路，根据构成方式可将其分为同步计数器和异步计数器两种，按工作原理又可分为加法计数器和减法计数器等。

（1）加减计数工作原理。加减计数又称可逆计数，是根据计数控制信号的不同，在时钟脉冲的作用下，计数器可以进行加 1 计数操作或者减 1 计数操作。

（2）模可变工作原理。计数器的模也常称为计数器的容量，如模 10 的计数器是指该计数器包含有 10 个有效的计数状态。模可变是通过设置键 M 来控制模的切换，当 M=0 时，实现 M_0 计数；当 M=1 时，实现 M_1 计数。

2) 实验内容

本实验内容要求设计一个由控制位 M 实现模 10 和模 24 切换的模可变计数器。当 M=0 时，实现模 10 计数；当 M=1 时，实现模 24 计数，计数状态由数码管显示。

5. 实验步骤

（1）用 Quartus Ⅱ 软件新建工程，编写 Verilog HDL 程序。
（2）对 Verilog HDL 程序进行编译和仿真，修改程序中的错误。
（3）编译无误后，进行 FPGA 引脚分配。
（4）下载及验证。

6. 实验报告要求和思考题

（1）简述多模加减计数器的工作原理。
（2）绘出计数器仿真波形图。
（3）思考题：设计可输入任意模值的模可变计数器。

3.3.9 串口通信

1. 实验目的

（1）了解串口通信协议的基本原理。
（2）熟悉 Quartus Ⅱ 开发环境下的设计流程。
（3）掌握 Verilog HDL 状态机的基本使用方法。
（4）掌握基本的接口设计和调试技巧。

2. 实验设备及器材

（1）PC。
（2）EDA 实验箱。

3. 预习要求

（1）查阅文献，理解串口通信协议收发数据的工作原理。
（2）采用由顶向底的设计方法，根据实验内容设计系统模块的组成框图。

4. 实验原理及内容

1) 实验原理

串口通信是计算机设备常用的一种通信方式，串口按位（bit）发送和接收字节。典型的串口通信需要使用三根线完成，分别是地线、发送线和接收线。由于串口通信是异步方式，端口能够在一根线上发送数据，同时在另一根线上接收数据。在串口通信中最重要的参数是比特率、数据位、停止位和奇偶校验位，对于两个进行通信的端口，这些参数必须匹配。比特率表示每秒传输的数据位数（单位为 bit/s），常用比特率有 4 800 bit/s、9 600 bit/s 等，收发双方必须匹配。不发送数据时，信号线为高电平。发送数据时，需要首先发送一个起始位（低电平），然后按照协议发送需要的数据，8 位或者 9 位（带校验码），再发送 1 位停止位（高电平）。接收时，需要首先确定起始位，然后按照协议接收 8 位或者 9 位数据。

2) 实验内容

本实验要求利用 EDA 实验箱 FPGA 逻辑资源，编程设计实现一个串口通用异步收发器（UART）。

UART 的数据帧格式为

START	D0	D1	D2	D3	D4	D5	D6	D7	P	STOP
起始位									校验位	停止位

本设计中，比特率选择 9 600 bit/s（也可自行选择），用户通过串口调试助手发送一个 8 位二进制数据 data，可控制 EDA 实验箱上八个 LED，data［0］~ data［7］分别控制 LED$_0$~ LED$_7$。当数据位为 0 时，对应的 LED 点亮；当数据位为 1 时，对应的 LED 熄灭。

5. 实验步骤

（1）用 Quartus Ⅱ 软件新建工程，编写 Verilog HDL 程序。

（2）对 Verilog HDL 程序进行编译和仿真，修改程序中的错误。

（3）编译无误后，进行 FPGA 引脚分配。

（4）下载及验证。

6. 实验报告要求和思考题

（1）画出顶层原理图。

（2）叙述各功能模块的工作原理。

（3）思考题：UART 接收器如何判断接收到的数据是否准确？

3.3.10 交通灯控制器

1. 实验目的

（1）掌握用 Verilog HDL 语言描述稍复杂数字逻辑系统的方法。

（2）学习有限状态机的设计应用。

（3）掌握利用 EDA 工具自顶向下的电子系统设计方法。

2. 实验设备及器材

（1）PC。

（2）EDA 实验箱。

3. 预习要求

（1）熟悉有限状态机的概念以及有限状态机的描述方法。

（2）采用自顶向下的设计方法，完成交通灯控制器系统方案的设计。

4. 实验内容

本实验要求设计实现一个十字路口的交通灯控制系统。该系统分为控制器和受控电路两部分，控制器使整个系统按设定的工作方式交替指挥车辆及行人的通行，并接收受控电路的反馈信号，决定其状态转换方向及输出信号，控制整个系统的工作过程。交通灯控制器结构框图如图 3.3.6 所示。

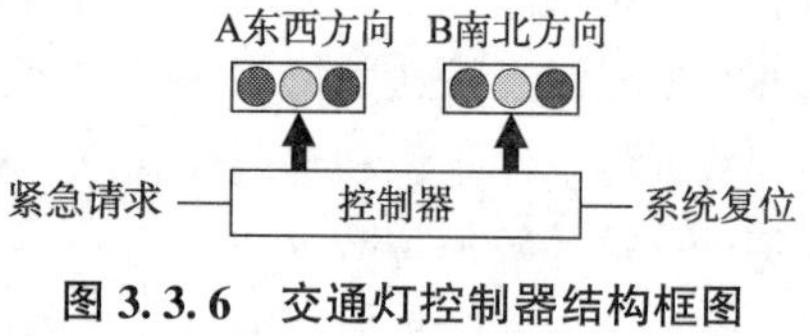

图 3.3.6 交通灯控制器结构框图

十字路口交通灯分为 A 东西方向、B 南北方向，每个方向均有绿（G）、黄（Y）和红（R）三种颜色 LED 指示灯。根据外部设定时间实现正常的倒计时功能，用数码管分别显示 A、B 两个方向的倒计时状态，提供系统正常工作/复位和紧急情况两种工作方式。要求实现如下功能：

（1）A 东西方向和 B 南北方向在指挥交通时，绿灯、黄灯和红灯的持续时间分别为 20 s、5 s 和 25 s。

（2）当有特殊情况（如救护车、消防车等）时，两个方向均为红灯亮，计时停止，当特殊情况解除后，控制器恢复原来状态，继续正常运行。

(3) 能实现总体清零功能，即当按下复位键后，系统复位清零，计数器由初始状态计数，对应状态的指示灯亮。

5. 实验步骤

(1) 根据任务中交通规则要求，完成系统设计。

(2) 完成 Verilog HDL 模块设计及交通灯控制器总体设计，进行编译、仿真和调试。

(3) 下载验证。

6. 实验报告要求和思考题

(1) 给出设计的顶层文件连接图。

(2) 给出各模块的仿真波形图。

(3) 思考题：当 A 东西方向和 B 南北方向的通行流量差别较大时，如何实现智能交通控制。

3.3.11 出租车计费器

1. 实验目的

(1) 了解出租车计费器的工作原理。

(2) 掌握状态机在小型数字系统设计中的应用。

(3) 掌握用 Verilog HDL 编写复杂功能模块。

2. 实验设备及器材

(1) PC。

(2) EDA 实验箱。

3. 预习要求

(1) 查阅文献，理解直流电机驱动控制基本原理。

(2) 熟悉出租车计费器工作过程，形成合理的计费方案。

4. 实验原理及内容

1) 实验原理

出租车计费器是一种对乘客乘车所需缴纳费用进行计算并显示的仪器设备。通常在小于某一公里数时均为某一个起始价位，超过该公里数后，超过的部分收取每公里多少元钱，出租车计费器就是一个对于最终乘客共交多少钱进行计算的仪器，现已广泛用于各城市的出租车中。为了获得出租车行驶的里程数，通常在出租车的轮子上装有传感器，用来记录车轮转动的圈数，而车轮的周长是固定的，因此知道了圈数也就知道了里程。在本实验中，可采用直流电机模拟出租车的车轮，通过传感器，可让电机每转一周输出一个脉冲波形，从而得到行驶的里程数。计费结果采用 8 位数码管显示，前 4 位显示里程，后 4 位显示费用。

2) 实验内容

本实验内容要求设计一个简单的出租车计费器，计费原则是起步价 8 元，准行 3 公里，此后每公里 2 元。出租车行驶的里程数用直流电机模拟出租车的车轮，每转动 1 圈认为行走 1 m。设置有两个按键分别表示开始行程和结束行程。计费显示部分用 8 位数码管动态显示电路，前 4 位显示里程，要求精确到 0.1 km，后 4 位显示费用，要求精确到 0.1 元。

5. 实验步骤

（1）打开 Quartus Ⅱ 软件新建一个工程，编写 Verilog HDL 程序。

（2）编译、仿真及调试 Verilog HDL 程序。

（3）FPGA 引脚分配及锁定，进行一次全编译。

（4）用下载电缆通过 JTAG 方式将对应的 sof 文件加载到 FPGA 中，观察并验证实验结果。

6. 实验报告要求和思考题

（1）记录实验原理、设计过程、编译仿真波形以及硬件测试结果等。

（2）思考题：增加扩展功能。

①增加一个停车等待/恢复行程按钮，用 2 个数码管显示等待时间，精确到 0.1 min。

②等候费 0.5 元/min，计价精度为 0.1 元。

第4章 电子元器件基础及常用电子测量仪器仪表

本章主要介绍常用电子元器件基础及常用电子测量仪器仪表。

4.1 常用电子元器件基础

电子电路由电子元器件组合而成,因此,熟悉元器件的性能特点,合理选用元器件,是设计、维修电子电路必不可少的前提。

4.1.1 电阻器

1. 电阻器的特性

物体对电流通过时的阻碍作用,具有一定的阻值、一定的几何形状、一定的技术性能、在电路中能起电阻作用的元件,称为电阻器简称电阻(resistor,通常用"R"表示),是所有电子电路中使用最多的元件。电阻的主要物理特征是变电能为热能,也可以说它是一个耗能元件,电流经过它就产生热能。电阻在电路中通常起限流、分流、降压、分压、负载、采样等作用,对信号来说,交流与直流信号都可以通过电阻。

由实验可知,物体电阻的大小与其长度 L 成正比,与其横截面积 S 成反比,用公式表示为

$$R = \rho L / S$$

式中,比例系数 ρ 称为物体的电阻率,它与物体材料的性质有关,在数值上等于单位长度、单位面积的物体在 20 ℃时所具有的电阻值。

表 4.1.1 列出了常用导体的电阻率。银、铜、铝等的电阻率比较小,因此,铜、铝被广泛用来制作导线。银的电阻率虽小,但由于价格很贵,常用作镀银线。而有些合金,如康铜、镍铬合金等的电阻率较大,常用来制造电热器及电阻器的电阻丝。

表 4.1.1 常用导体的电阻率

材料名称	20℃时的电阻率 ρ/($\Omega \cdot mm^2/m$)	材料名称	20℃时的电阻率 ρ/($\Omega \cdot mm^2/m$)
银	0.016	铁	0.073
铜	0.017 2	锡	0.105
金	0.022	铅	0.114
铝	0.029	汞	0.206
钼	0.047 7	碳	0.958
钨	0.049	康铜(54%铜,46%镍)	0.50
镍	0.059	锰铜(86%铜,12%锰,2%镍)	0.43

不同材料的电阻率是不同的。相同材料做成的导体，直径越大电阻越小，反之则越大。长度越长电阻越大，反之则越小。

此外，导体的电阻大小还与温度有关系。对金属材料，其电阻值随着温度的升高而增大；对石墨和碳，其电阻值随着温度的升高而减小。

2. 电阻器的种类及其命名方法

电阻器的种类很多，按结构形式来分，有固定电阻器、可变电阻器和电位器三种；从构成电阻体的材料可分为合成碳膜电阻器、金属膜电阻器、金属氧化膜电阻器、线绕电阻器等多种；从误差范围来分，有普通型（±5%、±10%、±20%）和精密型（±2%、±1%、±0.5%）等。

国内电阻器和电位器的型号一般由四个部分组成，如图4.1.1所示。其中各部分的确切含义见表4.1.2。例如：RJ71表示精密金属膜电阻器；WSW1表示微调有机实芯电位器。

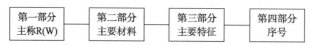

图 4.1.1　电阻器的型号命名

表 4.1.2　电阻器和电位器型号的命名方法

第一部分		第二部分		第三部分		第四部分
用字母表示主称		用字母表示材料		用数字或字母表示特征		用数字表示序号
符号	意义	符号	意义	符号	意义	序号，由生产厂自定
R	电阻器	T	碳膜	1	普通	
W	电位器	H	合成膜	2	普通	
		I	玻璃釉膜	3	超高频	
		J	金属膜（箔）	4	高阻	
		Y	氧化膜	5	高温	
		S	有机实芯	7	精密	
		N	无机实心	8	高压	
		X	线绕	9	特殊	
				G	特殊	

常用电阻器、电位器的外形及图形符号如图4.1.2所示。

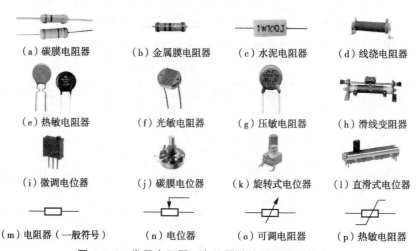

图 4.1.2　常用电阻器、电位器的外形及图形符号

3. 电阻器的主要参数及标识方法

1) 电阻器的标称阻值和偏差

由于工业化大批量生产的电阻器不可能满足使用者对阻值的所有要求。一般选用一个特殊的几何级数,其通项公式为 $a_n = (\sqrt[k]{10})^{n-1} \times \sqrt[k]{10}$,式中"10 的 k 次方根"是几何级数的公比,n 是几何级数的项数。若在 10 内要求有 6 个值,则 k 选为 6,公比是 1.48,在 10 以内的 6 个值分别是 1.1、1.468、2.154、3.162、4.642、6.813,然后将数值归纳并取其接近值,则为 1.0、1.5、2.2、3.3、4.7、6.8。电阻器的标称值系列就是将 k 分别选择为 6、12、24、48、96、192 所得值化整后构成的几何级数数列,称为 E6、E12、E24、E48、E96、W192 系列,这些系列分别适用于允许偏差为 ±20%、±10%、±5%、±1% 和 ±0.5% 的电阻器。

这种标称值系列(见表 4.1.3)的优越性就在于:在同一系列相邻两值中较小数值的正偏差与较大数值的负偏差彼此衔接或重叠,所以制造出来的电阻器,都可以按照一定标称值和误差分选。表 4.1.3 中的标称值可以乘以 10^n,例如 0.47 Ω、4.7 Ω、47 Ω、470 Ω、4.7 kΩ。

表 4.1.3 普通电阻器的标称阻值系列

E24	E12	E6	E24	E12	E6
允许偏差 ±5%	允许偏差 ±10%	允许偏差 ±20%	允许偏差 ±5%	允许偏差 ±10%	允许偏差 ±20%
1.0	1.0	1.0	3.3	3.3	3.3
1.1			3.6		
1.2	1.2		3.9	3.9	
1.3			4.3		
1.5	1.5	1.5	4.7	4.7	4.7
1.6			5.1		
1.8	1.8		5.6	5.6	
2.0			6.2		
2.2	2.2	2.2	6.8	6.8	6.8
2.4			7.5		
2.7	2.7		8.2	8.2	
3.0			9.1		

电阻器的标称电阻值和偏差一般都直接标在电阻体上,其标识方法有三种:直标法、文字符号法和色标法。

(1) 直标法。直标法是用阿拉伯数字和单位符号在电阻器表面直接标出标称阻值,如图 4.1.3 所示,其允许偏差直接用百分数表示。

(2) 文字符号法。文字符号法是用阿拉伯数字和文字符号两者有规律地组合来表示标称阻值,其允许偏差也用文字符号表示,见表 4.1.4。符号前面的数字表示整数阻值,后面的数字依次表示第一位小数阻值和第二位小数阻值,其文字符号见表 4.1.5。例如 1R5 表示 1.5 Ω,2k7 表示 2.7 kΩ。

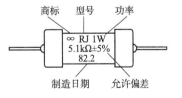

图 4.1.3 直标法表示的电阻器

表 4.1.4　表示允许偏差的文字符号

文字符号	允许偏差	文字符号	允许偏差
B	±0.1%	J	±5%
C	±0.25%	K	±10%
D	±0.5%	M	±20%
F	±1%	N	±30%
G	±2%		

表 4.1.5　表示电阻单位的文字符号

文字符号	所表示的单位
R	欧（Ω）
k	千欧（10^3 Ω）
M	兆欧（10^6 Ω）
G	吉欧（10^9 Ω）
T	太欧（10^{12} Ω）

（3）色标法。色标法是用不同颜色的带或点在电阻器表面标出标称阻值和允许偏差。

①两位有效数字色标法。普通电阻器用四条色带表示标称阻值和允许偏差，其中三条表示阻值，一条表示偏差。例如，电阻器上的色带依次为绿、黑、橙、无色，则表示其标称阻值为 $50×1\,000$ Ω $= 50$ kΩ，允许偏差为±20%；又如电阻器上的色标是红、红、黑、金，则其阻值为 $22×1$ Ω $= 22$ Ω，允许偏差为 5%，具体如图 4.1.4 所示。

②三位有效数字色标法。精密电阻器用五条色带表示标称阻值和允许偏差，如图 4.1.5 所示。例如色带是棕、蓝、绿、黑、棕，则表示 165 Ω±1% 的电阻器。

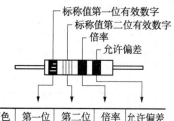

颜色	第一位	第二位	倍率	允许偏差
棕	1	1	10^1	
红	2	2	10^2	
橙	3	3	10^3	
黄	4	4	10^4	
绿	5	5	10^5	
蓝	6	6	10^6	
紫	7	7	10^7	
灰	8	8	10^8	
白	9	9	10^9	±20%
黑	0	0	10^0	
金			10^{-1}	±5%
银			10^{-2}	±10%

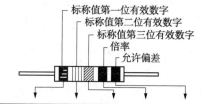

颜色	第一位	第二位	第三位	倍率	允许偏差
棕	1	1	1	10^1	±1%
红	2	2	2	10^2	±2%
橙	3	3	3	10^3	
黄	4	4	4	10^4	
绿	5	5	5	10^5	0.5%
蓝	6	6	6	10^6	0.25%
紫	7	7	7	10^7	0.1%
灰	8	8	8	10^8	
白	9	9	9	10^9	
黑	0	0	0	10^0	
金				10^{-1}	
银				10^{-2}	

图 4.1.4　两位有效数字的阻值色标表示法　　图 4.1.5　三位有效数字的阻值色标表示法

2）电阻器的额定功率

额定功率指电阻器在正常大气压力（650~800 mmHg，1 mmHg = 133.322 4 Pa）及额定温度下，长期连续工作并能满足规定的性能要求时，所允许耗散的最大功率。

电阻器的额定功率也是采用了标准化的额定功率系列值，其中线绕电阻器的额定功率系列为 3 W、4 W、8 W、10 W、16 W、25 W、40 W、50 W、75 W、100 W、150 W、250 W、500 W。非线绕电阻器的额定功率系列为 0.05 W、0.125 W、0.25 W、0.5 W、1 W、2 W、5 W。小于

1 W 的电阻器在电路图中常不标出额定功率符号。大于 1 W 的电阻器都用阿拉伯数字加单位表示，如 25 W。在电路图中表示电阻器额定功率的图形符号如图 4.1.6 所示。

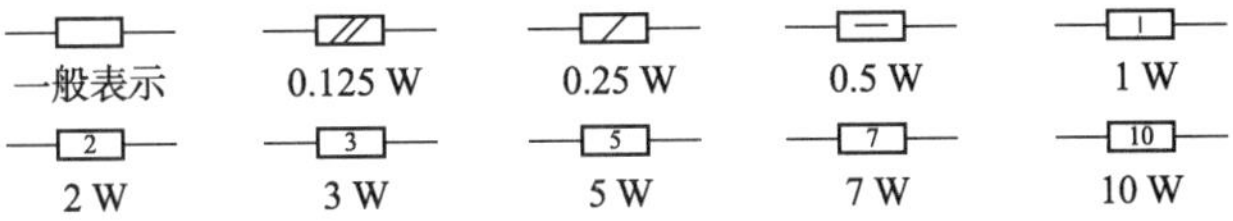

图 4.1.6 表示电阻器额定功率的图形符号

电阻器的其他参数还有：表示电阻器热稳定性的温度系数；表示电阻器对外加电压的稳定程度的电压系数；表示电阻器长期工作不发生过热或电压击穿损坏等现象时的最大工作电压等。

4. 电阻器的串、并联及其作用

1）电阻器的串联及其作用

电阻器串联相当于长度增加，使总阻值增大。图 4.1.7 就是三个电阻的串联，几个电阻串联后的阻值等于各个电阻阻值之和，即 $R = R_1 + R_2 + R_3$。

串联电阻器有降压、分压的功能。在电阻器串联电路中，各个电阻器上所产生的电压降（或者电阻器分压）是这个电阻器占所有总电阻的比值数乘上接在总电阻器上的电压。仍以图 4.1.7 为例，其中：

$$U_1(R_1 上的分压) = R_1 \times U/(R_1 + R_2 + R_3)$$
$$U_2(R_2 上的分压) = R_2 \times U/(R_1 + R_2 + R_3)$$
$$U_3(R_3 上的分压) = R_3 \times U/(R_1 + R_2 + R_3)$$

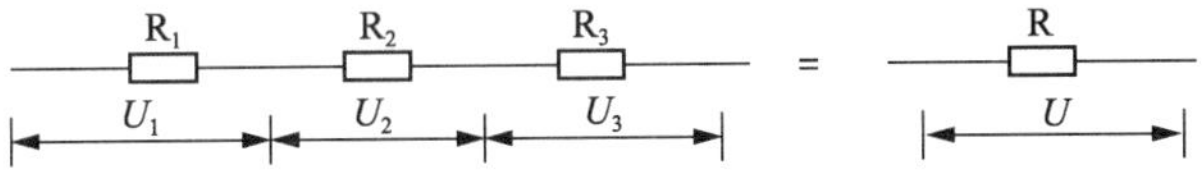

图 4.1.7 电阻器的串联

2）电阻器的并联及其作用

图 4.1.8 是三个电阻器的并联。电阻器并联结果就相当于电阻截面积加大，总电阻值减小。并联的总电阻小于并联电阻中最小的一只电阻器的阻值。

并联电路中的总电流等于各电阻器上流过的电流之和。

$$I = I_1 + I_2 + I_3 = U/R_1 + U/R_2 + U/R_3$$
$$= U(1/R_1 + 1/R_2 + 1/R_3)$$

则并联后的总电阻为

$$R = U/I = 1/(1/R_1 + 1/R_2 + 1/R_3)$$

并联电阻器有分流作用。以图 4.1.8 为例，因为各个电阻器上的电压相同，若知各支路的电阻值，则可计算出各个电阻器上的分流。

电阻器无论串联或并联，电路中消耗的总功率是各个电阻器消耗功率之和。如果不同阻值的电阻器串、并联时，必须注意每只电阻器的额定功率一定要符合电路对每只电阻器所要求的功率值。在串联电路里，因流经各个电阻器电流相同，电阻值越大，其分

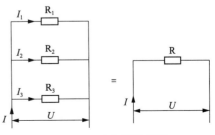

图 4.1.8 电阻器的并联

压也越大,因而其消耗的功率也就越大。在并联电路里,因各个电阻器上电压相同,电阻值越小,所通过的电流就越大,其电阻器所耗散的功率反而大,因为功率与电流二次方成正比。

5. 电位器

电位器是由一个电阻体和一个转动或滑动系统组成的阻值可变的电阻,其主要作用是用来分压、分流和作为变阻器用。当用作分压器时,它是一个四端电子元件;当用作变阻器时,它是一个二端电子元件,如图4.1.9所示。

1) 电位器主要参数

电位器主要参数与电阻器相同不再重述,这里仅介绍电位器的几个特殊参数。

(1) 阻值变化规律。电位器的阻值变化规律是指其阻值随滑动触点旋转角度或滑动行程之间的变化关系。常用的有直线式、对数式和指数式三种,分别用X、D、Z来表示,如图4.1.10所示。

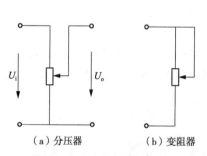

图4.1.9 电位器原理图

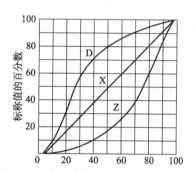

图4.1.10 电位器阻值旋转角和实际阻值变化关系图

直线式电位器的阻值变化与旋转角度成直线关系,可用于分压、限流等。

指数式电位器因其上的导电物质分布不均匀,所以其阻值按旋转角度依指数关系变化,例如由于人耳对声音响度的听觉特性是接近于对数关系的,当音量以零开始逐渐变大的一段过程中,人耳对音量变化的听觉最灵敏,当音量大到一定程度后,人耳听觉逐渐变迟钝,因此音量调整一般采用指数式电位器,使声音变化听起来显得平稳、舒适。

对数式电位器的阻值按旋转角度依对数关系变化,一般用在收录机、电视机的音调控制电路中。

(2) 分辨率。分辨率反映了电位器的调节精度,对于线绕电位器来讲,当动触点每移动一圈时,输出电压的变化量与输出电压的比值称为分辨率。由于非线绕电位器的阻值是连续变化的,因此分辨率较高。

(3) 机械寿命。机械寿命是指电位器在规定的试验条件下,动触点运动的总周数,通常又称耐磨寿命。线绕电位器的机械寿命为5 000周左右,合成碳膜电位器的机械寿命可达两万周次。

2) 电位器的种类

电位器种类繁多,分法也不同。按电阻体的材料可分为线绕电位器和非线绕电位器。线绕电位器又可分为通用线绕电位器、精密线绕电位器、功率型线绕电位器、微调线绕电位器等。非线绕电位器又可分为合成碳膜电位器、金属膜电位器、金属氧化膜电位器、玻璃釉电位器等和有机实芯、无机实心电位器。

电位器按接触方式来分类,又分为接触式电位器和非接触式电位器。前面介绍的都属于接触式电位器。非接触式电位器有光电电位器、电子电位器、磁敏电位器等。

电位器按结构特点分,又可分为单联、双联、多联电位器;单圈、多圈、开关电位器;锁紧、非锁紧电位器等。按调节方式分,可分为旋转式电位器和直滑式电位器等。这里选两种介绍。

(1) 合成碳膜电位器。合成碳膜电位器的电阻体是用炭黑、石墨、石英粉、有机黏合剂等配成的一种悬浮液,涂在玻璃纤维板或胶板上制成的。再用各类电阻体制成各种电位器,其外形如图 4.1.11 所示。

性能特点:

① 阻值范围宽:从几百欧到几兆欧。

② 分辨率高:由于阻值可连续变化,因此分辨率高。

③ 能制成各种类型的电位器:碳膜电阻体可以按不同要求配比组合电阻液,从而制成多种类型电位器,比如精密电位器、函数式电位器等。

图 4.1.11　合成碳膜电位器外形

④ 寿命长、价格低、型号多,得以广泛应用。

合成碳膜电位器不足之处:

① 功率较小,一般小于 2 W。

② 耐高温性、耐湿性差。

③ 滑动噪声大,温度系数较大。

④ 低阻值的电位器(小于 100 Ω)不易制造。

(2) 线绕电位器。线绕电位器是由电阻体和带滑动触点的转动系统组成的。电阻体是由电阻丝绕在涂有绝缘材料的金属或非金属板片上,制成圆环形或其他形状,经有关处理而成。

性能特点:耐热性好,温度系数小,并能制成功率电位器。又因为金属电阻丝是规则晶体,所以噪声低、稳定性好,可制成精密线绕电位器。但其主要不足是分辨率低,耐磨性差,分布电容和固有电感大,不适于在高频电路中使用。

6. 特殊电阻器

除上述电阻器、电位器外,还有一些特殊用途的电阻器。

1) 熔断电阻器

熔断电阻器又称保险丝电阻器,是一种起着电阻和熔丝双重功能的新型元件。在正常工作时呈现着普通电阻器的功能;当电路出现故障而超过额定功率时,会像熔丝一样熔断,从而起到保护电路中电源及其他元件免遭损坏,以提高电路安全性、可靠性。熔断电阻器按电阻材料分为线绕型、金属膜型、碳膜型等。其阻值范围为 0.33 Ω~10 kΩ。

常见熔断电阻器的图形符号如图 4.1.12 所示。

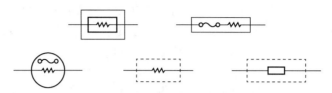

图 4.1.12 常见熔断电阻器的图形符号

2) 光敏电阻器

光敏电阻器就是利用半导体材料的光电导特性制成的。根据光谱特性可分为红外光敏电阻器、可见光光敏电阻器及紫外光光敏电阻器等。其中可见光光敏电阻器有硫化镉、硒化镓电阻器；红外光敏电阻器有硫化镉、硒化镉、硫化铅电阻器。而硫化镉光敏电阻器的光谱响应范围在常温下为 0.5~0.8 μm，时间常数为 0.1~1 s。光敏电阻器由玻璃基片、光敏层、电极组成，外形结构多为片状。其外形结构和图形符号如图 4.1.13 所示。它以较高的灵敏度、体积小、结构简单、价格便宜等优点而被广泛应用于光电自动检测、自动计数、自动报警、照相机自动曝光等电路中。

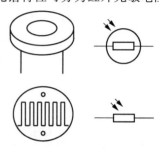

图 4.1.13 光敏电阻器外形结构和图形符号

主要参数：

(1) 额定功率（P_m）：指光敏电阻器在规定条件下长期连续负荷所允许消耗的最大功率。

(2) 最高工作电压（U_m）：指光敏电阻器在额定功耗下所允许承受的最高电压。

(3) 亮电阻（R_1）：指光敏电阻受到 100 lx 照度时具有的阻值。

(4) 暗电阻（R_0）：指照度为 0 lx 时光敏电阻所具有的阻值（一般在光源关闭 30 s 后测量）。

(5) 时间常数（ξ）：指光敏电阻器从光照跃变开始到稳定电流的 63% 所需的时间。

3) 热敏电阻器

热敏电阻器大多由半导体材料制成。它的阻值随温度的变化而变化。如果阻值的变化趋势与温度变化趋势一致，则称为正温度系数电阻器，简称 PTC；否则，称为负温度系数电阻器，简称 NTC。其中，NTC 型电阻器被广泛用来作为电路中的温度补偿元件。

4) 压敏电阻器

压敏电阻器是利用半导体材料的非线性特性的原理制成的，即外加电压增加到某一临界值时，电阻器的阻值急剧变小的敏感电阻器，又称电压敏感电阻器。按材料来分，可分为氧化锌压敏电阻器、碳化硅压敏电阻器等。压敏电阻器在电路中主要用来作过电压保护、电路中浪涌电流的吸收和消除噪声等。

5) 磁敏电阻器

磁敏电阻器是利用磁电效应能改变电阻器的电阻值的原理制成的，其阻值会随穿过它的磁通密度的变化而变化。形状多为片状，工作温度范围为 0~65 ℃。一般由锑化铟、砷化铟等半导体材料制成。主要用于测定磁场强度，在频率测量、自动控制技术中有着广泛应用。

6) 力敏电阻器

力敏电阻器是利用半导体材料的压力电阻效应制成的新型半导体元器件，即电阻值随外加应力的大小而改变。利用力敏电阻器能够将机械力（加速度）转变成电信号的特性，可以制成加速度计、张力计、半导体传声器以及各种压力传感器等。

另外，还有湿敏电阻器、气敏电阻器等，这里就不一一介绍了。

4.1.2 电容器

1. 电容器的型号命名方法

电容器是一种能储存电能的元件，两块金属板相对平行放置而不相接触就构成最简单的电容器，对于二端元件，凡是伏安特性满足 $i = C\dfrac{du}{dt}$ 关系的理想电路元件就称为电容，其值大小就是比例系数 C（当电流单位为安、电压单位为伏时，电容的单位为法）。在电路中主要起谐振、耦合、隔直、滤波、旁路等作用。

电容器种类繁多，分类方式有多种，通常按绝缘介质材料分类，有时也按容量是否可调分类。因此电容器的型号一般由以下四部分组成，如图 4.1.14 所示。各部分的确切含义见表 4.1.6、表 4.1.7。例如，CL21 表示聚酯薄膜介质电容器；CD11 表示铝电解电容器。

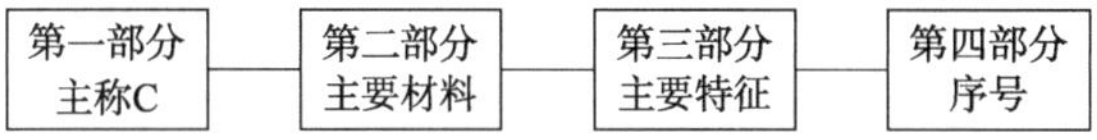

图 4.1.14 电容器的型号命名

表 4.1.6 用字母表示产品的主要材料

字母	电容器主要材料	字母	电容器主要材料
A	钽电解	L	极性有机薄膜介质
B	非极性有机薄膜介质	N	铌电解
C	高频陶瓷	O	玻璃膜介质
D	铝电解	Q	漆膜介质
E	其他材料电解	S	3 类陶瓷介质
G	合金电解	T	2 类陶瓷介质
H	复合介质	V	纸介质
I	玻璃釉介质	Y	云母介质
J	金属化纸介质	Z	纸介质

表 4.1.7 用数字表示产品的主要特征

数字	瓷介电容器	云母电容器	有机介质电容器	电解电容器
1	圆形	非密封	非密封（金属箔）	箔式
2	管形（圆柱）	非密封	非密封（金属化）	箔式
3	迭片	密封	密封（金属箔）	烧结粉 非固体
4	多层（独石）	独石	密封（金属化）	烧结粉 固体
5	穿心		穿心	
6	支柱式		交流	交流
7	交流	标准	片式	无极性
8	高压	高压	高压	
9			特殊	特殊

常见电容器的外形及图形符号如图 4.1.15 所示。

图 4.1.15　常见电容器的外形及图形符号

2. 电容器的主要参数及标识方法

1）电容器的标称容量和偏差

不同材料制造的电容器，其标称容量系列也不一样。一般电容器的标称容量系列与电阻器采用的系列相同，即 E24、E12、E6 系列。

电容器的标称容量和偏差一般直接标在电容器表面，其标识方法和电阻器一样，有直标法、文字符号法和色标法三种。

（1）直标法就是将标称容量及偏差值直接标在电容器表面，如 0.22 μF±10%，即 0.22×（1±10%）μF。

（2）文字符号法就是将容量的整数部分写在容量单位标识符号的前面，容量的小数部分写在容量单位标识符号的后面，例如，2.2 pF 写为 2p2；6 800 pF 写为 6n8；0.01 μF 写为 10n 等。

（3）电容器色标法原则上与电阻器色标法相同，标志的颜色符号与电阻器相同。

色标法表示的电容器的单位为皮法（pF）。有时对小型电解电容器的工作电压也采用色标（6.3 V 用棕色，10 V 用红色，16 V 用灰色），而且应标志在正极引线的根部。

2）电容器的额定直流工作电压

额定直流工作电压指在电路中能够长期可靠地工作而不被击穿时所能承受的最大直流电压。其大小与介质的种类和厚度有关。

钽、钛、铌、固体铝电解电容器的直流工作电压，是指 85 ℃ 条件下能长期正常工作的电压。如果电容器工作在交流电路中，则应注意所加的交流电压的最大值（峰值）不能超过额定直流工作电压。

电容器常用的额定电压有 6.3 V、10 V、16 V、25 V、63 V、100 V、160 V、250 V、400 V、630 V、1 000 V、1 600 V、2 500 V 等。

3）电容器的频率特性

频率特性是指电容器在交流电路工作时（高频情况下），其电容量等参数随电场频率而变化的性质。电容器在高频电路中工作时，随频率的升高，介电常数减小，电容量减小，电损耗增加，并影响其分布参数等性能。

4）电容器的损耗角正切

损耗角正切 $\tan\delta$ 这个参数用来表示电容器能量损耗的大小。它又分为介质损耗和金属损耗两部分。其中金属损耗包括金属极板和引线端的接触电阻所引起的损耗，在高频电路工作时，金属损耗占的比例很大。介质损耗包括介质的漏电流所引起的电导损耗、介质的极化引起的极化损耗和电离损耗。它是由介质与极板之间在电离电压作用下引起的能量损耗。

3. 电容器的种类、结构及性能特点

电容器的种类很多，分类方法也各不相同。按介质材料不同可分为有机固体介质电容器、无机固体介质电容器、电解介质电容器、复合介质电容器、气体介质电容器；按结构不同可分为固定电容器、可变电容器等。

有机固体介质电容器又分为玻璃釉电容器、云母电容器、瓷介电容器等。电解电容器又分为铝电解电容器、铌电解电容器、钽电解电容器等。气体介质电容器又分为空气电容器、真空电容器、充气式电容器等。

可变电容器又分为固体介质可变电容器、空气介质可变电容器。微调电容器又分为陶瓷介质、云母介质、有机薄膜介质微调电容器。

下面介绍几种常用电容器结构、性能特点。

1）铝电解电容器

铝电解电容器是以氧化膜为介质，其厚度一般为 $0.02\sim0.03~\mu m$。铝电解电容器之所以有正负极之分，是因为氧化膜介质具有单向导电性。当接入电路时，正极必须接入直流电源的正极，否则电解电容器不但不能发挥作用，而且会因为漏电流加大，造成过热而损坏电容器。

性能特点：

（1）单位体积的电容量大，质量小。

（2）介电常数较大，一般为 $7\sim10$。

（3）时间稳定性差，存放时间长易失效。

（4）漏电流大、损耗大，工作温度范围为 $-20\sim+50$ ℃。

（5）耐压不高，价格不贵，在低压时优点突出。

容量范围：$1\sim10\,000~\mu F$。

工作电压：$6.3\sim450~V$。

2）钽电解电容器

钽电解电容器有固体钽电解电容器和液体钽电解电容器之分。固体钽电解电容器的正极是用钽粉压块烧结而成的，介质为氧化钽；液体钽电解电容器的负极为液体电解质，并采用银外壳。

性能特点：

（1）与铝电解电容器相比，可靠性高、稳定性好、漏电流小、损耗低。

（2）因为钽氧化膜的介电常数大，所以比铝电解电容器体积小、容量大、寿命长，可制成超小型元件。

（3）耐温性好，工作温度最高可达 200 ℃。

(4) 金属钽材料稀少,价格贵,因此仅用于要求较高的电路中。

容量范围:0.1~1 000 μF。

工作电压:6.3~125 V。

3) 金属化纸介电容器

金属化纸介电容器用真空蒸发的方法在涂有漆的纸上再蒸发一层厚度为 0.01 μm 的薄金属膜作为电极。再用这种金属化纸卷绕成芯子,装入外壳内,加上引线后封装而成。

性能特点:

(1) 体积小、容量大,相同容量下比纸介电容器体积小。

(2) 自愈能力强,即当电容器某点绝缘被高压击穿后,由于金属膜很薄,击穿处的金属膜在短路电流的作用下,很快会被蒸发掉,避免了击穿短路的危险。

(3) 稳定性能、老化性能都比瓷介电容器、云母电容器差。

容量范围:6 500 pF~30 μF。

工作电压:63~1 600 V。

4) 涤纶电容器

涤纶电容器的介质为涤纶薄膜。外形结构有金属壳密封的,有塑料壳密封的,还有的是将卷好的芯子用带色的环氧树脂包封的。

性能特点:

(1) 容量大、体积小、耐热、耐湿性好。

(2) 制作成本低。

(3) 稳定性较差。

容量范围:470 pF~4 μF。

工作电压:63~630 V。

5) 云母电容器

云母电容器的介质为云母,电极有金属筒式和金属膜式。现在大多采用在云母上被覆一层银电极,芯子结构是装叠而成的,外壳有金属外壳、陶瓷外壳和塑料外壳几种。

性能特点:

(1) 稳定性高,精密度高,可靠性高。

(2) 介质损耗小,固有电感小,温度特性、频率特性好,不易老化,绝缘电阻高。

容量范围:5~51 000 pF。

工作电压:100 V~7 kV。

精密度:±0.01%。

6) 瓷介电容器

瓷介电容器是用陶瓷材料作介质,在陶瓷片上覆银而制成电极,并焊上引出线,再在外层涂以各种颜色的保护漆,以表示系数。如白色、红色表示负温度系数;灰色、蓝色表示正温度系数。

性能特点:

(1) 耐热性能好,在 600 ℃高温下长期工作不老化。

(2) 稳定性好,耐酸、碱、盐类的腐蚀。

(3) 易制成体积小的电容器,因为有些陶瓷材料的介电常数很大。

(4) 绝缘性能好，可制成高压电容器。

(5) 介质损耗小。陶瓷材料的损耗角正切值与频率的关系很小，因而被广泛应用于高频电路中。

(6) 温度系数范围宽，因而可用不同材料制成不同温度系数的电容器。

(7) 瓷介电容器的电容量小，机械强度低，易碎易裂，这是不足之处。

容量范围：1~6 800 pF。

工作电压：63~500 V；高压型：1~30 kV。

常见的瓷介电容器有高频型瓷介电容器、低频型瓷介电容器、高压型瓷介电容器、叠片形瓷介电容器、穿心瓷介电容器、独石瓷介电容器等。由于篇幅所限，这里不一一介绍了。

7) 可变电容器

可变电容器一般由两组金属片组成电极，其中固定的一组称为定片，可旋转的一组称为动片，当旋转动片角度时，就可以达到改变电容量大小的目的。

(1) 固体介质可变电容器。在动片与定片之间加上云母片或塑料薄膜作介质的可变电容器称为固体介质电容器。这种可变电容器整个是密封的。依据电极组数又分为单联、双联和多联几种，如用于调频调幅收音机中的就是四联可变电容器。

(2) 空气介质可变电容器。当可变电容器的动片与定片之间的介质为空气时，则称为空气介质可变电容器。常见的有单联及双联可变电容器，其最大容量一般为几百皮法，如 CB-E-365 型空气单联可变电容器的最大容量是 365 pF。

(3) 微调电容器

微调电容器又称半可变电容器，它是在两片或两组小型金属弹片中间夹有云母介质或有机薄膜介质组成的；也有的是在两个陶瓷片上镀上银层制成的，称为瓷介微调电容器。用螺钉旋动调节两组金属片间的距离或交叠角度即可改变电容量。微调电容器主要用作电路中补偿电容或校正电容等，如一般用于收音机或其他电子设备的振荡电路频率精确调整电路中。容量范围较小，一般为几皮法到几十皮法。

4. 电容器的选用及注意事项

电容器的正确选用，对确保电路的性能和质量非常重要。下面简单介绍一下选用电容器的基本原则或者说基本思路。

(1) 首先要满足电路对电容器主要参数的要求。不管是电解电容器、纸介电容器或瓷介电容器等，其主要参数是标称容量、允许偏差和额定工作电压。其次要优先选用绝缘电阻大、介质损耗小、漏电流小的电容器。因为漏电流大会使电容器的功率损耗加大，且会直接影响电路性能。又如在振荡电路中应选用温度系数小的电容器；在高频电路（如混频电路）中要选用云母电容器等高频性能好的电容器。

(2) 要选用符合电路要求的类型。什么电路，选用什么类型电容器。如电源滤波、去耦电路可选用铝电解电容器；在低频耦合、旁路电路中选用纸介和电解电容器；在中频电路中可选用金属化纸介和有机薄膜电容器；在高频电路中应选用云母电容器及 CC 型瓷介电容器；在高压电路中可选用 CC81 型高压瓷介电容器、云母电容器等；在调谐电路中可选用小型密封可变电容器或空气介质电容器等。

(3) 根据电路板的安装要求等来选用一定形状的电容器。各类电容器均有多种形状和结构，有管形、筒形、圆片形、方形、柱形及片状无引线形等。选用时要根据安装电路板的连接方式、位置等实际情况来选择电容器的结构形状。

（4）选用电解电容器时，要考虑其极性要求。

4.1.3 电感器和变压器

1. 电感器的型号命名方法

电感器又称电感线圈，是利用自感作用的元件。对于二端元件，凡是伏安特性满足 $u = L\dfrac{di}{dt}$ 关系的理想电路元件称为电感，其值大小就是比例系数 L（当电流单位为安、电压单位为伏时，电感的单位为亨）。在电路中主要起调谐、振荡、延迟、补偿等作用。

变压器是利用多个电感线圈产生互感作用的元件。变压器实质上也是电感器。它在电路中主要起变压、耦合、匹配、选频等作用。

电感器的型号一般由四部分组成，如图 4.1.16 所示。表 4.1.8 为部分国产固定线圈的型号和性能参数。例如，LGX 代表小型高频电感线圈。

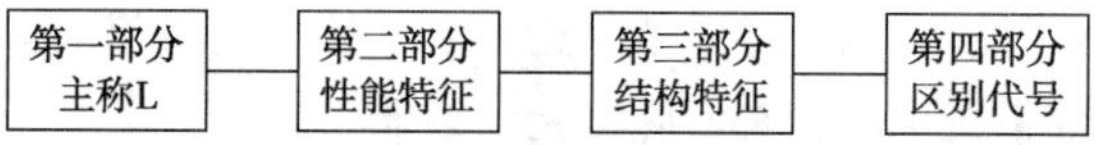

```
第一部分      第二部分      第三部分      第四部分
主称L    ——  性能特征  ——  结构特征  ——  区别代号
```

图 4.1.16 电感器的型号命名

表 4.1.8 部分国产固定线圈的型号和性能参数

型号	电感量范围 /μH	额定电流 /mA	品质因数 Q	型号	电感量范围 /μH	额定电流 /mA	品质因数 Q
LG400 LG402 LG404 LG406	1~82 000	50~150			1~2 200	A 组	7~46
LG408 LG410 LG412 LG414	1~5 600	50~250	30~60	LG2	1~10 000	B 组	3~34
LG1	0.1~22 000	A 组	40~80		1~100	C 组	13~24
	0.1~10 000	B 组	40~80		1~560	D 组	10~12
					1~560	E 组	6~12
	0.1~1 000	C 组	45~80	LF12DR01	39×（1±10%）	600	
	0.1~560	D、E 组	40~80	LF10DR01	150×（1±10%）	800	
				LFSDR01	6.12~7.48		>60

电感线圈就是用漆包线或纱包线一圈靠一圈地绕在绝缘管架、磁芯或铁芯上的一种元件。固定线圈外形图如图 4.1.17 所示。电路中各种电感线圈的图形符号如图 4.1.18 所示。

2. 电感器的主要参数及标志方法

1）电感量及允许偏差

电感器的电感量大小主要取决于线圈的圈数、绕制方式及磁芯的材料等。其单位为亨利，简称"亨"，用字母"H"表示。1 H 的意义是当通过线圈的电流每秒变化 1 安（A）所产生的感应电动势为 1 伏（V）时，则线圈的电感量为 1 亨（H）。

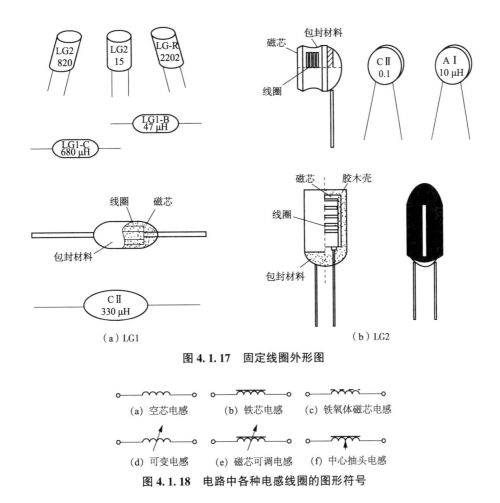

图 4.1.17 固定线圈外形图

图 4.1.18 电路中各种电感线圈的图形符号

固定电感器的标称电感量与允许偏差,都是根据 E 系列规范产生的,具体可参阅电阻器部分相应内容。

2)标称电流

电感器在正常工作时允许通过的最大电流称为标称电流,又称额定电流。若工作电流大于额定电流,电感器会发热而改变其固有参数甚至被烧毁。

电感器的电感量、允许偏差和标称电流这几个主要参数都直接标识在固定电感器的外壳上,以便于生产和使用,标志方法有直标法和色标法两种。

(1)直标法即在小型固定电感器的外壳上直接用文字标出电感器的电感量、允许偏差和最大直流工作电流等主要参数,如图 4.1.17 所示。其中最大工作电流常用字母 A、B、C、D、E 等标志,小型固定电感器的最大工作电流与字母对应关系见表 4.1.9。

表 4.1.9 小型固定电感器的最大工作电流与字母对应关系

字母	A	B	C	D	E
最大工作电流/mA	50	150	300	700	1 600

例如,330 μH-CⅡ 表明电感器的电感量为 330 μH,允许偏差为 C 级(±10%),最大工作电流为 300 mA(C 挡)。

（2）色标法是在电感器的外壳上涂以各种不同颜色的环来表明其主要参数。其中第一条色环表示电感量的第一位有效数字；第二条色环表示电感量的第二位有效数字；第三条色环表示十进制倍数（即 10^n）；第四条色环表示偏差。数字与颜色的对应关系与色环电阻器相同，可参阅电阻器色标法。其单位为微亨（μH）。

例如，某一电感器的色环标志依次为橙、橙、红、银，则表明其电感量为 33×10^2 μH，允许偏差为 ±10%。

3）品质因数（Q 值）

品质因数是衡量电感器质量的重要参数，一般用字母"Q"表示。Q 值的大小表明了电感器损耗的大小，Q 值越大，损耗越小；反之损耗愈大。Q 在数值上等于线圈在某一频率的交流电压下工作时，线圈所呈现的感抗（L）和线圈的损耗电阻（R）的比值，即 $Q = 2\pi fL/R = L/R$，其中 f 为工作频率。通常 Q 值为几十至一百，高的可达四五百。

4）分布电容

线圈的匝与匝之间存在着电容，线圈与地、线圈与屏蔽层之间也存在着电容，这些电容称为线圈的分布电容。若把这些分布电容等效成一个总的电容 C，再考虑到线圈的电阻 R 的影响，就构成了分布电容 C 与线圈并联的等效电路，如图 4.1.19 所示。这个等效电路的谐振频率 $f = 1/2\pi\sqrt{LC}$，该式称为线圈的固有频率。为了确保线圈稳定工作，应使其工作频率远低于固有频率。

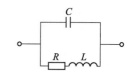

图 4.1.19　电感线圈等效电路

依线圈等效电路来看，在直流和低频工作情况下，R、C 可忽略不计，此时可当作一个理想电感对待。当工作频率提高后，R 及 C 的作用就逐步明显起来。随着工作频率提高，容抗和感抗相等时，达到固有频率。如果再提高工作频率，则分布电容的作用就突出起来，这时电感又相当于一个小电容。所以电感线圈只有在固有频率以下工作时，才具有电感性。

3. 电感器的种类、结构及性能特点

电感器按其功能及结构的不同分为固定电感器和可变电感器。常用的电感器有固定电感器、可调电感器、阻流圈、振荡线圈、中周、继电器等。尽管在电路中作用不同，但通电后都具有储存磁能的特征。

1）固定电感器

用导线绕在骨架上就构成了线圈。线圈有空芯线圈和带磁芯的线圈。绕组形式有单层和多层之分，单层绕组有间绕和密绕两种形式，多层绕组有分层平绕、乱绕、蜂房式绕等形式。

（1）小型固定电感线圈。它是将线圈绕制在软磁铁氧体的基体上构成的，这样能获得比空芯线圈更大的电感量和较大的 Q 值。一般有立式和卧式两种，外表涂有环氧树脂或其他材料作保护层。由于其质量小、体积小、安装方便等优点，被广泛应用在电视机、收录机等的滤波、陷波、扼流、振荡、延迟等电路中。

（2）高频天线线圈。其中磁体天线线圈一般采用纸管，用多股漆包线绕制而成。

（3）偏转线圈。偏转线圈采用导线绕制而成，它具有将电流转化为磁场并产生力或运动效应的能力。其工作原理基于洛伦兹力定律，通过控制偏置线圈的电流大小和方向，可以实现对电子束或装置中其他物体的准确定位和偏转。

2）可变电感器

线圈电感量的变化可分为跳跃式和平滑式两种。例如电视机的谐振选台所用的电感线圈，就可将一个线圈引出数个抽头,以供接收不同频道的电视信号,这种引出抽头改变电感量的方法,使得电感量呈跳跃式,所以又称跳跃式线圈。

在需要平滑均匀改变电感值时,有以下三种方法:

(1) 通过调节插入线圈中磁芯或铜芯的相对位置来改变线圈电感量。

(2) 通过滑动在线圈上触点的位置来改变线圈匝数,从而改变电感量。

(3) 将两个串联线圈的相对位置进行均匀改变以达到互感量的改变,从而使线圈的总电感量值随之变化。

4. 变压器

利用两个线圈的互感作用,把一次线圈上的电能传递到二次线圈上,利用这个原理所制作的起交互连接、变压作用的器件称为变压器。其主要功能是变换电压、电流和阻抗,还可使电源和负载之间进行隔离等。常用的变压器有电源变压器、输入和输出变压器以及中频变压器,其外形及图形符号如图4.1.20所示。

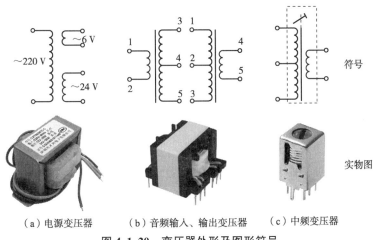

(a) 电源变压器　　(b) 音频输入、输出变压器　　(c) 中频变压器

图 4.1.20　变压器外形及图形符号

(1) 低频变压器。低频变压器可分为音频变压器和电源变压器两种,是变换电压和作阻抗匹配的元件。其中,音频变压器又可分为输入变压器、级间变压器、推动变压器、输出变压器等。

(2) 中频变压器。中频变压器又称中周,适用频率范围从几千赫到几十兆赫。一般变压器仅利用了电磁感应原理,而中频变压器还应用了并联谐振原理。因此,中频变压器不仅具有普通变压器的变换电压、电流及阻抗的特性,它还具有谐振于某一固定频率的特性。在超外差式收音机中,它起到了选频和耦合的作用,在很大程度上决定了收音机的灵敏度、选择性和通频带等指标。其谐振频率在调幅式接收机中为 465 kHz (或 455 kHz);调频半导体收音机中频变压器的中心频率为 10.7 MHz±100 kHz,频率可调范围大于 500 kHz。

(3) 高频变压器。高频变压器又称耦合线圈或调谐线圈。天线线圈和振荡线圈都是高频变压器。

5. 电感器、变压器的选用及注意事项

1) 电感器的选用

电感器的选用和电阻器及电容器的选用方法一样,除了要使其主要参数满足电路要求外,还要根据使用场合不同(如高频振荡电路和电源滤波电路)来分别选择合适的电感器。但电感器又不像电阻器和电容器那样由生产厂家根据规定标准和系列进行规模生产以供选用。电感器只有一部分,如低频阻流圈、振荡线圈及专用电感器按规定的标准生产有成品,绝大多数为非标准件，往往需要根据实际情况自己制作。这一部分内容可参考有关文献。

2）变压器的选用

选用变压器时，首先要根据不同的使用目的选用不同类型变压器，如收音机和电视机的末级功放电路同扬声器的耦合要选用输出变压器，超外差式收音机的中频放大电路的耦合和选频一定要选用中频变压器。其次，要根据电路具体要求选好变压器的性能参数。选用时应注意不同电路所用变压器虽然名称相同，但性能参数相差很多。

这里专门介绍一种判断变压器同名端的方法。对于图 4.1.21 所示的检测电路（一般阻值较小的绕组可直接与电池相接）。当开关 S 闭合的一瞬间，万用表指针若正偏，则说明 1、4 端为同名端；若反偏，则说明 1、3 端为同名端。这种方法对于同名端标识不清的变压器的判断非常方便实用。

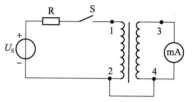

图 4.1.21　变压器同名端检测电路

4.1.4　半导体分立器件

1. 半导体分立器件的型号命名方法

半导体分立器件的型号命名由五部分组成，如图 4.1.22 所示。其中第二、三部分的意义见表 4.1.10。例如，2AP9 中"2"表示二极管，"A"表示 N 型锗材料，"P"表示普通管，"9"表示序号。又如 3DG6 中"3"表示三极管，"D"表示 NPN 硅材料，"G"表示高频小功率管，"6"表示序号。

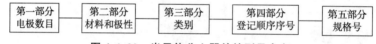

图 4.1.22　半导体分立器件的型号命名

表 4.1.10　半导体分立器件命名方法中第二、三部分的意义

第一部分	第二部分		第三部分			
	字母	意义	字母	意义	字母	意义
2	A	N 型，锗材料	P	小信号管	N	噪声管
	B	P 型，锗材料	H	混频管	F	限幅管
	C	N 型，锗材料	V	检波管	X	低频小功率晶体管 ($f_s<3$ MHz, $P_C<1$ W)
	D	P 型，硅材料	W	电压调整管和电压基准管	G	高频小功率晶体管 ($f_s \geq 3$ MHz, $P_C<1$ W)
	E	化合物或合金材料	C	变容管	D	低频大功率晶体管 ($f_s<3$ MHz, $P_C \geq 1$ W)
3	A	PNP 型，锗材料	Z	整流管	A	高频大功率晶体管 ($f_s \geq 3$ MHz, $P_C \geq 1$ W)
	B	NPN 型，锗材料	L	整流堆	T	闸流管
	C	PNP 型，硅材料	S	隧道管	Y	体效应管
	D	NPN 型，硅材料	K	开关管	B	雪崩管
	E	化合物或合金材料			J	阶跃恢复管

2. 二极管

1）常见二极管及电路符号

常见二极管及图形符号如图 4.1.23 所示。

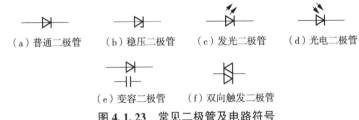

图 4.1.23 常见二极管及电路符号

2）常见二极管检测

（1）普通二极管极性判别及性能检测

二极管具有单向导电性，一般带有色环的一端表示负极。也可以用万用表来判断其极性。用指针式万用表 R×100 挡或者 R×1k 挡检测二极管正、反向电阻，阻值较小的一次二极管处于导通状态，则黑表笔接触的是二极管的正极。因为在电阻挡时黑表笔是表中电源的正极。二极管是非线性元件，用不同万用表，使用不同挡位测量结果都不同，用 R×100 挡测量时，通常小功率锗管正向电阻在 200～600 Ω 之间，硅管在 900 Ω～2 kΩ 之间，利用这一特性可以区别硅、锗两种二极管。锗管反向电阻大于 20 kΩ 即可符合一般要求，而硅管反向电阻都要求在 500 kΩ 以上，若小于 500 kΩ 则视为漏电较严重，正常硅管测其反向电阻应为无穷大。

总的来说，二极管正、反向电阻值相差越大越好，阻值相同或相近都视为坏管。

（2）稳压管。稳压管是利用其反向击穿时两端电压基本不变的特性来工作的，所以稳压管在电路中是反偏工作的，其极性和好坏的判断同普通二极管一样。

（3）发光二极管：

① 普通发光二极管。有些万用表用 R×10 挡测量发光二极管正向电阻时，发光二极管会被点亮，利用这一特性既可以判断发光二极管的好坏，也可以判断其极性。点亮时黑表笔所接触的引脚为发光二极管正极。若 R×10 挡不能使发光二极管点亮则只能使用 R×10 k 挡正、反向测其阻值，看其是否具有二极管特性，才能判断其好坏。

② 激光二极管。激光二极管是激光影音设备中不可缺少的重要元件，它是由铝砷化镓材料制成的半导体，简称 LD。为了易于控制激光二极管功率，其内部还设置一只感光二极管（PD）。图 4.1.24 所示为 M 型激光二极管内部结构图。激光二极管顶部为斜面的常用于 CD 唱机，顶部为平面的常用于视盘机。LD 的正向电阻较 PD 大，利用这一特性可以很容易地识别其三只引脚的作用。注意做好防静电措施才可测量。

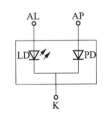

图 4.1.24 M 型激光二极管内部结构图

（4）光电二极管。光电二极管又称光敏二极管。当光照射到光电二极管时，其反向电流大大增加，使其反向电阻减小。在检测其好坏时，先用万用表 R×1k 挡判断出正负极，然后再测其反向电阻，无光照时，一般阻值大于 200 kΩ；受光照时，其阻值会大大减少。若变化不大，则说明被测管已损坏或者不是光电二极管。此方法也可用于检测红外线接收管的好坏。

3)二极管的选用

(1)根据具体电路要求选用不同类型及特性的二极管。如检波电路中选用检波二极管,稳压电路中选用稳压二极管,开关电路中选用开关二极管,并且要注意不同型号的二极管的参数和特性差异。如整流电路中选用的整流二极管,不但要注意其功率的大小,还要注意工作频率和工作电压等。

(2)在选好类型的基础上,要选好二极管的各项主要参数,要特别注意不同用途的二极管对哪些参数要求更严格,如选用整流二极管时要特别注意最大工作电流不能超过其额定电流;在选用开关二极管时,开关时间很重要,而这个主要由反向恢复时间来决定。

(3)根据电路要求和电路板安装位置,选好二极管的外形、尺寸大小和封装形式。如外形有圆形、方形、片状等。封装形式有全塑封装、金属外壳封装、玻璃封装等。

3. 三极管

常见三极管有晶体三极管、晶体闸流管和场效应管三种,分别简称晶体管、晶闸管和场效应管。下面予以简述。

1)晶体管

(1)晶体管的引脚排列并没有具体的规定,所以各个生产厂家都有自己的排列规则。常见晶体管外形及图形符号如图4.1.25所示。

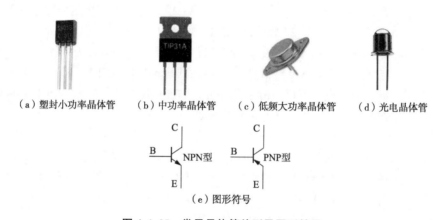

图 4.1.25 常见晶体管外形及图形符号

(2)用万用表判断晶体管管型和电极:

①首先找出基极(B极)。用万用表R×100或R×1k挡随意测量晶体管的两极,直到指针摆动较大为止。然后固定黑(红)表笔,把红(黑)表笔移至另一引脚上,若指针同样摆动,则说明被测管为NPN(PNP)型,且黑(红)表笔所接触引脚为B极。

②C极和E极判别。根据①中测量已确定了B极,且为NPN(PNP),再使用万用表R×1k挡进行测量。假设一极为C极接黑(红)表笔,另一极为E极接红(黑)表笔,用手指捏住假设为C极和B极(注意C极和B极不能相碰),读出其电阻值R_1,然后再假设另一极为C极,重复上述操作(注意捏住B、C极的力度两次要相同),读出阻值R_2。比较R_1与R_2的大小,以小的一极为正确假设,黑(红)表笔所接触引脚为C极。

(3)晶体管质量判别。通过检测以下三个方面来判断,只要有一个方面达不到要求,即为坏管。

①首先判断发射结 BE 和集电结 BC 是否正常，按普通二极管好坏判别方法进行。

②用测量 CE 漏电电阻的大小来判断，测量时对于 NPN（PNP）型晶体管，万用表的黑（红）表笔接 C 极，红（黑）表笔接 E 极，B 极悬空，这时的 R_{CE} 越大越好。一般应大于 50 kΩ，硅管应大于 500 kΩ 才可使用。

③检测晶体管有无放大能力。采用判断 C 极时的方法，观察万用表指针在手捏住 C、B 极前后的变化即可知道该管有无放大能力。

指针变化大说明该管 β（共射电流放大系数）值较高，若指针变化不大则说明该管 β 值小，其测试原理图如图 4.1.26 所示。图中 U_s 为万用表内部电源电压。R_s 为表内电阻，R_b 为当用手捏住 B、C 极但不接时的等效电阻。用手捏住 B、C 极后三极管处于放大状态，当然 β 越大，电流 I_C 越大，即指针变化越大。若万用表有 β 挡时，则直接测量更方便。

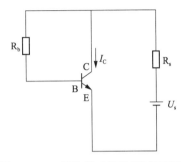

图 4.1.26　晶体管 β 值的测试原理图

2）晶闸管

晶闸管是晶体闸流管的简称，它实际上是一个硅可控整流器，基本结构是在一块硅片上制作四个导电区，形成三个 PN 结，最外层的 P 区和 N 区引出两个电极，分别为阳极 A 和阴极 K，由中间的 P 区引出控制极 G。其结构如图 4.1.27（a）所示，在电路中的图形符号如图 4.1.27（d）所示。

为了说明晶闸管的工作原理，把晶闸管看成是由 PNP 型和 NPN 型两个晶体管连接而成，每个晶体管的基极与另一个晶体管的集电极相连，如图 4.1.27（b）、（c）所示。阳极 A 相当于 PNP 型晶体管 V_1 的发射极，阴极 K 相当于 NPN 型晶体管 V_2 的发射极。

如果晶闸管阳极 A 加正向电压，控制极也加正向电压，如图 4.1.28 所示，那么晶体管 V_2 处于正向偏置，E_G 产生的控制极电流 I_G 就是 V_2 的基极电流 I_{b2}，V_2 的集电极电流 $I_{c2}=\beta_2 I_G$。而 I_{c2} 又是晶体管 V_1 的基极电流，V_1 的集电极电流 $i_{c1}=\beta_1 I_{c2}=\beta_1\beta_2 I_G$，此电流又流入 V_2 基极，再一次放大，这样循环下去，形成强烈的正反馈，使两个晶体管很快达到饱和导通。这就是晶闸管的导通过程。导通后，其压降很小，电源电压几乎全部加在负载上。

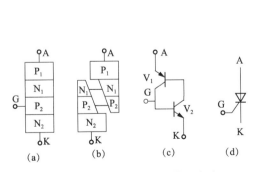

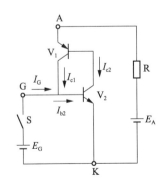

图 4.1.27　晶闸管结构图及等效电路图　　图 4.1.28　晶闸管工作原理图

另外，一旦晶闸管导通之后，它的导通状态完全依靠晶闸管子本身的正反馈来维持，即使控制电流消失，晶闸管仍然处于导通状态，所以控制极的作用仅仅是触发晶闸管导通，一旦导通之后，控制极就失去了控制作用。要想关断晶闸管，必须将阳极电流减小到使之不能维持正反馈过程，或者将阳极电源断开，或者在晶闸管的阳极与阴极间加一个反向电压。

晶闸管按其功能又分为单向晶闸管和双向晶闸管两种。其外形及图形符号如图 4.1.29 所示。其中单向晶闸管只能导通直流，且 G 极需加正向脉冲才能导通。双向晶闸管可导通交流和直流，只要在 G 极加上相应控制电压即可。

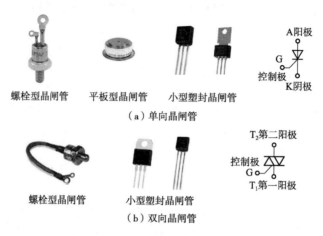

图 4.1.29　常见晶闸管种类及符号

晶闸管以导通压降小、功率大、效率高、操作方便、寿命长等优点而使半导体器件从弱电领域扩展到强电领域。主要用于整流、逆变、调压、开关四方面。选用时根据具体情况和需要选择类型和参数满足要求的晶闸管。

3）场效应管

场效应管是一种利用电场效应来控制其电流大小的半导体器件，外形和晶体管相似，但它以输入阻抗高、功耗小、噪声低、热稳定性好等优点而被广泛应用。根据其结构不同而分为结型场效应管和绝缘栅型场效应管（后者简称 MOS 管）。图形符号如图 4.1.30 所示。选用场效应管时应注意的事项说明如下：

（1）对于结型场效应管，根据其结构特点用万用表可判断出极性。将万用表调到 R×1 k 挡，然后任测两个电极间的正、反向电阻值，若某两个电极的正、反向电阻值相等且为几千欧时，则可判定这两个电极分别是漏极（D）和源极（S），因为结型场效应管的 D 极和 S 极可以互换，另外一个极为栅极（G）。然后利用二极管的判别方法，测量 G 与 S（或 D）之间电阻值，进而确定是 N 沟道还是 P 沟道。

（2）对于 MOS 管，因其输入阻抗极高，极易被感应电荷击穿，所以不仅不要随便去用万用表测量其参数，而且在运输、储藏中必须将引出引脚短路，并要用金属屏蔽包装，以防止外来感应电势将栅极击穿。尤其注意保存时应放入金属盒内，而不能放入塑料盒。

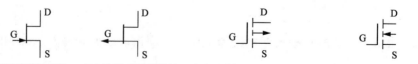

（a）结型N沟道耗尽型　　（b）结型P沟道耗尽型　　（c）绝缘栅型P沟道增强型　　（d）绝缘栅型N沟道增强型

图 4.1.30　场效应管的图形符号

为了防止 MOS 管栅极感应击穿，要求从元器件架上用手取下时，应以适当方式确保人体接地；焊接时电烙铁和线路板都应有良好的接地；引脚焊接时，先焊源极，在接入电路前，场效应管的全部引线端保持相互短接状态，焊完后才允许把短接材料去掉。

4.1.5 集成电路

集成电路简称 IC，是利用半导体工艺将许多二极管、三极管、电阻器等制作在一块极小的硅片上，并加以封装后成为一个能完成特定功能的电子器件。随着电子技术发展及半导体工艺的改进，集成电路的运行速度、可靠性和集成度远优于分立元件而被广泛应用。

本节就集成电路的型号命名方法、引脚识别及性能检测、种类和选用等三方面内容分别予以阐述。另外，简述了音乐与语音集成电路的工作原理及部分产品性能特点。

1. 集成电路的型号命名方法

1) 国内集成电路型号命名方法

GB 3430—1989 规定了半导体集成电路型号的命名由五个部分组成。五个组成部分的符号及意义见表 4.1.11。

2) 国外集成电路型号命名方法

国外集成电路的命名，不同公司有不同的命名方法，一般前缀字母表示公司。表 4.1.12 列出了国外部分公司常见集成电路的命名。

表 4.1.11 半导体集成电路型号中各部分的符号及意义

第 0 部分		第一部分		第二部分 系列代号	第三部分 工作温度		第四部分 封装形式	
用字母表示器件符合国家标准		用字母表示器件的类型		用阿拉伯数字和字符表示器件的系列和品种代号	用字母表示器件的工作温度范围		用字母表示器件的封装	
符号	意义	符号	意义		符号	意义	符号	意义
C	符合国家标准	T	TTL 电路		C	0~70 ℃	F	多层陶瓷扁平
		H	HTL 电路		G	−25~70 ℃	B	塑料扁平
		E	ECL 电路		L	−25~85 ℃	H	黑瓷扁平
		C	CMOS 电路		E	−40~85 ℃	D	多层陶瓷双列直插
		M	存储器		R	−55~85 ℃	J	黑瓷双列直插
		U	微型机电路		M	−55~125 ℃	P	塑料双列直插
		F	线性放大器				S	塑料单列直插
		W	稳压器				K	金属菱形
		B	非线性电路				T	金属圆形
		J	接口电路				C	陶瓷片状载体
		AD	A/D 转换器				E	塑料片状载体
		DA	D/A 转换器				G	网格阵列
		D	音响、电视电路					
		SC	通信专用电路					
		SS	敏感电路					
		SW	钟表电路					

表 4.1.12　国外部分公司常见集成电路的命名

项　　目	字　　头		尾　　标	
生产公司	符号	电路种类	符号	封装形式
日本索尼公司	BX	混合型	A	改进型
	CXA	双极型	D	陶瓷封装双列直插式
	CXB	双极型数字	L	单列直插式
	CXD	MOS	M	小型扁平封装单列直插式
	CXK	存储器	P	塑料封装双列直插式
	L	CCD	Q	四列扁平
	PQ	微机	S	缩小型双列直插式
日本三菱公司	M5	工业用/消费类产品，工作环境温度范围为−20~75 ℃	B	树脂封口陶瓷和双列直插式
			FP	注塑扁平
	M9	高可靠型	K	玻璃封口陶瓷
			L	注塑单列直插式
			P	注塑双列直插式
			R	金属壳玻璃
			S	金属封口陶瓷
			SP	注塑扁型双列直插式
			T	塑料单列直插式
日本松下公司	AN	模拟	K	缩小型双列直插式
	DN	数字	N	改进型
	MN	MOS	P	普通塑料
	OM	助听器	S	小型扁平
日本日立公司	HN	模拟	AP	改进型
	HD	数字	C	陶瓷
	HM	RAM	F	双列扁平
	HN	ROM	G	陶瓷浸渍
			NO	陶瓷双列
			NT	缩小型双列直插式
			P	塑料
			R	引脚排列相反
			W	四列扁平
德国西门子公司	T	模拟		
	S	数字		
美国国家半导体公司	LF	线性场效应	A	改进型
	LH	混合型	D	玻璃（金属）双列直插式
	LH4	线性单片	F	玻璃（金属）扁平式
	LP	低功耗	N	标准双列直插式
	LX	传感器		
	TBA	线性仿制		
	TCA	线性		

续表

项　目	字　头		尾　标	
生产公司	符号	电路种类	符号	封装形式
美国无线公司	CA	线性	D	陶瓷双列直插式
	CD	数字	E	塑料双列直插式
	CDP	微处理器	EM	改进双列直插式
	WS	MOS	H	片状
美国摩托罗拉公司	MC	已封装产品	F	扁平陶瓷
	MCC	未封装产品	G	金属壳
	MCM	存储器	K	金属（功率型）
			L	陶瓷双列直插式
			P	塑料
			U	陶瓷

2. 集成电路的引脚识别及性能检测

1）集成电路的引脚识别

集成电路封装材料常有塑料、陶瓷及金属三种。封装外形有圆顶形、扁平形及双列直插式等。虽然集成电路的引出脚数目很多（以几脚至上百脚不等），但其排列还是有一定规律的，在使用时可按照这些规律来正确识别引出脚。

（1）圆顶封装的集成电路。对圆顶封装的集成电路（一般为圆形或菱形金属外壳封装），识别引脚时，应将集成电路的引脚朝上，再找出其标记。常见的定位标记有锁口突耳、定位孔及引脚不均匀排列等。引脚的顺序由定位标记对应的引脚开始，按顺时针方向依次排列引脚1、2、3…，如图4.1.31所示。

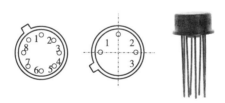

图4.1.31　圆顶封装集成电路的引脚排列

（2）单列直插式集成电路。对单列直插式集成电路，识别其引脚时应使引脚朝下，面对型号或定位标记，自定位标记对应一侧的第一只引脚数起，依次为1、2、3…引脚。这一类集成电路上常用的定位标记为色点、凹坑、小孔、线条、色带、缺角等，如图4.1.32（a）所示。但有些厂家生产的同一种芯片，为了印制电路板上能灵活安装，其封装外形有多种。例如，为适合双声道立体声音频功率放大电路对称性安装的需要，其引脚排列顺序对称相反。一种按常规排列，即自左至右；另一种则自右向左，如图4.1.32（b）所示。对这类集成电路，若封装上有识别标记，按上述不难分清其引脚顺序。若其型号后缀中有一字母R，则表明其引脚顺序为自右向左反向排列。如M5115P与M5115PR，前者其引脚排列顺序自左向右，后者反之。

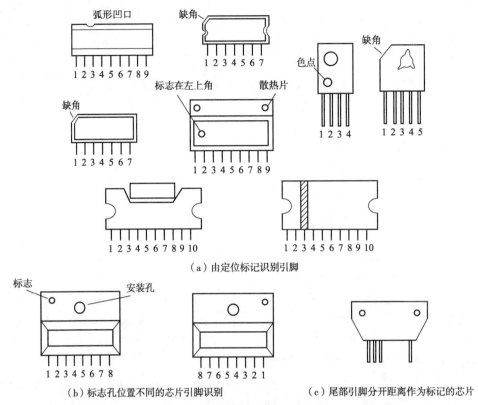

(a) 由定位标记识别引脚

(b) 标志孔位置不同的芯片引脚识别　　(c) 尾部引脚分开距离作为标记的芯片

图 4.1.32　单列直插式引脚排列

注：图（b）中右面 IC 为反向引脚型，与左面一块 IC 比较，仅是标志孔位置不同。

还有些集成电路，设计封装时尾部引脚特别分开一段距离作为标记，如图 4.1.32（c）所示。

（3）双列直插式集成电路。对双列直插式集成电路识别引脚时，若引脚向下，即其型号、商标向上，定位标记在左边，则从左下角第一只引脚开始，按逆时针方向，依次为 1、2、3…引脚，如图 4.1.33 所示。若引脚朝上，型号、商标向下，定位标记位于左边，则应从左上角第一只引脚开始，按顺时针方向，依次为 1、2、3…引脚。顺便指出，个别集成电路的引脚，在其对应位置上有缺脚符号（即无此引出脚），对这种型号的集成电路，其引脚编号顺序不受影响。

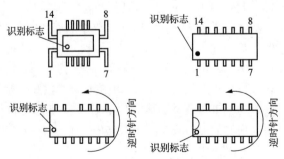

图 4.1.33　双列直插式集成电路引脚排列

(4) 四列扁平封装的集成电路。四列扁平封装的集成电路引脚排列顺序如图 4.1.34 所示。

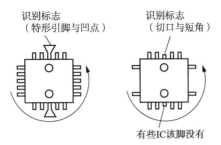

图 4.1.34　四列扁平封装的集成电路引脚排列顺序

3. 集成电路的性能检测

集成电路内部元件众多，电路复杂，所以一般常用以下几种方法概略判断其好坏。

1）电阻法

(1) 通过测量单块集成电路各引脚对地正、反向电阻，与参数资料或另一块好的相同集成电路进行比较，从而做出判断。注意：必须使用同一万用表的同一挡测量，结果才准确。

(2) 在没有对比条件的情况下只能使用间接电阻法测量，即在印制电路板上通过测量集成电路引脚外围元件（电阻、电容、晶体管）好坏来判断。若外围元件没有坏，则原集成电路有可能已损坏。

2）电压法

测量集成电路引脚对地的静态电压（有时也可测其动态电压），与电路图或其他资料所提供的参数电压进行比较，若发现某些引脚电压有较大差别，其外围元件又没有损坏，则判断集成电路有可能已损坏。

3）波形法

用示波器测量集成电路各引脚波形是否与原设计相符，若发现有较大区别，并且外围元件又没有损坏，则原集成电路有可能已损坏。

4）替换法

用相同型号集成电路替换试验，若电路恢复正常，则原集成电路已损坏。

4. 集成电路的种类及选用

集成电路种类很多，按其功能一般分为模拟集成电路、数字集成电路和模数混合集成电路三大类。其中，模拟集成电路包括运算放大器、比较器、模拟乘法器、集成功率放大器、集成稳压器以及其他专用模拟集成电路等；数字集成电路包括集成门电路、驱动器、译码器/编码器、数据选择器、触发器、寄存器、计数器、存储器、微处理器、可编程器件等；模数混合集成电路有定时器、A/D 转换器、D/A 转换器、锁相环等。

按制作工艺不同，可分为半导体集成电路，膜集成电路和混合集成电路三类。其中，半导体集成电路是采用半导体工艺技术，在硅基片上制作包括电阻、电容、二极管、三极管等元器件并具有某种功能的集成电路；膜集成电路是在玻璃或陶瓷片等绝缘物体上，以"膜"的形式制作电阻、电容等无源器件。但目前的技术水平尚无法用"膜"的形式来制作晶体二极管、三极管等有源器件，因而使膜集成电路的应用范围受到很大限制。在实际应用中，多半是在无源膜电路上外加半导体集成电路或分立的二极管、三极管等有源器件，使之构成一个整体，这便是混合集成电路。根据膜的厚薄不同，往往又把膜集成电路分为厚膜集成电路（膜厚为 1～

10 μm）和薄膜集成电路（膜厚为 1 μm 以下）两种。

按集成度高低不同，可分为小规模、中规模、大规模及超大规模集成电路四类。如 2000 年英特尔公司发布的 Pentium IV 处理器集成了 4 200 万个晶体管，这么高的集成度，其功能可想而知了。

按导电类型不同，分为双极型和单极型集成电路两类。前者频率特性好，但功耗大，而且制作工艺复杂，绝大多数模拟集成电路和数字集成电路中的 TTL、ECI、HTL、LSTTL 型等属于这一类。后者工作速度低，但输入阻抗高，功耗小，制作工艺简单，易于大规模集成，其主要产品有 MOS 型集成电路等。MOS 型集成电路又分为 NMOS、PMOS、CMOS 型。其中 NMOS 和 PMOS 是以其导电沟道的载流子是电子或空穴而区别。CMOS 型则是 NMOS 管和 PMOS 管互补构成的集成电路。

除了上面介绍的各类集成电路外，又有许多专门用途的集成电路，称为专用集成电路。例如，电视机专用集成电路就有伴音集成电路、视频处理-彩色解码集成电路、电源集成电路、遥控集成电路等。另外，还有音响专用集成电路，电子琴专用集成电路及音乐与语音集成电路等。

通用的模拟集成电路有集成运算放大器和集成稳压电源。

在数字集成电路中，CMOS 型门电路应用非常广泛。但由于 TTL 电路、CMOS 电路、ECL 电路等逻辑电平不同，因此当这些电路相互连接时，一定要进行电平转换，使各电路都工作在各自允许的电压工作范围内。

4.1.6 其他电路元器件

本节主要介绍电路中常见的电声器件、开关及继电器、接插件。

1. 电声器件

电声器件是指能将音频电信号转换成声音信号或者能将声音信号转换成音频电信号的器件。常用的电声器件有扬声器、传声器、拾音器、耳机等。表 4.1.13 列举了部分电声器件型号。

表 4.1.13 部分电声器件型号

序号	器件型号	型号组成部分					备注
		主称	分类	特征	间隔号	序号	
1	CDⅡ-1	C	D	Ⅱ	-	1	2 级动圈式传声器
2	CRⅡ-3	C	R	Ⅱ	-	3	2 级电容式传声器
3	CZⅢ-1	C	Z	Ⅲ	-	1	3 级驻极体传声器
4	ECS-3	E	C	S	-	3	耳塞式电磁耳机
5	EDL-3	E	D	L	-	3	立体声动圈耳机
6	OT-1	O	T		-	1	碳粒送话器
7	YD100-1	Y	D	100	-	1	直径为 100 mm 的动圈式纸盆扬声器
8	YDT610-4	Y	D	T610	-	1	短轴为 10 cm，长轴为 16 cm 的椭圆形动圈式纸盆扬声器
9	YHG5-1	Y		HG5	-	1	额定功率为 5 W 的高频号筒式扬声器

1）传声器

传声器俗称话筒，是一种将声音转变为电信号的声电器件，其外形如图 4.1.35 所示。

图 4.1.35　各种传声器外形

传声器种类很多，有动圈式、电容式、晶体式、铝带式、碳粒式传声器等，在电路中的图形符号也各不相同，如图 4.1.36 所示。

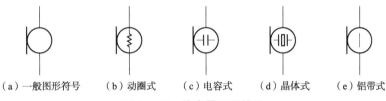

（a）一般图形符号　（b）动圈式　（c）电容式　（d）晶体式　（e）铝带式

图 4.1.36　传声器图形符号

（1）动圈式传声器。动圈式传声器又称电动式传声器，是由永久磁铁、音膜、音圈、输出变压器等构成。其结构图如图 4.1.37 所示。音圈位于磁场空隙中，当人对着传声器讲话时，音膜受声波的作用而振动，音圈在音膜的带动下做切割磁感线的运动，根据电磁感应原理，音圈两端便感应出音频电压。又由于音圈的匝数很少，因此阻抗很低，变压器的作用就是变换传声器的输出阻抗，以便与扩音设备的输入阻抗相匹配。其优点是坚固耐用、价格低廉。

（2）电容式传声器。电容式传声器是一种靠电容量的变化而引起声电转换作用的传声器，其结构图如图 4.1.38 所示。这是由一金属振动膜和一固定电极构成其介质为空气的电容器，膜片与电极的距离仅为 0.03 mm 左右。使用时在两金属片间接有 200~250 V 的直流电压，并串联一高阻值电阻。平时电容器呈充电状态，当声波作用于振动膜片上时，使其电容量随音频而变化，因而在电路中的充放电电流也随音频变化，其电流流过电阻器，便产生音频电压信号输出。

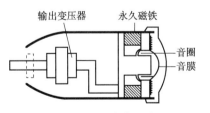

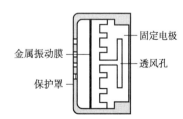

图 4.1.37　动圈式传声器的结构图　　图 4.1.38　电容式传声器的结构图

电容式传声器灵敏度高，频率特性好，音质失真小，因此多用于高质量广播、录音和舞台扩音。但其制造较复杂、成本高，且使用时放大器须供给电源，因此给使用带来了麻烦。

另外，驻极体式传声器也是电容式传声器的一种，因其体积小、结构简单、价格低廉，有着广泛的应用。如用作收录机内话筒或声光控自动开关的话筒。

2）扬声器

扬声器是把音频电信号转变成声能的器件。按电声换能方式不同，分为电动式（即动圈式）、电磁式（即舌簧式）、压电式（即晶体式）等。按结构不同分为号筒式、纸盆式、球顶式等，常见扬声器如图 4.1.39 所示。

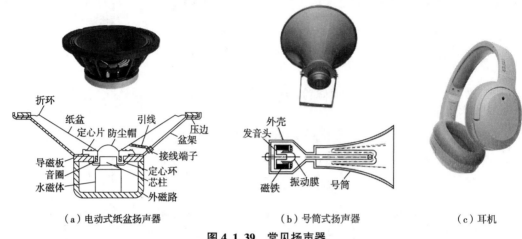

（a）电动式纸盆扬声器　　　　（b）号筒式扬声器　　　　（c）耳机

图 4.1.39　常见扬声器

（1）电动式扬声器。电动式扬声器是由磁路系统和振动系统组成的。其中磁路系统由环形磁铁、软铁芯柱和导磁板组成；振动系统由纸盆、音圈、音圈支架组成，如图 4.1.43（a）所示。其工作原理是：由音圈与纸盆相连，纸盆在音圈的带动下产生振动而发出声音。电动式扬声器的最大特点是频响效果好、音质柔和、低音丰富。所以应用最为广泛。

（2）电磁式扬声器。电磁式扬声器又称舌簧式扬声器。它是由舌簧外套一个外圈，放于磁场中间，舌簧一端经过传动杆连到圆锥形纸盆尖端。当线圈中通过音频电流时，舌簧片的磁极产生交替变化的磁场，舌簧片在变化磁场作用下产生振动，从而通过传动杆带动纸盆振动而发声。

（3）压电式扬声器

压电式扬声器是利用压电陶瓷材料的压电效应制成的。当音频电压加在陶瓷片上时，压电片产生机械形变，形变的规律与音频电压相对应。压电片的机械形变带动振膜作对应振动，使声音通过空气传出。另外，常用的耳机一般都是以电磁式或压电式原理工作。

扬声器使用中最应注意的是阻抗匹配，因为一般扬声器的阻抗为 4 Ω、8 Ω、12 Ω 等，所以要注意与功率放大器的输出阻抗相等，以免引起功率损耗和谐波失真。

2. 开关及继电器

1）开关

在电路中，开关主要是用来切换电路的，其种类很多，常见的有联动式组合开关、扳手开关、琴键开关、按钮开关、导电橡胶开关、轻触开关、薄膜开关和电子开关等。开关的图形符号如图 4.1.40 所示。

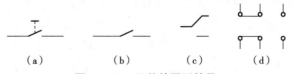

（a）　　　　（b）　　　　（c）　　　　（d）

图 4.1.40　开关的图形符号

（1）联动式组合开关。联动式组合开关是指由多个开关组合而成且只有联动作用的开关组合。根据其在电路中的作用分成多种开关，如波段开关、功能开关、录放开关等。开关调节方式有旋转式、拨动式和按键式。每一种开关根据"刀"和"掷"的数量又可分成多种规格。

在每个开关结构中，可以直接移动（或间接移动）的导体称为"刀"，固定的导体称为"掷"。组合开关内有"多少把刀"是指它由多少个开关组合而成。一个开关有多少个状态即有多少"掷"。图 4.1.41（a）所示为四刀双掷的拨动式波段开关。组合开关有单列和双列结构。

（a）拨动式波段开关　　（b）钮子开关

图 4.1.41　波段开关和扳手开关外形

（2）扳手开关。扳手开关又称钮子开关，常见的有双刀双掷和单刀双掷两种，又称 2×2 和 1×2 开关，如图 4.1.41（b）所示，多用作小功率电源开关。

（3）琴键开关。琴键开关分为自锁式、互锁式和非锁定式三种类型。常用在收录机、风扇、洗衣机等家电的电路中作功能、挡次转换开关，如图 4.1.42（a）所示。

（4）按钮开关。按钮开关分带自锁和不带自锁两种。带自锁的开关每按一次转换一个状态，常在各种家电中作电源开关用。不带自锁的开关即复位开关，每按一次只给两个触点作瞬间短路，像门铃开关，如图 4.1.42（b）所示。

（5）导电橡胶开关。导电橡胶开关也是复位开关的一种，它具有轻触、耐用、体积小、结构简单等特点，因其功率小，常在计算器、遥控器等数字控制电路中作功能按键用。开关的触点处有一块黑色橡胶即为导电橡胶，如图 4.1.42（c）所示，测其阻值一般在几十欧到数百欧之间。当大于 5 kΩ 时，已出现按键接触不良或失效等现象。

（6）轻触开关。轻触开关也属于复位开关的一种，具有结构简单、操控方便、使用寿命长、安全可靠等特点，在电视机、音响等家电中作功能转换或调节使用，如图 4.1.42（d）所示。

　　　　　　　　　　AN24型　　K型

（a）琴键开关　　　（b）按钮开关　　（c）导电橡胶开关　　（d）轻触开关

图 4.1.42　常用的几种开关

（7）薄膜开关。薄膜开关是一种较为新型的开关，具有体积小、美观耐用、防水、防潮等优点。有平面和凸面两种，如图 4.1.43（a）、(b) 所示。常用在全自动洗衣机、数控型微波炉和电饭煲等家电产品中作功能转换或调节使用。

（8）电子开关。电子开关又称模拟开关，是由一些电子元件所组成，常用集成块形式封装，如 CD4066 为四个双向模拟开关，内部结构如图 4.1.43（c）所示。其中开关 SW_A 的引脚

1、2是由引脚13的高、低电平来控制其通断的。这种开关体积小，易于控制，无触点干扰，常在电视机或音响中作信号切换的开关使用。

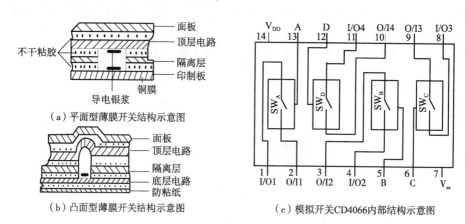

图 4.1.43　薄膜开关和电子开关结构图

2）继电器

继电器是自动控制电路中常用的一种元件，它是用较小的电流来控制较大电流的一种自动开关，在电路中起着自动操作、自动调节、安全保护等作用。继电器的图形符号如图 4.1.44 所示。

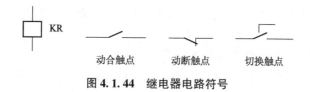

图 4.1.44　继电器电路符号

继电器种类很多，通常分为直流继电器、交流继电器、舌簧继电器、时间继电器及固体继电器等。

（1）直流继电器线圈必须加入规定方向的直流电流，才能控制继电器吸合。

（2）交流继电器线圈可以加入交流电流来控制其吸合。

（3）舌簧继电器最大特点是触点的吸合或释放速度快、灵敏，常用于自动控制设备中动作灵敏、快速的执行元件。

（4）时间继电器与舌簧继电器恰好相反，触点吸合与释放具有延时功能，广泛应用于自动控制及延时电路中。通常按工作原理又分为空气式和电子式延时继电器几种。

（5）固体继电器又称固态继电器，是无触点开关器件，与电磁式继电器的功能是一样的，并且还有体积小、功耗小、快速、灵敏、耐用、无触点干扰等优点，但其受控端单一，只能作一个单刀单掷开关使用。其内部结构主要由三部分构成，图 4.1.45 所示为光电耦合的固体继电器内部原理图。固体继电器常见的应用电路有如下三种：

①耦合电路。常见的有光耦合器耦合电路、变压器耦合电路等。

②触发电路。把控制信号放大后驱动触发器件（如双向触发二极管），触发晶闸管 G 极。

③开关电路。主要由双向晶闸管构成。

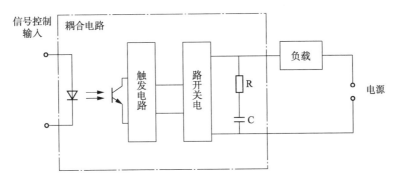

图 4.1.45　光电耦合的固体继电器内部原理图

3）电磁式继电器原理

电磁式继电器是各种继电器的基础，使用率最高，交、直流继电器也是其中之一。它主要由铁芯、线圈、动触点、动断静触点、动合静触点、衔铁、返回弹簧等部分组成，如图 4.1.46 所示。线圈未通电流时，动触点 4 与常闭静触点 7 接触，当线圈有电流时，产生磁场并克服了弹簧引力，衔铁被吸下，动触点 4 与常开静触点 8 接触，实现电路切换。

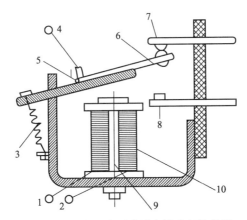

图 4.1.46　典型电磁式继电器内部结构图

1、2—线圈引线脚；3—返回弹簧；4—公共动触点引脚；5—衔铁；6—动触点；7—常闭静触点；
8—常开静触点；9—铁芯；10—线圈

3. 接插件

接插件又称连接器，是电子产品中用于电气连接的一类机电元件，使用非常广泛。接插件具有提高效率、容易装配、方便调试、便于维修等优点。在电子产品中一般有 A 类（元器件与印制电路板或导线之间连接）、B 类（印制电路板与印制电路板或导线之间的连接）、C 类（同一机壳内各功能单元相互连接）、D 类（系统内各种设备之间的连接）。

接插件按外形分类，有圆形接插件、矩形接插件、条形接插件、印制板接插件及 IC 接插件等。按用途分类，有电缆接插件、机柜接插件、电源接插件、光纤光缆接插件及其他专用接插件等。图 4.1.47 为部分常用接插件外形图。

图 4.1.47 部分常用接插件外形图

4.1.7 电子元器件一般选用原则

在电路原理图中，元器件是一个抽象概括的图形文字符号，而在实际电路中是一个具体的实物。如何正确选择才能既实现电路功能，又保证设计性能，对一件电子产品而言，实在不是一件容易的事。本节从实用角度出发介绍元器件选用要领。

1. 质量控制

理论上讲，凡是作为商品提供给市场的电子元器件，都应该是符合一定质量标准的合格产品。但实际上，由于各个厂商生产要素的差异（例如设备条件、原材料质地、生产工艺、管理水平、检测、包装等诸方面），导致同种产品不同厂商之间的差异，或同一厂商不同生产批次的差异。这种差异对使用者而言就会产生质量的不同。例如同样功能、性能的一种集成电路，甲厂生产的比乙厂生产的产品引线可焊性好，那么采用甲厂的产品对整机产品的成品率、产品质量和可靠性都将得以提高。对电子产品设计制造厂而言，准确地选用甲厂产品应该是毫无异议的，但实际工作中并不是那么简单。且不论生产厂商不正当竞争造成的误导，由于设计者观念、知识水平和经验不足也可能造成误选，从而对整个电子产品质量造成不良影响。

为了控制电子产品质量，国际标准化组织的质量保证委员会（ISO/TC 176）制定了国际性质量管理标准 ISO 9000 系列标准。它以结构严谨、定义明确、规定具体实用得到了国际社会的认可和欢迎，成为国际通用的质量标准。我国按照 ISO 9000 标准颁发了国家质量标准 GB/T 19000—2016《质量管理体系 基础和术语》，并成立了相应的质量保证和质量认证委员会。通过 ISO 9000 质量认证的元器件是设计者的首选。

对于大批量生产的电子产品，元器件选择是十分慎重的，一般来说要经过以下步骤才能确认：

（1）选点调查。到有关厂商调查了解生产装备、技术装备、质量管理等情况，确认质量认证通过情况。

（2）样品抽取试验。按厂商标准进行样品质量认定。

（3）小批量试用。

（4）最终认定。根据试用情况确认批量订购。

(5) 竞争机制。关键元器件应选两个或者两个以上制造厂商供货，同时下订单，防止供货周期不能保证，缺乏竞争而质量不稳定的弊病。

对一般小批量生产厂商或科研单位，不可能进行上述质量认定程序，比较简单而有效的做法是：

(1) 选择经过国家质量认证的产品。
(2) 优先选择国家大中型企业的国家级、部级的优质产品。
(3) 选择国际知名的大型元器件制造厂商产品。
(4) 选择有信誉保证的代理供应商提供的产品。

2. 统筹兼顾

首要准则是要算综合账。在严酷的竞争市场上，产品的经济性无疑是设计制造者必须考虑的关键因素。如果片面追求经济效益，为了降低制造成本不惜采用低质元器件，结果会造成产品可靠性降低，维修成本提高，反而损害了制造厂的经济利益。粗略估算，当一个产品在使用现场因某个电子元器件失效而出现故障，生产厂家为修复此元器件将花费巨大的代价。这是因为通常一个电子产品元器件数量都在数百乃至数千，复杂的有数万至数十万个，若要进行彻底检查就会造成产品维修费用的上升。这还未计算因可靠性不高造成企业信誉的损失。

从技术经济的角度讲，可靠性与经济性之间并不是水火不相容的，而是有个最佳结合点，如图4.1.48所示。选用优质元器件，会使研制生产费用增加，但同时会使使用和维修费用降低，若可靠性指标选择合适，可使总费用达到最低水平。更何况由于产品可靠性提高会使企业信誉提高，品牌无形资产增加。

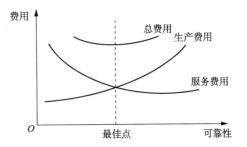

图 4.1.48　产品可靠性与费用关系示意图

其次要根据产品要求和用途选用不同品种和档次的元器件。例如很多集成电路都有军品、工业品和民用品三种档次，它们功能完全相同，仅使用条件和失效率不同，但价格可差数倍至数十倍，甚至百倍以上。如果在普通家用电器采用军品级元器件，将使成本大幅度提高，性能却不一定提高多少。这是因为有些性能指标对家电来说没有多少实际意义，例如工作温度，民用品一般为 0~70 ℃，军品为 −55~+125 ℃，在家电正常使用环境中是不会考虑如此条件的。

对于可靠性要求极高的产品，例如航天飞机，使用军品电子元器件并不算昂贵；而对一般消费类低价格电子产品如普通收音机、录音机而言，如果盲目选用高档元器件则是不经济的。一方面这些产品通常生产厂家利润率都不高，元器件选用不当可能会将有限的利润全部"吃"掉；另一面，高档元器件的长寿命对于更新换代越来越快的家用电器并不具有太大意义，所以按需选用才是最佳选择。

最后还要提及的是，即使在一种电子产品中，也要按最佳经济性合理选择元器件品种和档次。例如有的电子产品在采用最先进集成电路的同时却选用低档的接插件和开关，结果由于这些接插件和开关的故障将集成电路的先进性冲得一干二净。再如某仪器上与电位器串联的电阻器采用精密电阻，无疑是一种浪费。

3. 合理选择

这是说在选择元器件时必须考虑电子产品使用的最不利条件，特别是涉及安全性能时尤其要注意。

一方面在选择元器件时要从最不利条件出发并留有余地,例如一般家用电器产品,考虑元器件工作温度时,必须考虑到夏天居室内最高温度约为 40 ℃,同时又要注意机内温度将比环境温度高 10~20 ℃,这时机内所有元器件和安装配件、材料耐热温度都不能低于 70 ℃。再如电器的电源线,一般使用条件下是不承受机械力的,但考虑用户使用中有可能移动、挤压电源线,选择时必须考虑有一定的抗拉抗压能力。

另一方面,考虑不利因素时要适当并且采用其他保护措施,以防不适当增加元器件开销。例如,采用 220 V 市电作为电源的产品,如果考虑电源接错出现 380 V 或电网千伏以上尖峰脉冲而采用 1 000 V 甚至更高电压等级的元器件,将使产品造价大幅度上升。实际上,这类产品考虑到裕度选用 600 V 的元器件就可以胜任,偶然的因素或尖峰脉冲可采用加保护电路的方式解决。

4. 设计简化

按照可靠性理论,系统越复杂,所用元器件越多,系统可靠性越低。这里不包括为了增加系统可靠性而采用冗余系统而增加的元器件。因此在满足电子产品性能质量要求的前提下尽量简化方案,减少所用元器件数目,以提高产品的可靠性。以下几点是最少选择的要点:

(1) 尽量选择采用微处理器和可编程器件的方案,充分发挥软件效能,减少硬件数量。目前市场上存在的各种嵌入式微处理器(MCU)、数字信号处理器(DSP)和现场可编程逻辑阵列(FPGA)等为简化硬件电路的设计提供了充分的条件。

(2) 确定产品功能和性能指标时要遵循"够用就行"的准则,不要盲目追求多功能、高指标而导致电路复杂,元器件增多。

(3) 尽量用集成电路代替分立器件,以集成度高的新器件代替旧器件。例如采用集成稳压器制作电源可使元器件数量减少一半;采用 ICM7226 制作数字频率计可代替十几块普通集成电路等。

(4) 一种产品中尽可能减少元器件品种、规格。

5. 降额使用

电子元器件工作条件对其使用寿命和失效率影响很大,减轻负荷可以有效提高可靠性。

实验证明,将电容器的使用电压降低 1/5,其可靠性可提高 5 倍以上。因此在实际应用中,电子元器件都可不同程度地降额使用。

不同元器件,不同的参数,用于不同的电子产品,降额范围各不相同。

对于某些元器件并非降额越多越好,例如继电器负载如果降额系数 $S<0.1$,则由于触点接触电阻大而影响系统工作;电解电容器 $S<0.3$,则会使有效电容量减小等,因此必须保持在一个合理的范围内。

4.2 常用电子测量仪器仪表

随着电子技术的飞速发展,在生产、科研、教学试验及其他领域,越来越广泛地要用到各种各样的电子仪器仪表。因此,只有熟练地掌握仪器仪表的使用方法,才能安全、准确地测量出各种参数数据。

4.2.1 数字万用表

数字万用表是以数字形式显示测量结果的万用表。它是利用模/数(A/D)转换原理,将被测模拟量转换为数字量,经计算、分析、比较后显示测量结果的多功能、多量程测量仪表。与指针式万用表比较,其内部结构发生了根本转变。具有读数直观清晰、测量精度高、分辨力强、测量范围宽、功能齐全等优点。常用数字万用表的显示位数一般分三位半、四位半、五位半,与之相对应的数字显示最大位为 1999、19999 和 199999。现以优利德 UT39 系列数字万用表为例,如图 4.2.1 所示,介绍其使用方法及常用元器件的测试。

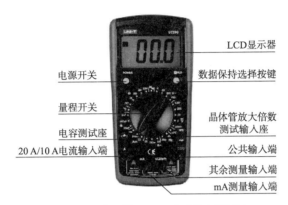

图 4.2.1　优利德 UT39 系列数字万用表

UT39 系列数字万用表是三位半手持式数字万用表,其功能齐全、性能稳定、结构新潮、安全稳定。整机设计以大规模集成电路、双积分 A/D 转换器为核心,并配以全功能过载保护,可用于测量交直流电压和电流、电阻、电容、温度、频率、二极管正向压降及电路通断,具有数据保持和睡眠功能。该仪表配有保护套,使其具有足够的绝缘性能和抗震性能。

1. UT39 系列数字万用表综合指标

(1) 电压输入端子和地之间的最高电压:1 000 V。

(2) mA 端子的熔丝:φ5×20-F 0.135 A/250 V。

(3) 10 A 或 20 A 端子:无熔丝。

(4) 量程选择:手动。

(5) 最大显示:1999,每秒更新 2~3 次。

(6) 极性显示:负极性输入显示 "−" 符号。

(7) 过量程显示:"1"。

(8) 数据保持功能:LCD 左上角显示 "H"。

(9) 电池不足:LCD 显示 "" 符号。

(10) 机内电池:9V NEDA1604 或 6F22 或 006P。

(11) 工作温度:0~40 ℃;储存温度:−10~50 ℃。

(12) 海拔:(工作) 2 000 m;(储存) 10 000 m。

(13) 外形尺寸:172 mm×83 mm×38 mm。

(14) 质量:约 310 g (包括电池)。

2. UT39 系列数字万用表显示符号

UT39 系列数字万用表显示符号如图 4.2.2 所示,含义说明见表 4.2.1。

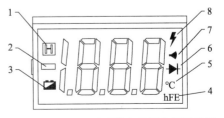

图 4.2.2　UT39 系列数字万用表显示符号

表 4.2.1　UT39 系列数字万用表显示符号含义说明

序号	显示符号	含义
1	H	数据保持提示符
2	▬	显示负的读数
3	🔋	电池欠电压提示符
4	hFE	晶体管放大倍数提示符
5	℃	温度：摄氏符号
6	▶▏	二极管测量提示符
7	•)))	电路通断测量提示符
8	⚡	高压提示符号

3. UT39 系列数字万用表使用方法

1）直流电压、交流电压的测量

首先将黑表笔插入 COM 插孔，红表笔插入 VΩ 插孔。然后将功能开关置于 V ⎓（直流电压）或 V～（交流电压）量程挡，并将测试表笔并联到待测电源或负载上。显示器将显示被测电压值。当不知被测电压范围时，应将功能开关置于最大量程，根据读数需要逐步调低测量量程挡。如果 LCD 只在最高位显示"1"时，表示过量程，功能开关应置于更高的量程。测量高电压时，要格外注意，以避免触电。

2）直流电流、交流电流的测量

首先将黑表笔插入 COM 插孔，将红表笔插入"mA"或"10 A 或 20 A"插孔（当测量 200 mA 以下的电流时，插入"mA"插孔；当测量 200 mA 及以上的电流时，插入"10 A 或 20 A"插孔）。将功能开关置于 A ⎓（直流电流）或 A～（交流电流）量程挡，并将测试表笔串联接入待测负载回路里，显示器即显示被测电流值，在显示直流电流的同时，将显示红表笔端的极性。当不知被测电流值的范围时，应将量程开关置于高量程挡，根据读数需要逐步调低量程。在大电流测试时，为了安全使用仪表，每次测量时间应小于 10 s，测量的间隔时间应大于 15 min。

3）电阻的测量

首先将黑表笔插入 COM 插孔，红表笔插入 VΩ 插孔（注意：红表笔极性为+，与指针式万用表相反）。然后将功能开关置于 Ω 量程，两表笔连接到被测电阻上，显示器将显示被测电阻值。如果被测电阻值超过了所选择量程的最大值，将显示过量程"1"，应选择更高的量程，电阻开路或无输入时，也显示为"1"，应注意区别。在 200 Ω 挡测量电阻时，表笔引线会带来 0.1~0.3 Ω 的测量误差，为了获得精确读数，可以将读数减去红、黑表笔短路读数值，为最终读数。在被测电阻值大于 1 MΩ 时，仪表需要数秒后方能读数稳定，属于正常现象。

4）电容的测量

将功能开关置于电容量程挡，再将待测电容（应将待测电容在测量前充分放电）插入电容测试输入端，如超量程，LCD 上显示"1"，需调高量程，从显示器上读取读数。当测量在线电容时，必须先将被测线路内的所有电源关断，并将所有电容器充分放电。如果被测电容为有极性电容,测量时应按面板上输入插座上方的提示符将被测电容的引脚正确地与仪表连接。

5) 二极管和蜂鸣器通断测量

首先将黑表笔插入 COM 插孔,红表笔插入 VΩ 插孔(红表笔极性为+)。然后将功能开关置于二极管和蜂鸣器通断测量挡位。如将红表笔连接到待测二极管的正极,黑表笔连接到待测二极管的负极,则 LCD 上的读数为二极管正向压降的近似值。如将表笔连接到待测线路的两端,若被测线路两端之间的电阻大于 70 Ω,认为电路断路;被测线路两端之间的电阻≤10 Ω,认为电阻良好导通,蜂鸣器连续声响;如被测线路两端之间的电阻在 10~70 Ω 之间,蜂鸣器可能响,也可能不响。同时 LCD 显示被测线路两端的电阻值。如果被测二极管开路或极性接反时,LCD 将显示"1"。用二极管挡可以测量二极管及其他半导体器件 PN 结的电压降,对一个结构正常的硅半导体,正向压降的读数应该在 0.5~0.8 V 之间。

6) 晶体管放大系数 hFE 的测量

首先将功能/量程开关置于 hFE 挡。然后确定待测晶体管是 NPN 型或 PNP 型,并将发射极(E)、基极(B)、集电极(C)分别插入相应的插孔。此时,显示器将显示出晶体管放大系数 hFE 近似值。

4.2.2 SP1641B 型函数信号发生器/计数器

在实验实训中,信号发生器是用来产生不同频率、幅值和波形等测试电信号的装置,是电子测量中经常使用的仪器设备之一。按信号发生器输出信号的波形不同,可将其分为正弦信号发生器(输出正弦波)、脉冲信号发生器(输出不同频率、脉冲宽度和幅度的脉冲信号)及函数信号发生器(能产生并输出多种波形信号)三大类。常用的为正弦信号发生器和函数信号发生器两类。函数信号发生器按需要一般可选择输出正弦波、方波和三角波三种信号波形。上述三类信号发生器输出信号的电压幅度都可通过输出幅度调节旋钮进行连续调节;输出电压信号的频率可以由分挡开关和调节旋钮联合进行调节。对于函数信号发生器,其输出波形的种类,可以通过波形选择开关进行选择。无论何种信号发生器,在使用过程中,其输出端都不能短路;否则,将会造成仪器损坏,在使用中必须特别注意。

不同型号的函数信号发生器,其面板上的旋钮、开关及布局不尽相同,下面以常见的、实用的 SP1641B 型函数信号发生器/计数器为例,说明其主要性能,开关、旋钮的功能及使用方法。其他类型的信号发生器,可以以此作为参考,触类旁通去了解和掌握。

1. 主要技术参数

SP1641B 型函数信号发生器/计数器的技术参数见表 4.2.2、表 4.2.3。

表 4.2.2 SP1641B 型函数信号发生器的技术参数

项目		技术参数
主函数输出频率		0.1 Hz~3 MHz 按十进制分类共分八挡,每挡均以频率微调电位器实行频率调节
输出阻抗	函数、点频输出	50 Ω
	TTL/CMOS 输出	600 Ω
输出信号波形	函数输出	正弦波、三角波、方波(对称或非对称输出)
	TTL/CMOS 输出	脉冲波(CMOS 输出 $f ≤ 100$ kHz)

续表

项　　目		技术参数
输出信号幅度	函数输出（1 MΩ）	不衰减：（1V_{pp}~20V_{pp}）×（1±10%），连续可调 衰减 20 dB：（0.1V_{pp}~2V_{pp}）×（1±10%），连续可调 衰减 40 dB：（10 mV_{pp}~200 mV_{pp}）×（1±10%），连续可调 衰减 60 dB：（1 mV_{pp}~20 mV_{pp}）×（1±10%），连续可调
	TTL 输出（负载电阻≥600 Ω）	"0" 电平：≤0.8 V，"1" 电平：≥1.8 V
	CMOS 输出（负载电阻≥2 kΩ）	"0" 电平：≤0.8 V，"1" 电平：≥5 V~15 V 连续可调
函数输出信号直流电平（offset）调节范围		关或（−5~+5 V）±10%（50 Ω 负载） "关" 位置时输出信号所携带的直流电平为：<（0±0.1 V），负载电阻为 1 MΩ 时，调节范围为（−10~+10 V）±10%
函数输出信号衰减		0 dB/20 dB/40 dB/60 dB（0 dB 衰减即为不衰减）
输出信号类型		单频信号、扫频信号、调频信号（受外控）
函数输出非对称性（SYM）调节范围		关或 20%~80% "关" 位置时输出波形为对称波形，误差：≤2%
扫描方式	内扫描方式	线性/对数扫描方式
	外扫描方式	由 VCF 输入信号决定
内扫描方式	扫描时间	10 ms~5×（1±10%）s
	扫描宽度	≥1 频程
外扫描方式	输入阻抗	约 500 kΩ
	输入信号幅度	0~+3 V
	输入信号周期	10 ms~5 s
输出信号特征	正弦波失真度	<1%
	三角波线性度	>99%（输出幅度的 10%~90% 区域）
	脉冲波上（下）升沿时间	≤30 ns（输出幅度的 10%~90% 区域）
	脉冲波上升、下降沿过冲	≤5%V_o（50 Ω 负载）
输出信号频率稳定度		±0.1%/min
幅度显示	显示位数	三位（小数点自动定位）
	显示单位	V_{pp} 或 mV_{pp}
	显示误差	V_o×（1±20%）±1 个字（V_o 输出信号的峰峰幅度值），（负载电阻 50 Ω 时 V_o 读数需乘 1/2）
	分辨率	0.1 V_{pp}（衰减 0 dB），10 mV_{pp}（衰减 20 dB），1 mV_{pp}（衰减 40 dB），0.1 mV_{pp}（衰减 60 dB）
频率显示	显示范围	0.1 Hz~3 000 kHz/10 000 kHz
	显示有效位数	五位（1k 挡以下四位）
点频输出频率		（100±2）Hz
点频输出波形		正弦波
点频输出幅度		≈2V_{pp}

表 4.2.3　SP1641B 型计数器的技术参数

项　　目	技术参数
频率测量范围	0.1 Hz~50 MHz
输入电压范围（衰减度为 0 dB）	30 mV~2 V（1 Hz~50 MHz） 150 mV~2 V（0.1~1 Hz）

续表

项目		技术参数
输入阻抗		500 kΩ/30 pF
波形适应性		正弦波、方波
滤波器截止频率		大约 100 kHz（带内衰减，满足最小输入电压要求）
测量时间		0.3 s（f_i>3 Hz）
		单个被测信号周期（f_i≤3 Hz）
显示方式	显示范围	0.100 Hz～50 000 kHz
	显示有效位数	五位
测量误差		时基误差±触发误差（触发误差：单周期测量时）被测信号的信噪比优于 40 dB，则触发误差≤0.3%
时基	标称频率	10 MHz
	频率稳定度	$\pm 5 \times 10^{-5}$/d

电源适应性及整机功耗：电压 220×（1±10%）V，频率 50×（1±5%）Hz，功耗≤35 V·A。

2. 面板结构

SP1641B 型函数信号发生器/计数器的面板结构如图 4.2.3 所示。

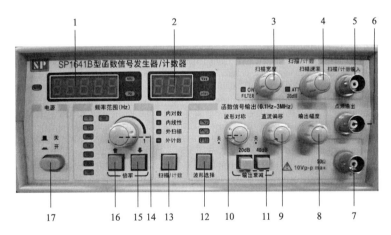

图 4.2.3　SP1641B 型函数信号发生器/计数器的前面板结构

3. 面板标志说明与使用方法

SP1641B 型函数信号发生器/计数器面板标志说明与使用方法见表 4.2.4。

表 4.2.4　SP1641B 型函数信号发生器/计数器面板标志说明与使用方法

序号	面板状态	作用
1	频率显示窗口	显示输出信号的频率或外测频信号的频率
2	幅度显示窗口	显示函数输出信号的幅度
3	扫描宽度调节旋钮	调节此电位器可调节扫描输出的频率范围。在外测频时，逆时针旋到底（绿灯亮），为外输入测量信号经过低通开关进入测量系统
4	扫描速率调节旋钮	调节此电位器可以改变内扫描的时间长短。在外测频时，逆时针旋到底（绿灯亮），为外输入测量信号经过衰减"20 dB"进入测量系统

续表

序号	面板状态	作用
5	扫描/计数输入插座	当"扫描/计数键(13)"功能选择在外扫描状态或外测频功能时,外扫描控制信号或外测频信号由此输入
6	点频输出端	输出频率为 100 Hz 的正弦信号,输出幅度 2 V_{pp} (−1~+1 V),输出阻抗 50 Ω
7	函数信号输出端	输出多种波形受控的函数信号,输出幅度 20 V_{pp}(1 MΩ 负载),10 V_{p-p}(50 Ω 负载)
8	函数信号输出幅度调节旋钮	调节范围 20 dB
9	函数输出信号直流电平偏移调节旋钮	调节范围:−5~+5 V(50 Ω 负载),−10~+10 V(1 MΩ 负载)。当电位器处在关位置时,则为 0 电平
10	输出波形对称性调节旋钮	调节此旋钮可改变输出信号的对称性。当电位器处在关位置时,则输出对称信号
11	函数信号输出幅度衰减开关	"20 dB"、"40 dB"键均不按下时,输出信号不经衰减,直接输出到插座口。"20 dB"、"40 dB"键分别按下,则可选择 20 dB 或 40 dB 衰减。两键同时按下,则可进行 60 dB 衰减
12	函数输出波形选择按钮	可选择正弦波、三角波、脉冲波输出
13	"扫描/计数"按钮	可选择多种扫描方式和外测频方式
14	频率微调旋钮	调节此旋钮可微调输出信号频率,调节基数范围从>0.1 到<1
15	倍率选择按钮	每按一次此按钮可递减输出频率的 1 个频段
16	倍率选择按钮	每按一次此按钮可递增输出频率的 1 个频段
17	整机电源开关	此按键按下时,机内电源接通,整机工作。此键释放为关掉整机电源

4. 注意事项与检修

(1)该设备采用大规模集成电路,修理时禁用二芯电源线的电烙铁;校准测试时,测量仪器或其他设备的外壳应接地良好,以免意外损坏。

(2)在更换熔丝时严禁带电操作,必须将电源线与交流市电电源切断,以保证人身安全。

(3)维护修理时,一般先排除直观故障,如断线、碰线、器件倒伏、接插件脱落等可视损坏故障。然后根据故障现象按工作原理初步分析出故障电路的范围,再以必要的手段来对故障电路进行静态、动态检查,查出确切故障后按实际情况处理,使仪器恢复正常运行。

4.2.3 泰克 TDS 1000B-EDU 系列数字存储示波器

数字存储示波器是一种电子测量仪器,用于观察和分析电子信号的波形。它可以将被测信号转换成数字形式,并存储在内部存储器中。然后,通过数字信号处理算法,可以将这些离散的数字信号转换成连续的波形,并在液晶屏上显示出来。数字存储示波器的优点包括可以存储和回放波形、可以进行数字信号处理和分析、可以实现自动测量和数据存储等功能。它在电子、通信、医疗等领域都有广泛的应用。

1. 面板介绍

泰克 TDS 系列双通道数字存储示波器的前面板如图 4.2.4 所示,主要由液晶显示屏、功能按键和插座组成。

第4章 电子元器件基础及常用电子测量仪器仪表

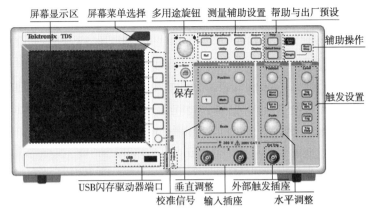

图 4.2.4 泰克 TDS 系列双通道数字存储示波器的前面板

2. 显示屏介绍

示波器的显示屏除了显示波形外，显示屏上还含有很多关于波形和示波器控制设置的详细信息。泰克 TDS 系列示波器显示区域视图如图 4.2.20 所示，屏幕右侧栏为屏幕菜单。

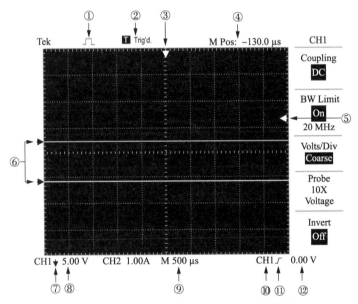

图 4.2.5 泰克 TDS 系列示波器显示区域视图

图 4.2.5 中各符号表示的含义说明如下：
①显示图标表示获取方式：
⊓⊔：采样方式。
⊓⌃⌄⊔：峰值检测方式。
⊓⊔：平均值方式。
②触发状态显示如下：
▢ Armed.：示波器正在采集预触发数据。在此状态下忽略所有触发。
Ⓡ Ready.：示波器已采集所有预触发数据并准备接受触发。

🅣 Trig'd.：示波器已发现一个触发，并正在采集触发后的数据。
● Stop.：示波器已停止采集波形数据。
● Acq.Complete：示波器已经完成"单次序列"采集。
🅡 Auto.：示波器处于自动方式并在无触发状态下采集波形。
☐ Scan.：在扫描模式下示波器连续采集并显示波形。
③标记显示水平触发位置。旋转"水平位置"旋钮可以调整标记位置。
④显示中心刻度处时间的读数。触发时间为零。
⑤显示边沿或脉冲宽度触发电平的标记。
⑥屏幕上的标记指明所显示波形的地线基准点。如没有标记，不会显示通道。
⑦箭头图标表示波形是反相的。
⑧读数显示通道的垂直刻度系数。
⑨读数显示主时基设置。
⑩读数显示触发使用的触发源。
⑪采用图标显示以下选定的触发类型：
╱：上升沿的边沿触发。
╲：下降沿的边沿触发。
⋏⋎：行同步的视频触发。
⊔⊓：场同步的视频触发。
⊓：脉冲宽度触发，正极性。
⊔：脉冲宽度触发，负极性。
⑫读数显示边沿或脉冲宽度触发电平。

3. 探头介绍

示波器探头如图4.2.6所示，探头前端为探测信号线测试钩，黑色鳄鱼夹为探头地线，探头尾端为BNC接头，进行任何测量前，应将探头连接到示波器并将接地端接地。探头有不同的衰减系数，它影响信号的垂直刻度。当选择×1挡时，信号是没经衰减进入示波器的；而选择×10挡时，信号是经过衰减到1/10再到示波器的。因此，当使用示波器的×10挡时，应该将示波器上的读数扩大10倍。当要测量较高电压时，就可以利用探头的×10挡功能，将较高电压衰减后送入示波器。另外，×10挡的输入阻抗比×1挡要高得多，所以在测试驱动能力较弱的信号波形时，将探头打到×10挡可更好地测量。

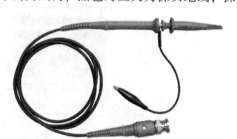

图 4.2.6 示波器探头

4. 功能操作

1）校准

（1）将探头尾端的BNC接头插入通道CH1或CH2，探头前端钩在校准信号端，探头地线夹在校准信号地线上。

（2）用非金属一字螺丝刀旋转调整探头上微调电容，如图4.2.7（a）所示。校准信号输出为矩形脉冲，通过调节微调电容可实现探头的正确补偿，如图4.2.7（b）所示。

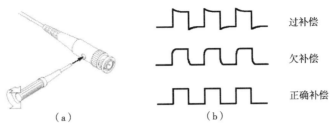

图 4.2.7 探头的补偿调节

示波器提供一个频率为 1 kHz、电压幅度为 3 V 的矩形脉冲的校准信号,其主要作用是:用于检查示波器自身的测量是否准确;检查输入探头是否完好;当使用比较法测量其他信号时,可作为参考信号。

2) 通道选择

根据测量需要选择将探头接入 CH1 或 CH2 通道,再按下通道 CH1 (或 CH2) 菜单按钮,通过图 4.2.5 所示的菜单选项进行对应设置 (如耦合、粗调或者反相等)。

3) 耦合

示波器通道与被测信号输入的耦合方式主要有 DC (直流)、AC (交流) 和 GND (接地) 三种。

DC 耦合:可以观察测量完整的信号波形,包含直流分量和交流分量。

AC 耦合:只能够观察测量交流分量。

GND 耦合:通道接地,只可观察测量 0 V 电平。

4) 垂直调整和水平调整

垂直调整:调整波形电压挡位,即显示屏中一大格代表的电压幅值,便于更好地观测波形。如图 4.2.4 所示,调整垂直 POSITION 按钮,可使电压波形上下移动。

水平调整:调整扫描时间,使观察测量的电压波形疏密程度合适。调整水平 POSITION 按钮,可使波形左右移动。按下归零按钮则可使波形触发点回到原点。

5) 触发设置

按下 TRIG MENU (触发菜单按钮) 进入触发菜单模式设置,可以选择设置信号源、触发模式——上升沿触发或下降沿触发及耦合模式。

触发模式包括:Auto Trigger (自动)、Normal Trigger (一般)、Single Trigger (单次) 以及 Force Trigger (强制)。

LEVEL 触发电平旋钮:触发电平设置应在被测波形峰对峰电平之间,具体触发电平需求按实际情况而定。

6) 测量辅助设置

(1) 使用"自动设置":每次按"自动设置"按钮,自动设置功能都会获得显示稳定的波形。它可以自动调整垂直刻度、水平刻度和触发设置。自动设置也可在刻度区域显示几个自动测量结果,这取决于信号类型。

(2) 使用"自动量程":"自动量程"是一个连续的功能,可以启用和禁用。此功能可以调节设置值,以便在信号表现出大的改变或在将探头移动到另一点时跟踪信号。

(3) 光标:使用此方法能通过移动总是成对出现的光标并从显示读数中读取它们的数值从而进行测量。有两类光标:"幅度"和"时间"。使用光标时,要确保将"信源"设置为显示屏上想要测量的波形。要使用光标，可按下 Cursor（光标）按钮。

（4）"幅度"光标："幅度"光标在显示屏上以水平线出现，可测量垂直参数。"幅度"是参照基准电平而言的。对于数学计算 FFT（快速傅里叶变换）功能，这些光标可以测量幅度。

（5）"时间"光标："时间"光标在显示屏上以垂直线出现，可测量水平参数和垂直参数。"时间"是参照触发点而言的。对于数学计算 FFT 功能，这些光标可以测量频率。"时间"光标还包含在波形和光标的交叉点处的波形幅度的读数。

（6）自动：测量菜单最多可采用五种自动测量方法。如果采用自动测量，示波器会完成所有计算。因为这种测量使用波形的记录点，所以比刻度或光标测量更精确。自动测量使用读数来显示测量结果。示波器采集新数据的同时对这些读数进行周期性更新。

4.2.4 仪器设备在使用时的接地和共地问题

1. 接地问题

这里所说的"接地"，是指电子仪器相对零电位点接大地。一台仪器或一个测试系统都存在接地问题。下面说明一台仪器"接地"的必要性。

为防止雷击可能造成的设备损坏和人身危险，电子仪器的外壳通常应接大地，而且接地电阻越小越好（一般应在 100 Ω 以下）。

在测量过程中，使用电子电压表和示波器等高灵敏度、高输入阻抗仪器，若仪器外壳未接地，当人手或金属物触及高电位端时，会使仪器的指示电表严重过负荷，可能损坏仪表。这种现象发生的原因，可用图 4.2.8 加以解释。

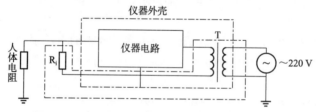

图 4.2.8　仪器外壳未接地造成过负荷现象示意图

图 4.2.8 中，电源变压器 T 的一次线圈与铁芯及机壳之间的绝缘电阻并非无穷大，而且还存在分布电容。因此，当人手触及仪器的输入端时，就有一部分漏电流自交流电源的相线，经变压器一次绕组与机壳之间的绝缘电阻和分布电容到达机壳，再通过仪器的输入电阻 R_i 到达输入端（即高电位端），而后通过人体电阻到大地而形成回路。由于 R_i 很高，则电压降很大，常可达数十伏或更高，这就相当于在仪器的输入端加了一个很大的输入信号，如果这时仪器（如电压表）处在高灵敏度量程上（如 1 mV 挡），必然产生过负荷现象，可能损坏仪表。同理，在仪器输入端接被测电路时，输入电阻 R_i 上既有被测信号电压降又有电源干扰信号电压降，会造成仪器工作不稳定和较大的测量误差。

如果仪器外壳接大地，则漏电流自电源经变压器和机壳到大地形成回路，而不流经仪器的输入电阻，所以上述影响就消除了。

2. 共地问题

所谓"共地"，即各台电子仪器及被测装置的地端，按照信号输入、输出的顺序可靠地连接在一起（要求接线电阻和接触电阻越小越好），如图 4.2.9 所示。

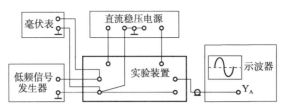

图 4.2.9 实验仪器和装置"共地"示意图

电子测量与电工测量所用仪器、仪表有所不同。从测量输入端与大地的关系看,电子测量仪表两个输入端均与大地无关,即对大地是"悬浮"的,可称为"平衡输入"式仪表,例如万用表。当用万用表测量 50 Hz 交流电压时,它的两个测试表笔可以互换测量点,而不会影响测量结果;在电子测量中,由于被测电路工作频率高、线路阻抗大和功率低(或信号弱),所以抗干扰能力差。为了排除干扰提高测量精度,所以大多数电子测量仪器是单端输入(输出)方式,即仪器的两个输入端中,总有一个与相对零电位点(如机壳)相连,两个测试输入端一般不能互换测量点,可称为"不平衡输入"式仪器。测试系统中这种"不平衡输入"式仪器,它们的接地端(⊥)必须相连在一起。否则,将引入外界干扰、导致测量误差过大。特别是当各测试仪器的外壳通过电源插头接大地时,若未"共地",会造成被测信号短路或毁坏被测电路元器件。下面以图 4.2.10 为例加以说明。

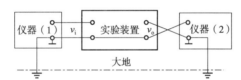

图 4.2.10 仪器未"接地"时 v_o 被短路的示意图

图 4.2.10 中,仪器(2)的"⊥"接实验装置的输出端,同时通过电源插头接"⊥",而测量输入端反倒接实验装置的"⊥";仪器(1)与实验装置的连接是正确的。在上述连接情况下,实验装置的输出端与其"⊥"被大地短路(实际上两台仪器接大地导线),即输出信号电压 v_o 被短路。倘若实验装置是个功率放大电路(没有输出短路保护),则功率放大管将被烧毁。

总之,电子测试系统中各仪器应该"接地"又"共地",这样既能够消除工频干扰,又能够抑其他外界干扰。

3. 模拟地和数字地

当模拟电路和数字电路组成模/数混合电子系统时,为了避免模拟和数字电路的相互干扰,通常要将"模拟地"和"数字地"隔离出来,以确保整个系统的正常工作。这在模拟和数字混合电路的设计和制作中,是一个特别值得注意的问题。

第5章 电子制作焊接技术

电子制作是指按照设计的电子电路原理图，在点阵板、面包板或印制电路板上完成该电子电路的组装、焊接以及调试等电子装配过程，它实现了电子电路从原理图到实物样机的转变，是电子工程师必须具备的重要实践技能。电子制作水平及技能的提升，既需要具备扎实的专业理论基础，还需要经常动手操作来积累丰富的实践经验。电子制作涉及的知识面比较广泛，本章主要为电子制作的初学者介绍实验实训场合常用的电子制作方法与技能。

5.1 手工焊接技术

在电子产品整机装配过程中，焊接是连接各电子元器件及导线的主要手段。利用加热或加压，或两者并用来加速工件金属原子间的扩散，依靠原子间的内聚力，在工件金属连接处形成牢固的合金层，从而将工件金属永久地结合在一起。通常焊接技术可分为熔焊、钎焊和接触焊三大类，在电子装配中主要使用的是钎焊。钎焊是采用比母材熔点低的金属材料作焊料，将焊件和焊料加热到高于焊料熔点但低于母材熔点的温度，利用液态焊料润湿母材，填充接头间隙并与母材相互扩散实现连接焊件的方法。根据使用焊料的不同，可分为硬钎焊和软钎焊。焊料的熔点大于450℃为硬钎焊，小于450℃为软钎焊。锡焊属于软钎焊，它的焊料是铅锡合金，熔点比较低。共晶焊锡的熔点只有180℃，所以在电子元器件的焊接工艺中得到广泛应用。

5.1.1 锡焊基本知识

1. 锡焊的机理

锡焊的机理可以由浸润、扩散、界面层的结晶与凝固三个过程来表述。

（1）浸润。加热后呈熔融状态的焊料（锡铅合金），沿着工件金属的凹凸表面，靠毛细管的作用扩展。如果焊料和工件金属表面足够清洁，焊料原子与工件金属原子就可以接近到能够相互结合的距离，即接近到原子引力互相起作用的距离，上述过程为焊料的浸润。

（2）扩散。由于金属原子在晶格点阵中呈热振动状态，因此在温度升高时，它会从一个晶格点阵自动地转移到其他晶格点阵，这种现象称为扩散。锡焊时，焊料和工件金属表面的温度较高，焊料与工件金属表面的原子相互扩散，在两者界面形成新的合金。

（3）界面层的结晶与凝固。焊接后焊点降温到室温，在焊接处形成由焊料层、合金层和工件金属表层组成的结合结构。在焊料和工件金属界面上形成的合金层，称为"界面层"。冷却时，界面层首先以适当的合金状态开始凝固，形成金属结晶，而后结晶向未凝固的焊料生长。

铅锡焊料和铜在锡焊过程中生成结合层，厚度可达 $1.2 \sim 10~\mu m$。由于浸润扩散过程是一种复杂的金属组织变化和物理冶金过程，结合层的厚度过薄或过厚都不能达到最好的性能。结合层小于 $1.2~\mu m$，实际上是一种半附着性结合，强度很低；而大于 $6~\mu m$ 则使组织粗化，产生脆性，降低强度。理想的结合层厚度是 1.2~3.5 μm，强度最高，导电性能好，如图 5.1.1 所示。

综上所述，将表面清洁的焊件与焊料加热到一定温度，焊料熔化并浸润焊件表面，在其界面上发生金属扩散并形成结合层，从而实现金属的焊接。

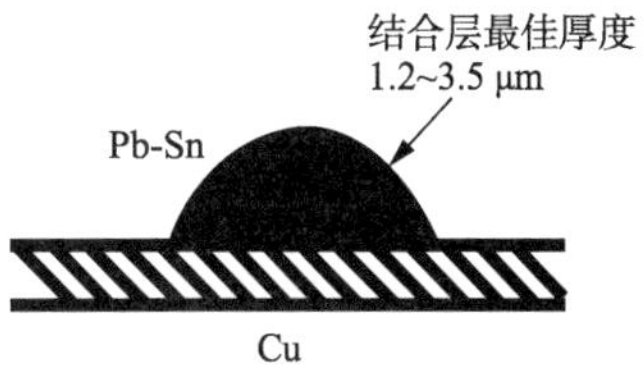

图 5.1.1 锡焊结合层示意图

2. 锡焊的工艺要素

（1）工件金属材料应具有良好的可焊性。可焊性即可浸润性，是指在适当的温度下，工件金属表面与焊料在助焊剂的作用下能形成良好的结合，生成合金层的性能。铜是导电性能良好且易于焊接的金属材料，常用元器件的引线、导线及接点等多数采用铜材料制成。其他金属如金、银的可焊性好，但价格较贵，而铁、镍的可焊性较差，为提高可焊性，通常在铁、镍合金的表面先镀上一层锡、铜、金或银等金属，以提高其可焊性。

（2）工件金属表面应洁净。工件金属表面如果存在氧化物或污垢，会严重影响焊料在界面上形成合金层，造成虚焊、假焊。轻度的氧化物或污垢可通过助焊剂来清除，较严重的要通过化学或机械的方式来清除。

（3）正确选用助焊剂。助焊剂是一种略带酸性的易熔物质，在焊接过程中可以溶解工件金属表面的氧化物和污垢，并提高焊料的流动性，有利于焊料浸润和扩散的进行，在工件金属与焊料的界面上形成牢固的合金层，保证了焊点的质量。助焊剂种类很多，效果也不一样，使用时必须根据工件金属材料、焊点表面状况和焊接方式来选用。

（4）正确选用焊料。焊料的成分及性能与工件金属材料的可焊性、焊接的温度及时间、焊点的机械强度等相适应，锡焊工艺中使用的焊料是锡铅合金，根据锡铅的比例及含有其他少量金属成分的不同，其焊接特性也有所不同，应根据不同的要求正确选用焊料。

（5）控制焊接温度和时间。热能是进行焊接必不可少的条件。热能的作用是熔化焊料，提高工件金属的温度，加速原子运动，使焊料浸润工件金属界面，并扩散到工件金属界面的晶格中去，形成合金层。温度过低，会造成虚焊；温度过高，会损坏元器件和印制电路板。合适的温度是保证焊点质量的重要因素。在手工焊接时，控制温度的关键是选用具有适当功率的电烙铁和掌握焊接时间。电烙铁功率较大应适当缩短焊接时间，电烙铁功率较小时可适当延长焊接时间。根据焊接面积的大小，经过反复多次实践才能把握好焊接工艺的这两个要素。焊接时间过短，会使温度太低；焊接时间过长，会使温度太高。一般情况下，焊接时间以不超过 3 s 为宜。

3. 焊点的质量要求

（1）电气性能良好。高质量的焊点应使焊料与工件金属界面形成牢固的合金层，以保证良好的导电性能。不能简单地将焊料堆附在工件金属表面而形成虚焊，这是焊接工艺中的大忌。

（2）具有一定的机械强度。焊点的作用是连接两个或两个以上的元器件，并使电气接触良好。电子设备有时要工作在振动的环境中，为使焊件不松动或脱落，焊点必须具有一定的机械强度。锡铅焊料中的锡和铅的强度都比较低，有时在焊接较大和较重的元器件时，为了增加强度，可根据需要增加焊接面积，或将元器件引线、导线先行网绕、绞合、钩接在接点上再行焊接。所以，采用锡焊的焊点一般都是两个被锡铅焊料包围的接点。

（3）焊点上的焊料要适量。焊点上的焊料过少，不仅降低机械强度，而且由于表面氧化层逐渐加深，会导致焊点早期失效。焊点上的焊料过多，既增加成本，又容易造成焊点桥连（短路），也会掩盖焊接缺陷，所以焊点上的焊料要适量。印制电路板焊接时，焊料布满焊盘呈裙状展开时最为适宜。

（4）焊点表面应光亮且均匀。良好的焊点表面应光亮且色泽均匀。这主要是由助焊剂中未完全挥发的树脂成分形成的薄膜覆盖在焊点表面，能防止焊点表面的氧化。如果使用了消光剂，则对焊接点的光泽不作要求。

（5）焊点不应有毛刺、空隙。焊点表面存在毛刺、空隙，不仅不美观，还会给电子产品带来危害，尤其在高压电路部分，将会产生尖端放电而损坏电子设备。

（6）焊点表面必须清洁。焊点表面的污垢，尤其是焊剂的有害残留物质，如果不及时清除，酸性物质会腐蚀元器件引线、接点及印制电路板，吸潮会造成漏电甚至短路燃烧等，从而带来严重隐患。

以上是对焊点的质量要求，可以用这六点作为检验焊点的标准。合格的焊点与焊料、焊剂及焊接工具的选用，焊接工艺，焊点的清洗都有着直接的关系。

5.1.2 焊接材料与工具

焊接工具和锡焊材料是实施锡焊作业必不可少的条件。合适、高效的工具是焊接质量的保证，合格的材料是锡焊的前提，了解这方面的基本知识，对掌握锡焊技术是必需的。

1. 焊料

焊料是一种熔点低于被焊金属的易熔金属，且在熔化的过程中能在被焊金属表面形成合金而将被焊金属连接在一起的物质。按照其组成成分可分为锡（Sn）铅（Pb）焊料、银焊料及铜焊料。在一般的电子产品装配中主要使用锡铅焊料，俗称焊锡，它具有熔点低、易于流动、表面张力小、机械强度高、抗腐蚀性能良好等特点，因此成为常用的焊料。表 5.1.1 所示为常见焊料的特性及用途。对焊接有特殊要求的一些场合，会使用掺有某些金属的焊锡，如在锡铅合金中掺入少量的银，可使焊锡的熔点降低，强度增大；掺入少量的铜，可使焊锡变成高温焊锡。

表 5.1.1 常见焊料的特性及用途

名称	牌号	主要成分/（%）			杂质	熔点/℃	抗拉强度/（kg/cm²）	用途
		锡	锑	铅				
10 锡铅焊料	HlSnPb10	89～91	<0.15	余量	>0.1%	220	4.3	钎焊食品器皿及医药卫生方面物品
39 锡铅焊料	HlSnPb39	59～61	<0.8			183	47	钎焊电子、电气制品
50 锡铅焊料	HlSnPb50	49～51				210	3.8	钎焊散热器、计算机、黄铜制件
58-2 锡铅焊料	HlSnPb58-2	39～41	1.5～2			235		钎焊工业及物理仪表等
68-2 锡铅焊料	HlSnPb68-2	29～31	1.5～2			256	3.3	钎焊电缆护套、铅管等
80-2 锡铅焊料	HlSnPb80-2	17～19			>0.6%	277	2.8	钎焊油壶、容器、散热器
90-6 锡铅焊料	HlSnPb90-6	3～4	5～6			265	5.9	钎焊黄铜和铜
73-2 锡铅焊料	HlSnPb73-2	24～26	1.5～2				2.8	钎焊铅管
45 锡铅焊料	HlSnPb45	53～57	—			200		钎焊电子元器件

焊锡按照形状可分为焊锡丝、焊锡块、焊锡条、焊锡膏等。

手工焊接常用的是焊锡丝，是将焊锡制成管状，内部充加助焊剂（即"松香"）。其焊锡丝直径有 0.5 mm、0.8 mm、0.9 mm、1.0 mm、1.2 mm、1.5 mm、2.0 mm、2.5 mm、3.0 mm、4.0 mm、5.0 mm 等。

2. 焊剂

焊剂又称助焊剂，是一种用于清除金属表面氧化膜的专用材料，是焊接时添加在焊点上的化合物，是进行锡铅焊接的辅助材料。焊剂性能的优劣，直接影响到锡焊的质量及效果。

常用的焊剂大致可以分为有机焊剂、无机焊剂和树脂焊剂等。其中，以松香为主要成分的树脂焊剂在电子产品生产中占有重要地位，成为专用性的焊剂。

（1）有机焊剂。有机焊剂具有较好的助焊作用，但有一定的腐蚀性，残余的焊剂不容易清除，且挥发物对人体有害，一般在电子产品的焊接中不单独使用，而是作为活化剂与松香一起使用，如硬脂酸、氨基酸、盐酸苯胺、尿素 $CO(NH_4)_2$、乙二胺等。

（2）无机焊剂。无机焊剂具有很好的助焊作用，活性很强，常温下就能除去金属表面的氧化膜，但具有强烈的腐蚀性，很容易损伤金属及焊点，电子产品焊接中通常是不使用该焊剂的，如正磷酸（H_3PO_4）、盐酸、氟酸、盐-氯化物 NH_4Cl、$ZnCl_2$ 等。

（3）树脂焊剂。这种焊剂通常以松香为主。它具有良好的助焊作用，且无腐蚀，绝缘性能好，稳定性高，耐湿性好，焊接后容易清洗，因此在电子产品的装配焊接中常以松香基焊剂为主。在平时的使用中，常将松香以 3∶1 的质量比例溶于无水酒精中，并添加适量的活化剂，制成松香水助焊剂，如松香、活化松香、氧化松香。

松香基焊剂的特点是：焊剂的熔点低于焊料的熔点，焊剂的表面张力、黏度和密度应小于焊料，残余焊剂易于清除，不会腐蚀被焊金属，不会产生对人体有害的气体及刺激性味道。具有清除被焊金属和焊料表面的功能。

松香基焊剂能除去金属表面的氧化膜，防止金属及焊点表面被氧化，减小液态焊锡表面的张力，增加焊锡的流动性，易于传递热量。

注意：

①对使用过有机焊剂和无机焊剂的印制电路板必须进行清洗，否则焊剂会腐蚀印制电路板和焊点。

②松香焊剂反复使用后会发黑（碳化），这时的松香是不会起到助焊作用的。

3. 阻焊剂

阻焊剂是一种耐高温的涂料，可将不需要焊接的部分保护起来，致使焊接只在所需要的部位进行，以防止焊接工程中的桥连（短路）等现象的发生，对高密度印制电路板尤为重要，可降低返修率，节约焊料，使焊接时印制电路板受到的热冲击小，板面不易起泡和分层。常见到的印制电路板上的绿色涂层即为阻焊剂。

阻焊剂的种类有热固化型阻焊剂、紫外线光固化型阻焊剂（又称光敏阻焊剂）和电子辐射固化阻焊剂等几种，目前常用的是紫外线光固化型阻焊剂。

4. 焊接工具

1）电烙铁

电烙铁是锡焊的基本工具，它的作用就是把电能转换成热能，用以加热工件，熔化焊锡，使元器件和导线牢固地连接在一起。由于用途、结构的不同，有各式各样的电烙铁，按照加热方式分为直热式、感应式、气体燃烧式等；按照电烙铁的功率分为 20 W、25 W、30 W 等；按功能分为单用式、两用式、调温式等。

在电子产品的装配中常用的电烙铁一般为直热式。直热式又可分为内热式、外热式、恒温式三大类。加热体又称烙铁芯，是由镍铬电热丝绕制而成的。加热体位于烙铁头内部的称为内热式，位于烙铁头外面的称为外热式。恒温式电烙铁则通过内部的温度传感器及温度调节开关进行控制，实现恒温焊接。其工作原理相似，在接通电源后，加热体升温，烙铁头受热温度升高，达到工作温度后，就可熔化焊锡进行焊接。内热式比外热式电烙铁热得快，从开始加热到达到焊接温度一般只需 3 min 左右，热效率高，可达到 85%～95% 或以上，而且具有体积小、质量小、耗电量小、使用方便灵巧等优点，适用于小型电子元器件和印制电路板的手工焊接。在电子产品的生产过程中，多采用 20 W 的内热式电烙铁。直热式电烙铁如图 5.1.2 所示。

(a) 外热式电烙铁　　　(b) 内热式电烙铁　　　(c) 恒温电烙铁

图 5.1.2　直热式电烙铁

(1) 烙铁头的选择与修整：

①烙铁头的选择。为了保证可靠方便地焊接，必须合理选用烙铁头的形状与尺寸。图 5.1.3 所示为几种常用烙铁头的外形。

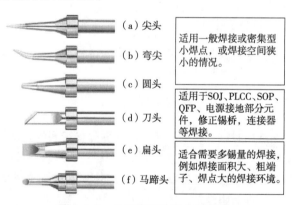

图 5.1.3　几种常用烙铁头的外形

注：SOJ 表示 J 型引脚小外形封装，PLCC 表示带引线的塑料芯片载体表面贴装型封装，SOP 表示小外形封装，QFP 表示四侧引脚扁平封装。

选择烙铁头的依据：应当使其尖端的接触面积小于焊接处（焊盘）的面积。烙铁头接触面积过大，会使过量的热量传导给焊接部件，损坏元器件及印制电路板。一般来说，烙铁头越长、越尖，温度越低，需要焊接的时间越长；反之，烙铁头越短、越粗，温度越高，需要焊接的时间越短，因此，每个操作者可根据自己的习惯选用合适的烙铁头。

②烙铁头的修整。烙铁头一般用紫铜制成且质体相对比较软，表面有镀层，如果不是特殊

需要，一般不需要修锉打磨，因为镀层的作用就是保护烙铁头不被氧化生锈。但目前市场上的烙铁头大多数只是在紫铜的表面镀一层锌合金。镀锌层虽然有一定的保护作用，但经过一段时间的使用后，由于高温和助焊剂的作用，烙铁头被氧化，使表面凹凸不平，这时就需要修整。

修整的方法一般是先将烙铁头拿下来，根据焊接对象的形状及焊点的密度，确定烙铁头的形状和粗细。再将取下的烙铁头夹到台钳上，这时先用粗锉刀修整，然后用细锉刀修平，最后用细砂纸打磨光滑。特别注意，修整后的烙铁头要马上镀锡，否则烙铁头会被氧化，而不"吃锡"。因此，应采用的方法是：将烙铁头装好后，在松香水中浸一下，然后接通电源，待烙铁加热后，在木板上放些松香和焊锡，用烙铁头沾上焊锡后，在湿布上反复摩擦，即加热—加松香—加焊锡，反复3~5次即可。

注意：对于一把新的电烙铁不能拿来就用，必须先对烙铁头进行处理后才能正常使用，就是说在使用前先给烙铁头镀上一层锡。具体方法同上。

（2）电烙铁的选用。在进行科研、生产、仪器维修中，可根据不同的施焊对象选择不同的电烙铁。主要从电烙铁的种类、功率及烙铁头的形状三方面考虑，当有特殊要求时，选择具有特殊功能的电烙铁。一般的焊接应首选内热式电烙铁，对于大型元器件及直径较粗的导线应考虑选用功率较大的外热式电烙铁。对于要求工作时间长，被焊元器件少，则应考虑选用长寿命型的恒温式电烙铁，如焊接表面封装元器件。对于像晶体管收音机、收录机、电视机等采用小型元器件的普通印制电路板和IC电路板的焊接应选用20~25 W内热式或30 W外热式电烙铁。表5.1.2给出了选择电烙铁的依据（仅供参考）。

表5.1.2 选择电烙铁的依据

焊接对象及工作性质	烙铁头温度/℃ （室温，220 V）	选用烙铁
一般印制电路板、安装导线	300~400	20 W内热式、30 W外热式、恒温式
集成电路	350~400	20 W内热式、恒温式
焊片、电位器、2~8 W电阻、大电解电容器、大功率管	350~450	35~50 W内热式、恒温式、50~75 W外热式
8 W以上大电阻器、$\phi 2$ mm以上导线	400~550	100 W内热式、150~200 W外热式
汇流排、金属板等	500~630	300 W外热式
维修、调试一般电子产品	—	20 W内热式、感应式、恒温式

（3）电烙铁常见故障与维护。对一把新的电烙铁或者已经被用过的电烙铁，为了保证安全，在使用前一定要检测电烙铁的两个特性，即导热性和绝缘性。检测方法：用数字万用表的两个表笔分别接触电烙铁电源引线的一个电极和烙铁芯的外壳，如果表头显示为无穷大，则绝缘性良好；反之，绝缘性较差。而检测导热性时可用数字万用表两个表笔接触电烙铁电源引线的两个电极，测量其电阻，然后依据 $P = U^2/R$ 计算 R 的大小来判断性能好坏。

电烙铁在使用过程中常见的故障有：电烙铁通电后不导热、烙铁头带电、烙铁头不"吃锡"等。现以20 W内热式电烙铁为例加以说明。

①电烙铁通电后不导热。当遇到此类故障时，可用数字万用表的欧姆挡测量电烙铁引线端的插头，如果万用表显示"1"，说明有断路现象。当插头本身没有问题时，可卸下胶木柄，再用万用表测量烙铁芯的两根引线，如果两根引线的电阻为2.5 kΩ左右，证明烙铁头是好的，故障出在电源线上；否则，证明烙铁芯坏了，需要更换新的烙铁芯。

更换烙铁芯的方法：将固定烙铁芯引线螺钉松开，将引线卸下，把烙铁芯从连接杆中取出，然后将新的同规格烙铁芯插入连接杆，将引线固定在固定螺钉上，并注意将烙铁芯多余引线头剪掉，以防止两根引线短路。

当测量插头两端时，如果万用表显示 0，证明有短路故障。故障点多为插头内短路，或者是防止电源引线转动的压线螺钉脱落，致使接在烙铁芯引线柱上的电源线断开而发生短路。当发现短路故障时，应立即处理，不能再次通电，以免烧坏熔丝。

②烙铁头带电。烙铁头带电除前面所述的电源线接错在接地线的接线柱上外，还可能是电源线从烙铁芯接线螺钉上脱落后，又碰到了接地线的螺钉上，从而造成烙铁头带电。这种故障最容易造成触电事故，并损坏元器件，为此，要随时检查压线螺钉是否松动或丢失。其作用是防止电源引线在使用过程中由于拉伸、扭转而造成引线头脱落。

③烙铁头不"吃锡"。烙铁头经长时间使用后，就会因氧化而不沾锡，这就是"烧死"现象，又称不"吃锡"。当出现不"吃锡"的情况时，可用细砂纸或锉刀将烙铁头重新打磨或锉出新茬，然后重新镀上焊锡就可继续使用。

为延长电烙铁寿命，必须注意以下几点：

①电烙铁在使用之前，首先保证拉直电烙铁电源线，使其不要绕来绕去，以防在使用中不小心烫伤电源线而触电或发生火灾事故。

②经常用湿布、浸水海绵擦拭烙铁头，以保持烙铁头能够良好挂锡，并可防止残留阻焊剂对烙铁头的腐蚀。

③电烙铁不宜长时间通电而不用，因为这样容易使电烙铁铁芯加速氧化而烧断，同时也将使烙铁头因长时间加热而氧化，甚至被"烧死"而不"吃锡"。

④在焊接过程中不能敲击电烙铁，否则，由于在高温时敲击烙铁头而使加热丝断开，出现不导热现象。暂时不用时，一定要保证烙铁头具有良好的散热措施。

⑤在产品的焊接过程中，应首先选用松香或弱酸性助焊剂。

⑥在焊接的过程中，为了保护烙铁头和印制电路板，可适当调节烙铁头伸出的长度，以便控制烙铁头的温度。

⑦焊接完毕时，烙铁头上的残留焊锡应该继续保留，以防止再次加热时出现氧化层。

2）辅助工具

（1）尖嘴钳。尖嘴钳如图 5.1.4 所示，它是组装电子产品常用的工具。尖嘴钳主要用作对焊接点上进行网绕导线和绕元件引线，还可以用于元件的引线成形。尖嘴钳在使用时为了使用方便和提高效率，可在两柄内安装弹簧，以使钳口在使用时自动随手的握力放松而张开。使用尖嘴钳时应注意如下事项：

①塑料柄不能破损，开裂后严禁带非安全电压操作。

②不允许用尖嘴钳装卸螺母。

③不宜在 80 ℃以上的温度环境中使用，以防止塑胶套柄熔化或老化。

④为了不使钳嘴断裂，尖嘴钳不要夹较粗的或硬金属导线及其他硬物。

⑤尖嘴钳的头部是经过淬火处理的，不要在锡锅或高温的地方应用，因受热易退火，降低钳头部分硬度。

（2）斜口钳。斜口钳又称偏口钳、剪线钳，主要用于剪断导线，尤其是用来剪除网绕后元器件多余的引线，斜口钳如图 5.1.5 所示。斜口钳在使用时，要注意剪断的线头飞出伤人眼睛，剪线时，要使钳头朝下，在不便变动方向时可用另一只手遮挡。

斜口钳切记不要剪切螺钉和较粗的钢丝，以免损坏钳口。

图 5.1.4　尖嘴钳

图 5.1.5　斜口钳

（3）剥线钳。剥线钳如图 5.1.6 所示。剥线钳的主要用途是剥离导线端头绝缘外层。使用时，注意将需要剥皮的导线放入合适的槽口，剥皮时不能剪断导线。

（4）镊子。镊子如图 5.1.7 所示，镊子的主要用途是夹置导线和元器件，在焊接时防止移动。如果塑料导线的绝缘层在焊接后遇热收缩，此时也要用镊子将绝缘层向外推动，使绝缘层恢复到原来的位置；镊子还可夹着小块泡沫塑料和小团棉纱蘸上汽油或酒精，清洗焊点上的污物；镊子也可用来夹取微小元器件和在装配件上网绕较细的线材；在焊接时能帮助被焊元件散热。

要求镊子弹性强，尖端合拢时要对正吻合。

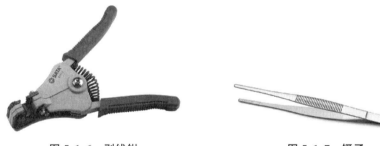

图 5.1.6　剥线钳　　　　　　　　　图 5.1.7　镊子

（5）螺丝刀。螺丝刀俗称改锥或起子，用于紧固或拆卸螺钉。常用的螺丝刀有平口和十字两大类。根据螺钉大小可选用不同规格的螺丝刀，但在拧的时候不要用力太猛，以免螺钉滑口。

5.1.3　手工焊接工艺要求及缺陷分析

手工焊接是焊接技术的基础，也是电子产品装配中的一项基本操作技能。手工焊接适用于小批量生产的小型化产品、一般结构的电子整机产品、具有特殊要求的高可靠产品、某些便于机器焊接的场合、调试和维修中修复焊点以及更换元器件等。

学好手工焊接的要求是：保证正确的焊接姿势，熟练掌握焊接的基本操作步骤和手工焊接的操作要领。

1. 焊接前的准备

1）选用适当的焊料、焊剂

焊料一般选用低熔点的焊料，即锡铅焊料。

焊剂应视焊接物不同而选择相应的配方型，如焊印制电路板及细小焊点，则可用松香或松香酒精溶液；焊接底板、大地线等，则可选用活性较强的焊锡膏等焊剂（但要注意把焊锡膏清洗干净，否则易起腐蚀作用）。

2）选用合适功率的电烙铁

应根据焊物的不同，选用不同规格的电烙铁。由于内热式电烙铁具有升温快、热效率高、体积小、质量小的特点，在电子装配中已得到普遍使用。如焊印制电路板及细小焊点，则可选用 20 W 内热式烙铁。在具有熟练的操作技术的基础上，可选用 35 W 内热式电烙铁，这样可缩短焊接时间。若焊接底板及大地线等，则应选用功率更大一些的电烙铁。

3）选用合适的烙铁头

烙铁头的形状要适应被焊工件表面的要求和产品的装配密度。凿形和尖锥形烙铁头，热量比较集中，温度下降较慢，适用于一般焊点。圆锥形烙铁头适用于焊接密度高的焊点、小孔和小而怕热的元器件。

目前有一种"长寿命"的烙铁头，是在紫铜表面镀以纯铁或镍，使用寿命比普通烙铁头高 10~20 倍。这种烙铁头不宜用锉刀加工，以免破坏表面镀层，缩短使用寿命。该种烙铁头的形状一段都已加工成适于印制电路板焊接要求的形状。

4）烙铁头的清洁和上锡

对于已经使用过的电烙铁，应进行表面清洁、整形及上锡，使烙铁头表面平整、光亮及上锡良好。

5）印制电路板可焊性检查、处理

印制电路板的可焊性，主要是靠在制板过程中加以保证。如机械加工、电镀、涂敷、上助焊剂等。但是，往往由于存放时间过长，或电镀、涂敷质量不佳，引起可焊性降低。因此，在施焊前，必须进行可焊性检查，发现不合格者，应重新采取措施，提高可焊性。

6）元器件引线加工成形

元器件在印制电路板上的排列和安装方式有两种：一种是立式，另一种是卧式。元器件引线的形状应根据焊盘孔的距离及装配上的不同而加工成形。加工时，注意不要将引线齐根弯折，并用工具保护好引线的根部，以免损坏元器件。表 5.1.3 所示为元器件引线成形尺寸。

表 5.1.3　元器件引线成形尺寸　　　　　　　　　　　单位：mm

名　称	图　例	说　明
折弯浮卧式		$H \leq 2$　$R \geq 2D$ $B \geq 4$　$L = 2.5n$ $C \geq 2$
直角紧卧式		$H \geq 2$　$R \geq 2D$ $B \leq 0.5$　$L = 2.5n$ $C \geq 2$

续表

名 称	图 例	说 明
垂直安装式		$H \geq 2$ $R \geq 2D$ $L = 2.5n$ $C \geq 2$
垂直浮式		$H \geq 2$ $R \geq 2D$ $B \geq 2$ $L = 2.5n$ $C \geq 2$

注：表中 D 为引线直径，n 为自然数，H 为封装保护距离，R 为折弯内径，B 为装配高度，L 为两焊盘间的跨接间距，C 为引线预留长度。

成形后的元器件，在焊接时尽量保持其排列整齐，同类元件要保持高度一致。各元器件的符号标志向上（卧式）或向外（立式），以便于检查。

2. 焊接操作的正确姿势

焊剂加热挥发出的化学物质对人体是有害的，如果操作时鼻子距离烙铁头太近，则很容易将有害气体吸入。一般烙铁头与鼻子的距离应不小于 30 cm，通常以 40 cm 为宜。

电烙铁拿法有三种，如图 5.1.8 所示。反握法动作稳定，长时操作不容易疲劳，适于大功率电烙铁的操作和热容量大的焊件。正握法适用于中等功率电烙铁或带弯头电烙铁的操作，一般在操作台上焊接元器件时多采用此方法。握笔法类似于握笔的姿势，易于掌握，但长时间操作容易疲劳，手持烙铁头会出现抖动现象，适于小功率的电烙铁和热容量小的被焊件。

（a）反握法　　　　（b）正握法　　　　（c）握笔法

图 5.1.8　电烙铁的握法

手工焊接中一只手握电烙铁，另一只手拿焊锡丝，帮助电烙铁吸取焊料。拿焊锡丝的方法一般有两种，如图 5.1.9 所示。

（1）连续焊锡丝拿法，即用拇指和食指握住焊锡丝，其余三指配合拇指和食指把焊锡丝连续向前送进，如图 5.1.9（a）所示。它适合于成卷焊锡丝的手工焊接。

（2）断续焊锡丝拿法，即用食指、拇指和中指夹住焊锡丝。采用这种拿法，焊锡丝不能连续送进，适合于小段焊锡丝的手工焊接，如图 5.1.9（b）所示。

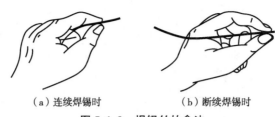

(a) 连续焊锡时　　　　　(b) 断续焊锡时

图 5.1.9　焊锡丝的拿法

由于焊锡丝成分中铅占一定比例。众所周知，铅是对人体有害的重金属，因此操作时应戴手套或操作后洗手，避免食入。

使用电烙铁要配置烙铁架，一般放置在工作台右前方，电烙铁用后一定要稳妥放于烙铁架上，并注意导线等物不要碰烙铁头。

3. 焊接操作的基本步骤（又称五步法）

掌握好电烙铁的温度和焊接时间，选择恰当的烙铁头和焊点的接触位置，才可能得到良好的焊点。正确的焊接操作过程可分为五步来实现，如图 5.1.10 所示。

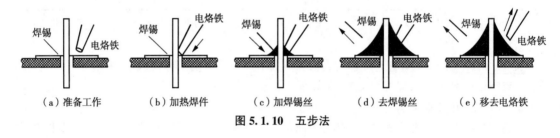

(a) 准备工作　　(b) 加热焊件　　(c) 加焊锡丝　　(d) 去焊锡丝　　(e) 移去电烙铁

图 5.1.10　五步法

（1）准备工作：左手拿焊锡丝，右手握电烙铁，进入被焊状态。要求烙铁头保持干净，且无焊渣等氧化物，并在表面镀有一层焊锡。

（2）加热焊件：烙铁头靠在焊件与焊盘之间的连接处，进行加热，时间为 2 s 左右。对于在印制电路板上焊接元器件时，要注意烙铁头同时紧密接触焊盘和元器件的引脚，使烙铁头与印制电路板保持 45°夹角，以保证元器件引脚与焊盘同时均匀受热。

（3）加焊锡丝：当焊件的焊接点被加热到一定的温度时，从电烙铁对面添加焊锡丝，使锡丝熔化后润湿焊点。注意焊锡丝一定要适量，以免造成虚焊情况，且对于较大焊点，应先将焊锡移近烙铁头，待焊锡熔化后再慢慢移回烙铁头对面，以便润湿整个焊点。

（4）去焊锡丝：当焊锡丝熔化到一定量后立即向左上 45°方向移开焊锡丝。

（5）移去电烙铁：当焊锡浸润焊盘或焊件的施焊部位，形成焊件周围的合金层后，向右上方 45°方向移开电烙铁。从第（3）步到第（5）步，时间大约 3 s。

注意：对于小焊件可简化为三步操作，即准备—加热与加焊锡—去焊锡与去电烙铁。

4. 焊接操作的基本要领

为了能在焊接的过程中焊出合格的焊点，除了要掌握五步训练法外，还要掌握一定的焊接要领，只有两者配合使用，才能完美无缺。具体操作方法可因人而异，在长期的工程实践中总结出如下要领，以供参考。

（1）保持烙铁头干净。在焊接过程中烙铁头长期处于高温状态，又接触焊剂、焊料等，烙铁头表面很容易被氧化并粘上一层黑色的杂质，且这些杂质容易形成隔热层，使烙铁头失去加热作用,因此,要随时除去烙铁头上的残留物,使其随时保持洁净状态。采用的方法是:用一块湿布或湿海绵或者用一块软纸随时擦拭烙铁头,以保持其干净。

(2) 焊件表面处理。为了提高焊接的质量和速度,防止出现虚焊等缺陷,一般焊件都要进行表面处理工作,即除去焊件表面的氧化膜、锈斑、油污、灰尘等影响焊接质量的杂质。方法是:用剪刀或断锯条对焊件表面进行同一个方向刮磨或用砂纸对焊件表面进行擦拭,以除去焊件表面的非金属物质,直到焊件表面露出金属光泽为止。

(3) 焊件表面预焊(即"镀锡"),为了能使金属表面在以后的锡焊中易于被焊料润湿而预先进行一次浸锡处理的方法称为预焊。焊件表面经过处理后露出的金属光泽的焊件表面和刚剥过绝缘层的导线要立即进行预焊,否则会被氧化或粘上其他杂质而不粘锡,进而影响焊接质量。具体操作为:先用烙铁将焊料与焊锡熔化在松香池内,然后将被焊元器件引线或导线放入熔化的焊料焊剂中,用烙铁头的刀口压在元器件引线或导线的焊接部位,且用力不要太大,用镊子夹住元器件或导线,边拖边转元器件或导线,使其焊件部位周围的表面部均匀地镀上一层焊锡即可。

(4) 采用正确的加热方式。加热时,应该让焊件上需要焊锡浸润的各部位均匀地受热,而不要采取通过给焊件施压来传递热量或者是仅仅只加热焊件的一部分,以免造成烙铁头的损坏,更严重的是对元器件造成不易察觉的隐患。正确的方法是:要根据焊件的形状选用不同的烙铁头,或者自己修整烙铁头,让烙铁头与焊件形成面的接触,而不是点或线的接触,这样就能大大提高焊接效率。

(5) 通过焊锡桥加热。所谓焊锡桥,就是靠烙铁头上保持少量的焊锡作为加热时烙铁头与焊件之间的桥梁。在手工焊接中,焊件的大小、形状是多种多样的,需要使用不同功率的电烙铁及不同形状的烙铁头,而焊接时不可能经常更换烙铁头,为增加传热面积需要形成热量传递的焊锡桥,这是因为液态金属的导热率要远远高于空气的导热率。

(6) 焊剂、焊料要适量。适当的焊剂、焊料有助于焊接。焊剂过多,易出现焊点的"夹渣"现象,造成虚焊故障。若采用松香芯焊锡丝,因其自身含有松香助焊剂,所以无须再用其他的助焊剂。焊料适中,则焊点美观、牢固;焊料过多,则浪费焊料,延长了焊接时间,并容易造成短路现象;焊料太少,焊点的机械强度降低,容易脱落。

(7) 电烙铁撤离要有技巧。电烙铁撤离要掌握一定的技巧,即对"时间、方向和速度"的把握。图 5.1.11 所示为电烙铁撤离方向和焊锡量的关系。具体方法是:方向是烙铁头与水平面成 45°夹角,且在整个操作过程中永远保持不变,在撤离时沿着焊件引线的方向轻轻地往上提起,一个焊点最好在 3~5 s 内完成,否则有可能损坏元器件;速度的把握一定要体现一个"快"字。

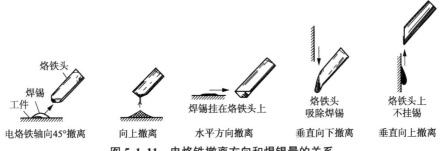

图 5.1.11 电烙铁撤离方向和焊锡量的关系

（8）焊件焊接要牢固。在焊锡凝固之前不要使焊件移动或振动，特别是用镊子夹住焊件时一定要等焊锡凝固后再移去镊子。这是因为焊锡在凝固的过程中是结晶的过程。根据结晶理论，在结晶期间受到外力（焊件摆动）会改变结晶条件，导致晶体粗大，造成所谓"冷焊"。外观现象是表面无光泽呈豆腐渣状；焊点内部结构疏松，容易有气隙和裂缝，造成焊点强度降低，导电性能差，因此，在焊锡凝固前一定要保持焊件静止。

5. 焊接质量要求与缺陷分析

焊点的质量直接关系着电子产品的稳定性与可靠性等电气性能。一台电子产品，其焊点数量可能大大超过元器件数量本身，焊点有问题，检查起来十分困难，因此必须明确对合格焊点的要求，认真分析影响焊点质量的各种因素，以减少出现不合格焊点的机会，尽可能在焊接过程中提高焊点的质量。

1）对焊点的质量要求

（1）具有可靠的电气性能。电子产品工作的可靠性与电子元器件的焊接紧密相连。一个焊点要能稳定、可靠地通过一定的电流，没有足够的连接面积是不行的。如果焊锡仅仅是将焊料堆在焊件的表面或只有少部分形成合金层，那么在最初的测试和工作中也许不能发现焊点的问题，但随着时间的推移和条件的变化，接触层被氧化，出现脱落现象，电路会产生时通时断或者干脆不工作等故障。而这时观察焊点的外表，依然连接如初，这是电子仪器检修中最令人头痛的问题，也是产品制造中要十分注意的问题。

（2）具有足够的机械强度。焊接不仅起电气连接的作用，同时也是固定元器件、保证机械连接的手段，因而就有机械强度的问题。作为锡铅焊料的锡铅合金本身强度是比较低的。常用的锡铅焊料抗拉强度只有普通钢材的1/10，要想增加强度，就要有足够的连接面积。如果是虚焊点，焊料仅仅堆在焊盘上，自然就谈不上强度了。另外，焊接时焊锡未流满焊盘，或者焊锡量过少，降低了焊点的强度。还有，焊接时焊料尚未凝固就使焊件震动、抖动而引起焊点结晶粗大，或有裂纹，都会影响焊点的机械强度。

（3）具有光泽整体的外观。良好的焊点要求焊料用量恰到好处，外表有金属光泽，没有桥接、拉尖等现象。导线焊接时不伤其绝缘层，良好的外表是焊接高质量的反映。表面有金属光泽是焊接温度合适、形成合金层的标志，而不仅仅是外表美观的要求。

2）典型焊点的外观要求

图5.1.12所示为两种典型焊点的外观特征。

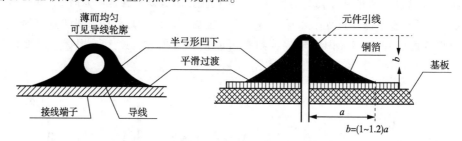

图 5.1.12 两种典型焊点的外观特征

a—焊锡浸润半径；b—焊点最大高度

其共同要求是：

（1）外形以焊接元器件引线为中心，呈圆锥状。

（2）焊点表面应具有金属光泽，且光滑透亮。

(3) 焊点表面应无毛刺、无裂痕、无浮焊、无桥接、无空洞等虚焊情况。
(4) 焊件与焊点表面要保持清洁。

3) 焊点的质量检查

在焊接结束后，为保证电子产品的质量，要对焊点进行检查。由于焊接检查与其他生产工序不同，没有一种机械化、自动化的检查测量方法，因此主要通过目视检查、手动检查和通电检查来发现问题。

(1) 目视检查是从外观上检查焊接质量是否合格，也就是从外观上评价焊点有什么缺陷。具体检查：焊点有无漏焊、有无虚焊情况，焊盘有无脱落等情况。

(2) 手动检查主要是指手接触、摇晃元器件时，焊点有无松动、不牢、脱落的现象；或用镊子夹住元器件引线轻轻拉动时，焊点有无松动等现象。

(3) 通电检查必须是在外观及连线无误后才可进行的工作，也是检验电路性能的关键步骤。通电检查可以发现许多微小的缺陷，如用目测观察不到的电路桥接、虚焊等。表 5.1.4 所示为通电检查结果及故障分析。

表 5.1.4　通电检查结果及故障分析

通电检查		故障分析
元器件损坏	失效	电烙铁过热或漏电
	性能降低	电烙铁漏电
导通不良	短路	桥接、焊料飞溅
	断路	焊锡开裂、松香夹渣、虚焊、插座接触不良等
	时通时断	导线断丝、焊盘剥落等

4) 常见焊点的缺陷与原因分析

造成焊接缺陷的原因很多，但主要可从四个要素中去寻找。在材料与工具一定的情况下，采用什么方式及操作者是否有责任心，就是决定性的因素了。接线端子的缺陷与常见焊点缺陷如图 5.1.13 和表 5.1.5 所示。

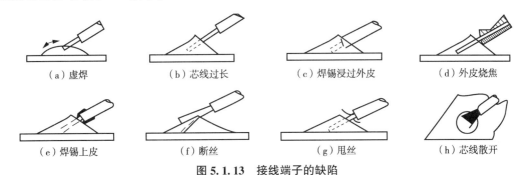

(a) 虚焊　　(b) 芯线过长　　(c) 焊锡浸过外皮　　(d) 外皮烧焦
(e) 焊锡上皮　　(f) 断丝　　(g) 甩丝　　(h) 芯线散开

图 5.1.13　接线端子的缺陷

表 5.1.5　常见焊点缺陷与分析

焊点缺陷	外观特征	危　害	原因分析
焊料过多	焊料面呈凸形	浪费焊料，且可能包藏缺陷	焊丝撤离过迟

续表

焊点缺陷	外观特征	危　害	原因分析
焊料过少	焊料未形成平滑面	机械强度不足	焊丝撤离过早或焊料流动性差,且焊接时间太短
过热	焊点发白,无金属光泽,表面粗糙	焊盘容易剥落,强度降低	电烙铁功率过大,加热时间过长
冷焊	表面呈豆腐渣状颗粒,有时可能有裂纹	强度低,导电性不好	焊料未凝固前焊件抖动或电烙铁功率不够
浸润不良	焊料与焊件交界面接触角过大,不平滑	强度低,不通或时通时断	焊件清理不干净,助焊剂不足或质量差,焊件未充分加热
虚焊	焊件与元器件引线或与铜箔之间有明显黑色界限,焊锡向界限凹陷	电连接不可靠	元器件引线为清洁好,有氧化层或油污、灰尘;印制板未清洁好,喷涂的助焊剂质量不好
铜箔剥离	铜箔从印制电路板上剥离	印制电路板被损坏	焊接时间过长,温度过高
不对称	焊锡未流满焊盘	强度不够	焊料流动性不好;助焊剂不足或质量差;加热不足
拉尖	出现尖端	外观不佳,容易造成桥接现象	助焊剂过少,而加热时间过长,电烙铁撤离角度不当
桥连	相邻导线连接	电器短路	焊锡过多,电烙铁撤离方向不当

续表

焊点缺陷	外观特征	危　害	原因分析
松动	导线或元器件引线可移动	导通不良或不导通	焊锡未凝固前引线移动造成空隙，引线未处理好（浸润差或不浸润）
松香焊	焊点中夹有松香渣	强度不足，导通不良，有可能时通时断	加焊剂过多或已失效；焊接时间不足，加热不足；表面氧化膜未去除
针孔	目测或低倍放大镜可见有孔	强度不足，焊点容易腐蚀	焊盘孔与引线间隙太大
气泡	引线根部有喷火式焊料隆起，内部藏有空洞	暂时导通，但长时间容易引起导通不良	引线与焊盘孔间隙过大或引线浸润性不良
剥落	焊点剥落（不是铜箔剥落）	断路	焊盘上金属镀层不良

6. 焊接后的清洗

采用锡铅焊料的焊接，为保证质量，焊接时都要使用助焊剂。助焊剂在焊接过程中一般并不能充分挥发，经反应后的残留物会影响电子产品的电性能和三防性能（防潮湿、防盐雾、防霉菌），尤其是使用活性较强的助焊剂时，其残留物危害更大。焊接后的助焊剂残留物往往还会粘附一些灰尘或污物，吸收潮气增加危害。因此，焊接后一般要对焊接点进行清洗，对有特殊要求的高可靠性产品的生产更要做到这一点。

清洗是焊接工艺的一个组成部分。一个焊接点既要符合焊接质量要求，也要符合清洗质量要求，这样才算一个完全合格的焊接点。当然对使用无腐蚀性助焊剂和要求不高的产品也可不进行清洗。

目前较普遍采用的清洗方法有液相清洗法和气相清洗法两类。有用机械设备自动清洗，也有手工清洗。不论采取哪种清洗方法，都要求清洗材料只对助焊剂的残留物有较强的溶解能力和去污能力，而对焊接点无腐蚀作用。为保证焊接点的质量，不允许采用机械方法刮掉焊接点上的助焊剂残渣或污物，以免损伤焊接点。

7. 手工拆焊技术

在调试、维修电子设备中常常需要更换一些元器件，但在实际操作中，需要先将原来的元器件拆焊下来，如果拆焊方法不当，就会破坏印制电路板或者元器件，也会使换下来而并没有失效的元器件无法重新使用。对于一般电阻、电容、晶体管等引脚不多的元器件,且每个引脚可相对活动,可用电烙铁直接拆焊进行拆除,而对于相对引脚比较多的或特殊元器件,则采用专用工具拆除。

(1) 拆焊的基本原则。拆焊前一定要弄清楚原焊接点的特点,不要轻易动手。拆焊的基本原则是:

①不损坏待拆除的元器件、导线及周围的元器件。

②拆焊时不可损坏印制电路板上的各种印制图形,如焊盘、印制导线等。

③对已经判定为损坏的元器件,可先将其引线剪断后再拆除,这样可以减少其他损伤。

④在拆除的过程中,应尽量避免拆动其他元器件或变动其他元器件的位置,如确实需要,应做好复原工作。

(2) 拆焊工具。常用的拆焊工具除以上介绍的焊接工具外还有以下几种专用工具:

①吸锡电烙铁。用于吸取熔化的焊锡,使焊盘与元器件或导线分离,达到解除焊接的目的。

②吸锡器(见图 5.1.14)(不带加热体)。用于吸取熔化的焊锡,要与电烙铁配合使用。先使用电烙铁将焊点熔化,再用吸锡器吸除熔化的焊锡即可。

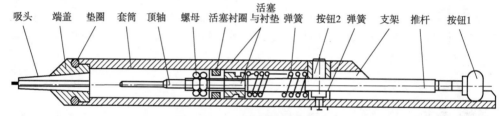

图 5.1.14 吸锡器内部结构图

③吸锡网(屏蔽网罩)。用于吸取焊点上的焊锡,同样要与电烙铁配合使用。具体的方法是:将吸锡网浸上松香水贴到待拆的焊点上,用烙铁头加热吸锡网,通过吸锡网将热传到焊点熔化焊锡,并沿吸锡网上升流动,将焊点拆开。这种方法简便易行,且不易烫伤印制电路板。

④空心针。空心针的作用是将焊点上的焊锡与焊盘或元器件的引线隔开的一种工具,根据元器件引线的粗细不同有不同的规格,且这种工具同样要与电烙铁配合使用。其方法为:用电烙铁加热焊点使其焊锡熔化的同时,将空心针沿元器件引线的方向往下推,直至触及印制电路板,撤离电烙铁并轻轻地转动空心针,待焊锡凝固后再移开空心针即可。

(3) 拆焊的操作要点:

①严格控制加热时间及温度。为了避免损坏元器件和印制电路板,必须控制加热的时间和温度,因此建议采取间隔加热的方法进行拆焊。

②拆焊时不要用力过猛。在高温状态下,元器件封装的强度会降低,尤其是塑料封装器件,过力的拉、摇、扭都会损坏元器件和焊盘。

③吸去拆焊点上的焊料。在拆焊前,用吸锡工具吸取焊料,有时可以直接将元器件拔下。即使还有少量的焊锡连接,也可以减少拆焊的时间,减少元器件和印制电路板损坏的可能性。

(4) 拆焊方法。

①分点拆焊法。一般拆焊时,先将印制电路板竖起来夹住,一边用电烙铁加热待拆元器件的焊点,一边在印制电路板的另一面用镊子或尖嘴钳夹住元器件引线轻轻拔出。这种方法主要

针对卧式安装的元器件。

②集中拆焊法。诸如三极管、集成放大器、集成电阻器等立式安装的元器件，可用烙铁头同时交替加热几个焊点，待焊锡熔化后一次拨出。对多接点的元器件，如开关、插头座、集成电路等，可采用专用烙铁头同时对准各个焊点，依次拔下。

③保留拆焊法。对需要保留元器件引线和导线端头的拆焊，要求比较严格，也比较麻烦。可采用吸锡工具先吸取被拆焊点外面的焊锡。一般情况下，用吸锡器吸取焊锡后能够摘下元器件。

④剪断拆除法。被拆焊点上的元器件引线及导线如留有余量，或确定元器件已经损坏，可先将元器件或导线剪下，再将焊盘上的线头拆下。

8. 典型焊接方法与工艺

1）印制电路板的焊接

（1）焊接前的检查：

①印制电路板检查。焊接前仔细检查印制电路板有无断路、短路、孔金属化不良以及是否涂有助焊剂和阻焊剂等。焊前不做仔细检查，在调试中可能会遇到很多麻烦。

②元器件检查。检查元器件有没有做好焊前准备，如整形、镀锡等。

（2）焊接工序。一般工序应是先焊较低的元件，后焊较高的元件和要求比较高的元件。焊接工序是：电阻、电容、二极管、三极管、其他元件等。但根据印制电路板上元器件的特点，焊接工序也可能发生变化。不论哪种焊接工序，印制电路板上的元器件应排列整齐，同类元器件要保持高度一致。

（3）焊接注意事项：

①晶体管一般放在后面焊接，且每个晶体管焊接时间不宜过长，一般不要超过 5~10 s，焊接时用镊子夹持引脚散热，防止烫坏晶体管。

②焊接结束后须检查有无漏焊、虚焊现象。

2）集成电路的焊接

TTL 集成电路和 MOS 集成电路在焊接时容易损坏，所以焊接时必须小心谨慎。应注意下列事项：

（1）集成电路引线如果是镀金银处理的，不要用刀刮，只用酒精擦洗或用绘图橡皮擦干净即可。

（2）对 CMOS 电路，如果事先已将各引线短接，焊前不要拿掉各引线。

（3）焊接时间在保证浸润的前提下，尽可能短，每个焊点最好用 3 s 焊好，最多不能超过 4 s，连续焊接时间不要超过 10 s。

（4）使用电烙铁最好是 20 W 内热式，接地线应保证接触良好。

（5）使用低熔点焊剂，一般不要高于 150 ℃。

（6）工作台上如果铺有橡皮、塑料等易于积累静电的材料，电路芯片和印制电路板不要放在台面上。

（7）集成电路若不使用插座，直接焊到印制电路板上，安全焊接顺序为：地端、输出端、电源端、输入端。

（8）焊接集成电路插座时，必须按集成电路的引线排列图焊好每一个点。

5.2 万能板组装工艺

万能板又称点阵板、洞洞板,是一种按照标准 IC(integrated circuit,集成电路)间距(2.54 mm)布满焊盘,可按照自己的意愿插装元器件以及连接导线的印制电路板。相较于专业的 PCB 制板,万能板具有使用门槛低、成本低廉、使用方便以及扩展灵活等优势,受到电子制作爱好者喜爱,也常用于学生的电子制作实训、电子类学科竞赛以及毕业设计等场合。

目前常见万能板主要有两种:一种是焊盘各自独立(如图 5.2.1 所示,简称单孔板),另一种是多个焊盘连在一起(如图 5.2.2 所示,简称连孔板)。单孔板又分为单面板和多面板两种。通常情况下,单孔板适合用于数字电路和单片机技术应用电路,而连孔板则更适用于模拟电路和分立电路。

图 5.2.1　单孔板实物图

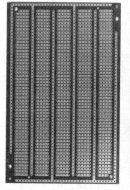

图 5.2.2　连孔板实物图

万能板常用板材主要有玻纤材质(FR-4)、电木胶板两种,焊盘则常为镀铜或镀锡。平常不用时要注意用纸包好保存,以防止焊盘氧化或板材受潮等。

利用万能板焊接安装电子电路,必须先在万能板上布局元器件,以确保电路能够正常安装,连接线稳定可靠,焊接方便等。万能板的布局及焊装应遵守如下原则:

(1)元器件布局要合理。在焊装前要做好电路的布局规划,可以先在纸上草拟元器件安装走线布局,再反复检查,直到确认无误。

(2)制作工具和材料要备齐。除万能板和元器件要备好外,还需准备好单股线芯导线、电子焊接工具,如电烙铁、镊子、斜口钳、吸锡器等。

(3)万能板如果发现焊盘氧化现象,需用细砂纸轻轻打磨光亮或者棉签蘸酒精擦拭;元器件引脚如果有氧化现象,应用刀片等工具刮掉氧化层后,做镀锡处理待焊接。

(4)导线需要剥皮后再进行焊接,也就是裸线焊接。

(5)走线要规整,尽量少用飞线,边焊接边在原理图上做好标记。

(6)分步进行安装和焊接,做好一部分即可进行调试,而不是在全部电路制作完后再进行调试和测试,这样有利于调试和排除问题。

以下通过用万能板设计制作无稳态电路为例,来简述电子制作中的万能板组装工艺。由两个双极型三极管构成的无稳态电路如图 5.2.3(a)所示,它由两个三极管 V_1、V_2 交叉耦合而成,该电路没有稳态,只有两个暂稳态,所以两管轮流导通和截止,常用其产生方波或者脉冲

信号源，所以又称此电路为多谐振荡器，其振荡周期为
$$T = 0.7R_{b1}C_1 + 0.7R_{b2}C_2$$
当两管元件参数对称时，公式可简化为
$$T = 1.4R_b C$$
或者说振荡频率为
$$f = \frac{1}{2\pi \cdot 1.4R_b C}$$

为了便于通过发光二极管观察输出脉冲的变化，R、C 取值要偏大。如果振荡频率太高，则两只发光二极管看起来都是长亮的，看不到闪烁翻转过程。图 5.2.3（a）是电路原理图，图 5.2.3（b）是实物安装图正面（元件面），图 5.2.3（c）是实物装配图的反面（覆铜面）。

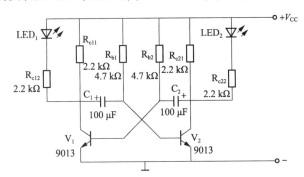

（a）电路原理图

（b）正面安装示意图　　　　（c）背面安装示意图

图 5.2.3　无稳态电路的万能板安装方法

第6章 电子产品的组装与调试方法

本章主要介绍了电子产品的组装与调试方法，内容涉及电路读图和分析方法、电路组装调试过程、电子产品的调试及故障检测方法。

6.1 电路读图和分析方法

所谓"读图"，就是对电路进行分析。读图能力体现了对所学知识的综合应用能力。通过读图，可以开阔视野、可以提高评价性能和系统集成的能力，为电子电路在实际工程中应用提供有益的帮助。本节主要介绍电子电路的读图基本要求、步骤、方法以及读图实例，从而培养读图能力，为电子产品的组装与调试打好基础。

6.1.1 读图的基本要求

识读电路图是一项基本功。只有学会规范地识读电路图，才能正确理解电子产品及其功能，进而对电子产品进行正确安装、调试和维修。电子电路图是指利用图形符号描述电子装置或电子设备的电气原理、结构和安装接线方式的图样。它是电子技术领域的共同技术语言，是指导产品生产、维修的重要技术资料。在电子产品制造和装配过程中使用的图样有多种类型，比如整机电路原理图、单元电路图、框图、信号流程图、供电电路图、印制电路板图、等效电路图和集成电路应用电路图等。实际应用中电子产品一般配有三种图：电路图、框图和装配图（又称工装图），电路图用来说明电子产品中各个元器件之间的相互联系；框图用来描述电子产品中各个功能单元（或部件）之间的相互关系，它是电路图的简化和抽象，表示的是功能关系而不是具体的关系；装配图用来指明电子产品中每个元器件的实际安装位置。

1. 阅读电路图时应具有的识别能力

（1）正确识别各种元器件的符号。

（2）能够分清哪一部分电路是高压电路、强电流电路、高频电路或低频电路，哪些部分是模拟电路或数字电路。

（3）能够认出最常用的单元电路，如稳压或稳流电路、振荡器电路、混频器电路、滤波器电路、高频放大器电路、检波器电路和音频放大器电路等。

（4）在查找电路故障时，能够对被怀疑的电路进行简化、等效及理论分析，并估计电路中的各个元器件的大体作用，确定影响电路性能的主要元件是哪些。

2. 阅读框图的基本要求

（1）看到表示电路模块的功能方框时，应能够知道这个方框的大体功能，它是把什么样的输入信号变成怎样的输出信号。

（2）能够根据框图用文字叙述出产品的基本工作原理。

(3) 能够记住常见电子产品的框图。
(4) 如果产品只附有含功能方框的电路图，应能够在电路图中画出信号通路，即信号的流向。

3. 识别装配图的基本要求

(1) 必须能够快速而准确地找到某个元器件在电子产品中的具体工装位置，以及元器件具体安装的方式。
(2) 能够正确地根据装配来调试和检测电子产品。
(3) 能够通过装配图绘制出电路原理图。

6.1.2 电路图、框图及装配图三者的关系

电路图、框图和装配图三者有着紧密的关系。电路图与装配图存在着一一对应的关系。电路图中的每个元器件、连线和连接器在装配图中都有所反映。

1. 电路图与装配图的联系

装配图的最基本部分是每块印制电路板的布线图及元件在板上的位置（统称为印制电路板工装图）；连接器的接线图；各印制电路板和每个单装元件（独立于印制电路板而单独安装的元件）在机器中的位置（统称为总装图）。在复杂的电子产品中还有底板线的布线图。对于简单的电子制作来说，只需要印制电路板工装图就能满足装配和维修需要。

电路图与装配图的联系通常是通过电路板编号与元件编号来实现的。在电路图中，每块印制电路板都有特殊的编号，每个元件都有自己的唯一编号。这些编号与装配图中的编号是完全一致的。所以，根据电路图和装配图不难找到元件的工装位置。

2. 框图与电路图的联系

在了解一个新产品的时候，首先应弄清楚它的框图。框图的作用在于简明扼要地说明系统的工作原理。每个功能方框代表某种特定的处理功能，在输出信号与输入信号之间建立起一种数学关系。同一种类的产品尽管电路形式可能差别很大，但框图基本上是相同的。因此，弄清楚一个产品的框图，就等于懂得许多同类产品的工作原理和电路结构。

简单的电子产品一般不画框图，这是因为电路简单，每个功能方框所含电路为数甚少，有电路知识的人一般都能看懂。对于不太复杂的电子产品，框图一般是附在电路图上的。属于同一个功能方框的电路，通常都用粗实线或虚线框起来，以便与其他方框区别开来。在这种情况下，框图与电路图的联系一目了然。但是，信号的来龙去脉不如标准的框图那么明显易见。在阅读这种电路图时，最好用色笔画上各个方框之间的信号通路，在方框之间的连接通路上标以箭头，以表示信号的去向。这对弄清楚整个电路如何工作是很有帮助的。对于比较复杂的电子产品来说，一般都附有框图和详细说明。根据提供的技术资料，完全有可能了解到每个方框的处理功能，它的输入信号和输出信号是什么，以及这个功能方框包括哪些电路，这些电路是如何工作的。在这种情况下，只要细心研究，一定能够明白框图与电路图的对应关系。

在一般情况下，框图与电路图之间的对应关系是十分清楚的。但是对于很复杂的产品，框图不可能划分得很细，因此一个方框又可以再细分为若干个小方框。在这种情况下，产品的框图只是以粗略的形式介绍系统的结构。当检修过程中发现某个功能方框工作不正常时，技术人员必须有能力把这个方框再细分成一些小方框，以便迅速而准确地找到出故障的电路。

技术人员要掌握电路图变换成框图的技能，必须具备两个条件：一是对于电路的基本工作原理有一个大概的认识；二是熟悉各种基本电路。变换过程可采用逐步逼近法。具体来说就是

先从比较容易辨认或比较熟悉的电路开始，画出相应的方框，并记下每个方框的功能，以及它的输入信号与输出信号的具体形式。对于余下的不熟悉电路，可以根据它与其他方框的联系确定它的输入信号和输出信号的形式，从而判断该电路的功能。然后再仔细研究这部分电路，看是否真的和预想的功能一致，如果符合则可以确定这个方框，否则还要重新思考。

逐步逼近法的具体步骤：

（1）从输入电路与输出电路进行追踪。输入电路和输出电路的功能是很容易确定的，所以在划分方框时应首先从这里下手。例如，连接扬声器的输出电路不管是什么电路形式，一定是音频放大电路，前面一定有音量控制电路和检波器（或鉴频器）。所以，沿这个方向可以一直追踪到载波信号输出电路。再如，话筒（或传声器）的输入电路一定是前置放大器，它的后面一定是音频放大器。因此，凡是与这个音频放大器的输入端相连接的电路，必定能产生比较强的音频信号。至于天线的输入电路由于收到的信号一定是微弱的已调制信号，因而这个信号必定需要经过放大和解调。所以，可以不必先看中间是否经过高频放大、混频和中频放大等，而可以直接去寻找解调器在哪里，一下就进入电路的核心部分。经过从输入电路和输出电路开始进行追踪之后，余下的方框就不会太多了。

（2）以耦合电路进行划分。在家用电子产品中，直接耦合的情况很少，交流耦合是主要形式。常见的交流耦合电路是变压器耦合电路和电容耦合电路。这些耦合电路就是电路级或功能方框的分界点。

（3）从测试点进行判断。电路图中经常标有一些关键测试点，在电路板上也有专门引出的测试点与之对应。这些测试点一般也是电路级或功能方框的分界点。

（4）从元件联系的紧密程度进行判断。在同一方框或同一电路级中，元件之间的联系是很紧密的。相比之下，不同方框之间的连接关系要松散得多。这是划分功能方框分界点的重要依据。

（5）根据信号的波形进行判断。在电子电路中，各个功能方框的作用主要是对信号进行放大或变换。一般来说，区分功能方框的最主要标志是看它是否对信号进行变换。因此，凡是输出波形相同的电路，应归并为同一个功能方框。

6.1.3 读图的一般步骤

在分析电子电路时，首先将整个电路分解成具有独立功能的几个部分，进而弄清每一部分电路的工作原理和主要功能，然后分析各部分电路之间的联系从而得出整个电路所具有的功能和性能特点，必要时进行定量估算；还可借助于各种电子电路计算机辅助分析和设计软件得到更细致的分析。读图步骤如下：

1. 了解用途，划分功能

了解所读电路用于何处及所起作用，对于分析整个电路的工作原理、各部分功能以及性能指标均具有指导意义。可根据其使用场合大概了解其主要功能，有时还可以了解到电路的主要性能指标，分解出电路中的模拟部分及数字部分。因而"了解用途，划分功能"是读图非常重要的第一步。

2. 沿着信号，画出框图

沿着信号的流向，首先将每一部分电路用框图表示，并用合适的方式（文字、表达式、曲线、波形）扼要表示其功能；然后根据各部分的联系将框图连接起来，得到整个电路的框图，由框图不仅能直观地看出各部分电路是如何相互配合来实现整个电路的功能，还可定性分析出整个电路的性能特点。

3. 分解单元，各个击破

沿着信号的主要通路，以有源器件为中心，对照单元电路或功能电路，将所读电路分解为若干具有独立功能的部分。究竟分为多少部分，与电路的复杂程度、读者所掌握基本功能电路的多少和读图经验有关。有些电路的组成电路具有一定的规律，例如，通用型集成运放一般均有输入级、中间级、输出级和偏置电路四个部分，串联型稳压电路一般均有调整管、基准电压电路、输出电压采样电路、比较放大电路和保护电路等部分，正弦波振荡电路一般均有放大电路、选频网络、正反馈网络和稳幅环节等部分。

模拟电子电路分为信号处理电路，波形产生电路和电路供电电源电路等。其中信号处理电路是最主要也是电路形式最多的部分，而且不同电路对信号处理的方式和所达到的目的各不相同，例如可对信号加以放大、滤波、转换等。因此，对于信号处理电路一般以信号的流通方向为线索，将复杂电路分解为若干基本电路，然后对每个单元进行分析，了解各组件作用，掌握电路的特点。

数字电子电路按功能可分为时序逻辑电路和组合逻辑电路。按集成规模可分为小规模集成电路、中规模集成电路和大规模集成电路。若是小规模集成电路或中规模集成电路，就要搞清器件的基本功能，找出基本关系，由前到后，分析其逻辑功能；若是大规模集成电路，要搞清楚大规模集成芯片本身的功能和各个引脚功能，结合外围电路进行分析。

4. 分析功能，估算指标

选择合适的方法分析每部分电路的工作原理和主要功能，这不但需要读者能够识别电路的类型（放大电路、运算电路、电压比较器等），而且还需要读者能够定性分析电路的性能特点（放大能力的强弱、输入/输出电阻的大小、振荡频率的高低、输出量的稳定性等），它们是确定整个电路功能和性能的基础。如有必要可对各部分电路进行定量估算，从而得出整个电路的性能指标。从估算过程可知每一部分电路对整个电路的哪一性能产生怎样的影响，为调整、维修和改进电路打下基础。

应当指出，读图时，应首先分析电路主要组成部分的功能和性能，必要时再对次要部分做进一步分析。对于不同水平的读者和具体电路，分析步骤也有所不同。

6.1.4 读图举例

下面分别列举函数发生器、数字显示秒表的读图步骤，且着重于定性分析。进一步分析可借助于各种计算机辅助分析软件。

1. 函数发生器

函数发生器电路如图 6.1.1 所示。

（1）了解用途，划分功能。该电路是一个方波-三角波-正弦波函数发生器，频率范围有 1~10 Hz 和 10~100 Hz 两挡。输出电压：方波≤24 V；三角波≤8 V；正弦波≤1 V。电路的构成思路是由方波转换成三角波，由三角波再转换成正弦波。

（2）沿着信号，画出框图。图 6.1.2 所示为电路的组成框图。

（3）分解单元，各个击破。以有源器件为核心，沿着通路可知：

① A_1、R_1、R_2、R_3、R_{P1} 组成具有正反馈的过零电压比较器，A_2、R_4、R_{P2}、C_1、C_2、R_5 组成积分器，两者构成方波-三角波发生电路。

② 由 V_1、V_2、V_3、V_4 为中心构成差分放大电路，将三角波转化为正弦波。

（4）分析功能，估算指标：

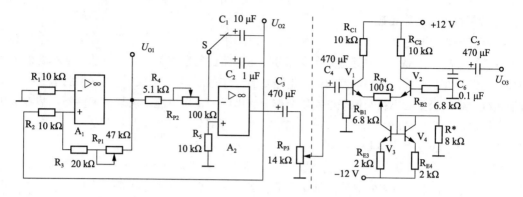

图 6.1.1 方波-三角波-正弦波函数发生器电路

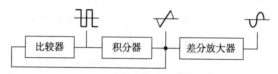

图 6.1.2 函数发生器组成框图

① 振荡频率 $f = \dfrac{R_3 + R_{P1}}{R_2(R_4 + R_{P2})C}$。

当 S 接入 C_1 时,$C = C_1 = 10\ \mu F$,$R_2 = 10\ k\Omega$,$R_3 = 20\ k\Omega$,$R_4 = 5.1\ k\Omega$,$R_{P2} = 100\ k\Omega$,$R_{P1} = 47\ k\Omega$,$f = 10\ Hz$,改变 R_{P2} 可实现 1~10 Hz 具体频率的调节。当 S 接入 C_2 时,$C = C_2 = 1\ \mu F$,可实现 10~100 Hz 的频率波段调节,电位器 R_{P2} 在调整方波及三角波的输出频率时,不会影响输出波形的幅度,R_{P2} 实现频率的微调。

② 方波的输出幅度约等于电源电压 $+V_{CC}$,三角波的输出幅度不超过电源电压,电位器 R_{P1} 可实现幅度微调,同时也影响方波及三角波频率。

③ 三角波-正弦波转换电路,如图 6.1.1 虚线右边所示,转换原理如图 6.1.3 所示。

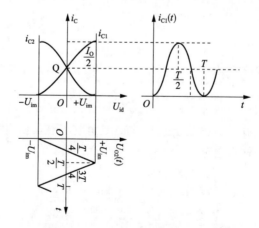

图 6.1.3 三角波-正弦波转换原理图

输出波形接近正弦波应满足如下要求:第一,传输特性对称,线性区越窄越好;第二,三角波的幅度正好使晶体管接近饱和或截止。用 R_{P3} 调三角波的幅度,用 R_{P4} 调电路的对称性,

C_3、C_4、C_5 为隔直电容，C_6 为滤波电容，以消除谐波分量，改善输出波形。

2. 数字显示秒表

数字显示秒表的逻辑电路图如图 6.1.4 所示。

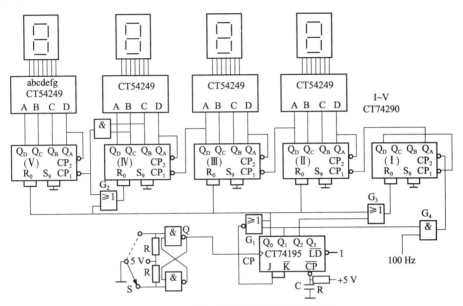

图 6.1.4 数字显示秒表的逻辑电路图

（1）了解用途，划分功能：

了解用途：有数字显示的秒表，在实际使用时便于观察。

划分功能：需先了解有关技术指标。计时范围为 0~10 min；精度是 0.1 s；误差 ±0.05 s。用一开关控制三种工作状态，即清零—计时—停止—清零。另外，100 Hz 的基准脉冲由外围设备提供。

由以上电路及技术指标可知，本系统由基准脉冲源、计时和控制三部分组成，基准脉冲源产生的 100 Hz 信号已知。计时部分由计数、译码及显示电路组成。计数器包括 0.01 s、0.1 s、秒个位、秒十位及分个位计数器。除 0.01 s 位不需显示外，其余四位数码均经计数器、译码器后送到数码管显示。控制部分包括单脉冲发生器和节拍信号发生器。

（2）沿着信号，画出框图。电路框图如图 6.1.5 所示。

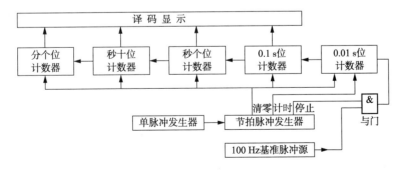

图 6.1.5 数字显示秒表电路框图

(3) 分解单元，各个击破：

①计时部分。计数器选用五块 CT74290（Ⅰ~Ⅴ）组成，秒个位（Ⅲ）和秒十位（Ⅳ）组成六十进制计数器，分个位（Ⅴ）、0.1 s 位（Ⅱ）为十进制计数器，均采用 8421BCD 码。为了满足 ±0.05 s 的误差要求，0.01 s 位（Ⅰ）采用 5421 编码的十进制计数器，在计数停止时用 Q_D 的状态从 0.1 s 位进行四舍五入处理。译码部分用四片 CT54249 4 线-7 线译码/驱动器来实现，并用四个共阴极七段半导体数码管作数字显示器件。

②控制部分。节拍信号发生器用一片 CT74195 构成的 3 位环形计数器来实现。CT74195 为 4 位单向移位寄存器，串行输入数据由第一级输入，环形计数器的输出 Q_0、Q_1、和 Q_2 分别作为计时部分的清零信号、计时信号和停止信号。

(4) 分析功能，估算指标。由基本 RS 触发器构成的单脉冲发生器，为节拍脉冲发生器提供时钟脉冲，每按动一次开关 S，Q 端就产生一个单脉冲，用以控制三种工作状态的转换。

接通电源后，由于电容 C 两端的电压不能突变，故移位寄存器 CT74195 的 $\overline{CR}=0$，环形计数器清零。随着电容对地的电位 V_C 被充电到 +5 V 清零信号撤销，此时或非门 G_1 的输出为 1，即 $J\overline{K}=11$。按动一次开关 S，$Q_0^{n+1}=1$，环形计数器的 $Q_0Q_1Q_2=100$，Q_0 送到所有 CT74290 的 R_0 端使计数器清零，同时使 $J\overline{K}=00$。第二次按动开关 S，$Q_0^{n+1}=0$，环形计数器的 $Q_0Q_1Q_2=010$，由于 $Q_1=1$，与门 G_4 打开，100 Hz 的基准信号送入计数器计数，秒表开始计时，此时 G_1 的输出为 0，即 $J\overline{K}=00$。计时终了时，再按动一次开关 S，$Q_0^{n+1}=0$，环形计数器为 $Q_0Q_1Q_2=001$，由于 $Q_2=1$，使或门 G_3 的输出为 1，0.01 s 位的 CT74290（Ⅰ）被清零。由于此片 CT74290 是连接成 5421 码的十进制计数器，当该位计数 ≥5 时，即 $Q_A=1$，清零之后 Q_A 产生的负跳变送到 0.1 s 位的 CP_1 端，使之加 1；反之若 0.01 s 位所计之数 <5，则 $Q_A=0$，清零后 Q_A 无负跳变 0.1 s 位不加 1，从而实现了四舍五入，使计时误差达到 ±0.05 s 的指标。此时高 4 位并未清零，所计之数经译码器译码后送数码管显示。由于 $Q_0Q_1=00$，G_1 的输出使 $J\overline{K}=11$，为下一次计时做好了准备。

6.2 电路在面包板上的安装方法

1. 集成电路的安装

面包板及其插孔介绍如图 6.2.1 所示。集成电路引脚必须插入面包板中间凹槽两边的孔中，插入时所有引脚应稍向外偏，使引脚与插孔中的簧片接触良好，所有集成块的方向最好一致（缺口朝左），以防引脚的引线错误。集成块在插入和拔出时要双手操作，受力需均匀，以免引脚弯曲或断裂。

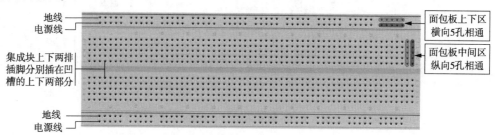

图 6.2.1　面包板及其插孔介绍

2. 连线

一般选用直径为 0.6 mm 的单股导线，长度适当。

3. 布局

集成块和晶体管的布局，一般按主电路信号的流向的顺序在一小块面包板上直线排列。各级元器件围绕各级的集成块或晶体管布置，各元器件之间的距离应视周围元器件多少而定。

4. 布线

第一级的输入线与末级的输出线、高频线与低频线要远离，以免形成空间交叉耦合，尤其在高频电路中，元器件插脚和连线应尽量短而直，以免分布参数影响电路性能。

为使布线整洁和便于检查，应尽可能采用不同颜色的导线。一般正电源线用红色，负电源线用蓝色，地线用黑色。要求连线紧贴面包板，注意尽量在器件周围走线，一个孔只准插一根线，并且尽量不要在集成块上方跨线。

利用面包板两头的长簧片，合理布置地线和电源线。

6.3 电子产品的调试

6.3.1 电子产品调试的基本要求

1. 理论和技能的要求

对电子产品调试人员的知识、能力、素质准备的基本要求如下：

（1）明确电路调试的目标，理解达到的技术性能指标；

（2）能够熟练使用测量仪器和测试设备，掌握正确的测试方法；

（3）具备一定的调整和测试电子电路的技能；

（4）能够运用电子电路的基础理论分析、处理测试数据和排除调试中的故障；

（5）能够在调试完毕后写出调试总结并提出改进意见。

2. 技术文件的要求

主要是指做好技术文件、工艺文件和质量管理文件的准备，如电路（原理）图、框图、装配图、印制电路板图、印制电路板装配图、零件图、调试工艺（参数表和程序）和质检程序与标准等文件的准备。要求掌握上述各技术文件的内容，了解电路的基本工作原理、主要技术性能指标、各参数的调试方法和步骤等。

3. 测试设备的要求

要准备好测量仪器和测试设备，检查是否处于良好的工作状态，是否有定期标定的合格证，检查测量仪器和测试设备的功能选择开关、量程挡位是否处于正确的位置，尤其要注意测量仪器和测试设备的精度是否符合技术文件规定的要求，能否满足测试精度的需要。

4. 准备好被调试电路

调试前要检查被调试电路是否按电路设计要求正确安装连接，有无虚焊、脱焊、漏焊等现象，检查元器件的好坏及其性能指标，检查被调试设备的功能选择开关、量程挡位和其他面板元器件是否安装在正确的位置。经检查无误后方可按调试操作程序进行通电调试。

对被调试电路的准备具体分为以下几点：

（1）连线是否正确。检查电路连线是否正确，包括错线、少线和多线。查线的方法通常有两种：

①第一种是按照电路图检查安装的线路，这种方法的特点是：根据电路图连线，按一定顺序逐一检查安装好的线路，由此，可比较容易查出错线和少线。

②按照实际线路来对照原理电路进行查线，这是一种以元件为中心进行查线的方法。把每个元件（包括器件）引脚的连线一次查清，检查每个引脚的去处在电路图上是否存在，这种方法不但可以查出错线和少线，还容易查出多线。

具体操作是：用指针式万用表"R×1"挡或数字万用表"Ω挡"的蜂鸣器来直接测量元器件引脚连接，同时也能发现接触不良的地方。为了防止出错，对于已查过的线通常在电路图上做出标记。

（2）元器件安装情况。检查元器件引脚之间有无短路，连接处有无接触不良，二极管、三极管、集成电路和电解电容极性等是否连接有误。

（3）电源供电（包括极性）、信号源连线是否正确。

（4）电源端对地（⊥）是否存在短路。这个过程能对电源进行有效保护。具体操作是：在通电前，断开一根电源线，用万用表检查电源端对地（⊥）是否存在短路。检查直流稳压电源对地是否短路。

若电路经过上述检查，并确认无误后，就可转入调试。

6.3.2　电子产品的调试方法

所谓电子产品的调试，是以达到电路设计指标为目的而进行的一系列的"测量–判断–调整–再测量"的反复进行过程。

调试包括测试和调整两个方面。为了使调试顺利进行，设计的电路图上应当标明各点的电位值、相应的波形图以及其他主要数据。调试方法通常采用先分调后联调（总调）。

一般而言，复杂电路都是由一些基本单元电路组成的，因此，调试时可以根据信号的流程，逐级调整各单元电路，使其参数基本符合设计指标。这种调试方法的核心是把组成电路的各功能块（或基本单元电路）先调试好，并在此基础上逐步扩大调试范围，最后完成整机调试。采用先分调后联调的优点是能及时发现问题和解决问题。新设计的电路一般采用此方法。对于包括模拟电路、数字电路和微机系统的电子装置，更应采用这种方法进行调试。因为只有把三部分分开调试后，分别达到设计指标，并经过信号及电平转换电路、阻抗匹配后才能实现整机联调。否则，由于各电路要求的输入、输出电压和波形不符合要求，盲目进行联调，就可能造成大量的器件损坏。

但对于已定型的产品和需要相互配合才能运行的产品也可采用一次性调试。

6.3.3　电子产品调试的步骤

电子产品调试步骤如下：

1. 通电观察

将电源正确接入调试电路，观察有无异常现象（包括有无冒烟，是否有异常气味，手摸元器件是否发烫，电源是否有短路现象等）。如果出现异常，应立即切断电源，待排除故障后才能再通电。然后测量调试电路的总电源电压和各器件（如晶体管、运算放大器）电源引脚电压，以保证元器件正常工作。

需要指出的是，一般实验室中使用的稳压电源是一台仪器，它不仅有一个"+"端，一个

"−"端，还有一个"地"接在机壳上，当电源与实验板连接时，为了能形成一个完整的屏蔽系统，实验板的"地"一般要与电源的"地"连起来，而实验板上用的电源可能是正电压，也可能是负电压，还可能正、负电压都有，所以电源是"+"端接"地"还是"−"端接"地"，使用时应先考虑清楚。如果要求电路浮地，则电源的"+"与"−"端都不与机壳相连。

另外，应注意一般电源在开与关的瞬间往往会出现瞬态电压上冲的现象，极容易烧坏测试设备和集成电路，所以一定要养成先开启电源，后接电路的习惯，在实验中途也不要随意将电源关掉。

如图 6.3.1 所示，如果在测量中，先断电源再断开电压表，就有可能烧坏电压表。所以，正确操作是先断开电压表再关电源。

通过通电观察，认为电路初步工作正常，就可转入正常调试。

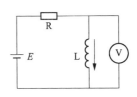

图 6.3.1 测试电路图

2. 静态调试

交直流并存是电子电路工作的一个重要特点。一般情况下，直流为交流服务，直流是电路工作的平台。因此，电子电路的调试有静态调试和动态调试之分。

静态调试一般是指在没有外加信号的条件下所进行的直流测试和调整过程。可用万用表检查静态工作点、电子电路的供电系统、半导体三极管、集成块的直流工作状态（包括元器件引脚、电源电压）、线路中的电阻值等。例如，通过静态测试模拟电路的静态工作点、数字电路的各输入端和输出端的高低电平值及逻辑关系等，可以及时发现已经损坏的元器件，判断电路工作情况，并及时调整电路参数，使电路工作状态符合设计要求。

对于运算放大器，静态检查除测量正、负电源是否接上外，主要检查在输入为零时，输出端是否接近零电位，调零电路起不起作用。当集成运放输出直流电位始终接近正电源电压值或负电源电压值时，说明集成运放处于阻塞状态，可能是外电路没有接好，也可能是集成运放已经损坏。如果通过调零电位器不能使输出为零，除了集成运放内部对称性差外，也可能集成运放处于振荡状态，所以实验板直流工作状态的调试，最好接上示波器进行监视。顺便指出，静态工作点也可以用示波器 DC 输入方式测定。用示波器的优点是，内阻高，能同时看到直流工作状态和被测点上的信号波形，以及可能存在原干扰信号及噪声电压等，更有利于分析故障。

3. 动态调试

动态调试是在静态调试的基础上进行的。调试的方法是在电路的输入端接入适当频率和幅值的信号，并循着信号的流向逐级检测各有关点的波形、参数和性能指标。调试的关键是善于对实测的数据、波形和现象进行分析和判断。这需要具备一定的理论知识和调试经验。发现电路中存在的问题和异常现象，应采取不同的方法缩小故障范围，最后设法排除故障。因为电子电路的各项指标互相影响，在调试某一项指标时往往会影响另一项指标。

实际情况错综复杂，出现问题多种多样，处理的方法也是灵活多变的。动态调试时，必须全面考虑各项指标的相互影响，要用示波器监视输出波形，确保在不失真的情况下进行调试。作为"放大"用的电路，要求其输出电压必须如实地反映输入电压的变化，即输出波形不能失真。

常见的失真现象：一是晶体管本身的非线性特性引起的固有失真，仅用改变电路元件参数的方式很难克服；二是由电路元件参数选择不当使工作点不合适，或由于信号过大引起的失真，如饱和失真、截止失真、饱和兼截止的失真。测试过程中不能凭感觉和印象，要始终借助仪器观察。使用示波器时，最好把示波器的信号输入方式置于 DC 挡，通过直流耦合方式，可同时观察被测信号的交直流成分。

通过调试，最后检查功能块和整机的各项指标（如信号的幅值、波形形状、相位关系、增益、输入阻抗和输出阻抗等）是否满足设计要求，如必要，再进一步对电路参数提出合理的修正。

6.3.4 电子产品调试中的注意事项

调试结果是否正确，很大程度上受测量正确与否和测量精度的影响。为了保证调试的效果，必须减小测量误差，提高测量精度。为此，需注意以下几点。

（1）正确使用测量仪器的接地端。凡是使用低端接机壳的电子仪器进行测量，仪器的接地端应和放大器的接地端连接在一起，否则仪器机壳引入的干扰不仅会使放大器的工作状态发生变化，而且将使测量结果出现误差。根据这一原则，调试发射极偏置电路时，若需测量 U_{CE}，不应把仪器的两端直接接在集电极和发射极上，而应分别测出 V_C、V_E，然后将二者相减得 U_{CE}。若使用干电池供电的万用表进行测量，由于电表的两个输入端是浮动的，所以允许直接接到测量点之间。

（2）在信号比较弱的输入端，尽可能用屏蔽线连接。屏蔽线的外屏蔽层要接到公共地线上。在频率比较高时，要设法隔离连接线分布电容的影响，例如用示波器测量时应该使用有探头的测量线，以减少分布电容的影响。

（3）选择合适的测量仪器及设备。第一，测量电压所用仪器的输入阻抗必须远大于被测处的等效阻抗。因为，若测量仪器输入阻抗小，则在测量时会引起分流，测量结果就存在很大的误差。第二，测量仪器的带宽必须大于被测电路的带宽。例如，MF-20 型万用表的工作频率为 20~20 000 Hz。如果放大器的 f_H = 100 kHz，就不能用 MF-20 型万用表来测试放大器的幅频特性；否则，测试结果就不能反映放大器的真实情况。

（4）要选择正确测量方式。用同一台测量仪进行测量时，测量点不同，仪器内阻引进的误差大小不同。例如，对于图 6.3.2 所示电路，测 B 点电压 U_{BQ} 时，若选择 E 为测量点先测 U_{EQ}，再测得 U_{BE}，根据 $U_{BQ} = U_{EQ} + U_{BE}$ 求得的结果，可能比直接测 B 点得到的 U_{BQ} 的误差要小得多（因为 r_{be} 较小，仪器内阻引进的测量误差小）。再者利用欧姆定律测电阻时，应根据电阻的大小采用外接法或内接法，如图 6.3.3 所示。

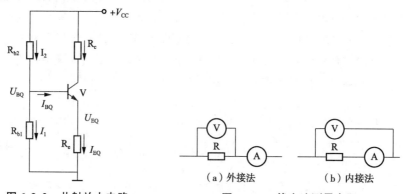

图 6.3.2　共射放大电路　　　　图 6.3.3　伏安法测量电阻

（5）测量方法要方便可行。需要测量某电路的电流时，一般尽可能测电压而不测电流，因为测电压不必改动被测电路,测量方便。若需知道某一支路的电流值,可以通过测取该支路上电阻两端的电压,经过换算而得到。

(6) 调试过程中,不但要认真观察和测量,还要善于记录。记录的内容包括实验条件,观察的现象,测量的数据、波形及相位关系等。只有有了大量可靠的实验记录,并与理论结果加以比较,才能发现电路设计上的问题,完善设计方案。

(7) 调试时出现故障,要认真查找故障原因。切不可一遇故障解决不了就拆掉线路重新安装。因为重新安装的线路仍可能存在各种问题,如果是原理上的问题,即使重新安装也解决不了问题。应当把查找故障并分析故障原因看成一次好的学习机会,通过它来不断提高自己分析问题和解决问题的能力。

6.4 电子产品的故障检测方法

故障是我们不希望出现但又是不可避免的电路异常工作状况。发现、分析和排除故障是从事电子行业工作的必备技能。

对于一个复杂的系统来说,要在大量的元器件和线路中迅速、准确地找出故障是不容易的。一般故障诊断过程,就是从故障现象出发,通过反复测试,做出分析判断,逐步找出故障的过程。

6.4.1 故障现象和产生故障的原因

1. 电子产品的常见故障

(1) 放大电路没有输入信号,而有输出波形(包括噪声信号和振荡信号)。

(2) 放大电路有输入信号,但没有输出波形,或者波形异常。

(3) 串联稳压电源无电压输出,或输出电压过高且不能调整,或输出稳压性能变差、输出电压不稳定等。

(4) 振荡电路不产生振荡。

(5) 计数器输出波形不稳或不能正确计数。

(6) 收音机出现"嗡嗡"交流声、"啪啪"的汽船声和炒豆声等。

(7) 发射机中出现频率不稳或输出功率小甚至无输出,或反射大,作用距离小等。

以上是最常见的故障现象,还有很多奇怪的现象,在这里就不一一列举了。

2. 产生故障的原因

故障产生的原因很多,情况也很复杂,有的是一种原因引起的简单故障,有的是多种原因相互作用引起的复杂故障。因此,引起故障的原因很难简单分类。这里只能进行一些粗略的分析。

(1) 对于定型产品使用一段时间后出现故障,故障原因可能是:元器件损坏;连线发生短路或断路(如焊点虚焊,接插件接触不良,可调电阻器、电位器、半可调电阻器等接触不良,接触面表面镀层氧化等);或使用条件发生变化(如电网电压波动、过冷或过热的工作环境等)影响电子设备的正常运行。

(2) 对于新设计安装的电路来说,故障原因可能是:实际电路与设计的原理图不符;元件使用不当或损坏;设计的电路本身就存在某些严重缺点,不满足技术要求;连线发生短路或断路等。

(3) 仪器使用不正确引起的故障，如示波器使用不正确而造成的波形异常或无波形，共地问题处理不当而引入的干扰等。

(4) 各种干扰引起的故障。

6.4.2 检测故障的一般方法

查找故障的顺序可以根据信号的流向从前到后或者从后到前，也可以根据功能，分模块查找。具体的方法大概可以归纳成以下几种：

1. 直接观察法

直接观察法是指不用任何仪器，利用人的视、听、嗅、触等手段来发现问题，寻找和分析故障。直接观察包括不通电检查和通电观察。

检查仪器的选用和使用是否正确；电源电压的数值和极性是否符合要求；电解电容的极性，二极管和三极管的引脚、集成电路的引脚有无错接、漏接、互碰等情况；布线是否合理；印制电路板有无断线；电阻电容有无烧焦和炸裂等。

通电观察元器件有无发烫、冒烟，变压器有无焦味，示波器灯丝是否点亮，有无高压打火等。

此法简单，也很有效，可作为初步检查时用，但对比较隐蔽的故障无能为力。

2. 信号寻迹法

对于各种较复杂的电路，可在输入端接入一个一定幅值、适当频率的信号（例如，对于多级放大器，可在其输入端接入 $f=1\,000$ Hz 的正弦信号），用示波器由前级到后级（或者相反），逐级观察波形及幅值的变化情况，如哪一级异常，则故障就在该级。这是深入检查电路的方法。

3. 对比法

怀疑某一电路存在问题时，可将此电路的参数与工作状态和相同的正常电路中的参数（或理论分析的电流、电压、波形等）进行一一对比，从中找出电路中的不正常情况，进而分析故障原因，判断故障点。

4. 替换法

有时故障比较隐蔽，但根据以往经验觉得可能是某个器件造成。如这时手中有与故障产品同型号的产品时，可以将工作正常产品中的部件、元器件、插件板等一一替换到有故障产品中的相应部件，以便于缩小故障范围，进一步查找故障。

5. 短路法和断路法

短路法就是采取临时性短接一部分电路来寻找故障的方法。此方法应根据电路结构而定，切忌盲目操作，以免造成更大故障。

断路法用于检查短路故障最有效。断路法也是一种使故障怀疑点逐步缩小范围的方法。例如，某稳压电源接入一个带有故障的电路，使输出电流过大，采取依次断开电路的某一支路的办法来检查故障。如果断开该支路后，电流恢复正常，则故障就发生在此支路。

6. 旁路法

当有寄生振荡现象，可以利用适当容量的电容器，选择适当的检查点，将电容器临时跨接在检查点与参考接地点之间，如果振荡消失，就表明振荡是产生在此附近或前级电路中；否则就在后面，再移动检查点寻找。应该指出的是，旁路电容要适当，不宜过大，只要能较好地消除有害信号即可。

7. 暴露法

有时故障不明显，或时有时无，一时很难确定，此时可采用暴露法。检查虚焊时对电路进行敲击就是暴露法的一种。另外，还可以让电路长时间工作一段时间，例如几小时，然后再来检查电路是否正常。这种情况下往往有些临界状态的元器件经不住长时间工作，就会暴露出问题来，然后对症处理。

这些方法的使用可根据设备条件、故障情况灵活掌握。在实际调试中，对于简单的故障用一种方法即可查找出故障点，但对于较复杂的故障则需采取多种方法互相补充、互相配合，才能找出故障点。在一般情况下，寻找故障的常规做法是：

（1）采用直接观察法，排除明显的故障。

（2）用万用表（或示波器）检查静态工作点。

（3）用信号寻迹法查找故障。这是对各种电路普遍适用而且简单直观的方法，在动态调试中广为应用。

但是，对于反馈环内的故障诊断是比较困难的。在这个闭环回路中，只要有一个元器件（或功能块）出故障，则往往整个回路中处处都存在故障现象。寻找故障的方法是先把反馈回路断开，使系统成为一个开环系统，然后再接入一适当的输入信号，利用信号寻迹法逐一寻找发生故障的元器件（或功能块）。例如，图 6.4.1 是一个带有反馈的方波和锯齿波电压产生器电路，A_1 的输出信号 U_{O1} 作为 A_2 的输入信号，A_2 的输出信号 U_{O2} 作为 A_1 的输入信号。也就是说，不论 A_2 组成的过零比较器或 A_1 组成的积分器发生故障，都将导致 U_{O1}、U_{O2} 无输出波形。寻找故障的方法是，断开反馈回路中的一点（例如 B_1 点或 B_2 点），假设断开 B_1 点，并从 B_1 点与 R_5 连线端输入一适当幅值的锯齿波，用示波器观测 U_{O2} 输出波形应为方波，U_{O1} 输出波形应为锯齿波，如果 U_{O2} 没有波形（或 U_{O1} 波形出现异常），则故障就发生在 A_2 组成的过零比较器（或 A_1 组成的积分器）电路上。

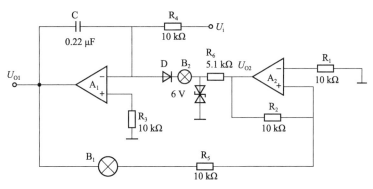

图 6.4.1 方波和锯齿波发生器

6.4.3 检测故障的注意事项

在故障检测过程中，应当切实注意安全问题。有许多安全注意事项是普遍适用的。有的是针对人身安全的以保护操作人员的安全，有的是针对电子设备的以避免测试仪器和被检设备受到损坏。对于有些专用的精密设备，还有特别的注意事项是需要在使用前引起注意的。

（1）许多电子设备的机壳与内电路的地线相连，测试仪器的地应与被检修设备的地相连。

（2）检修带有高压危险的电子设备时，打开其后盖板时应特别注意。

（3）在连接测试线到高压端子之前，应切断电源。如果做不到这点，应特别注意避免碰及电路和接地物体。用一只手操作并站在有适当绝缘的地方，可减少电击的危险。

（4）滤波电容可能存有足以伤人的电荷。在检修电路前，应使滤波电容放电。

（5）绝缘层破损可能引起高压触电危险。在用导线进行测试前，应检查导线绝缘层是否被划破。

（6）注意仪表使用规则，以免损坏表头。

（7）应该使用带屏蔽的探头。当用探头触及高压电路时，决不要用手去碰及探头的金属端。

（8）大多数测试仪器对允许输入的电压和电流的最大值都有明确规定，不要超过这一最大值。

（9）防止振动和机械冲击。

（10）测试前应研究待测电路，尽可能使电路与仪器的输出电容相匹配。

（11）在一些测试仪器上可以见到两个国际标准告警符号。一个符号是内有感叹号的三角形，告诫操作员在使用一个特别端口或控制旋钮时，应按规程去做；另一个符号是表示电击的Z字形符号，告诫操作人员在某一位置上有高压危险或使用这些端口或控制旋钮时，应考虑电压极限。

第 7 章 电子技术综合实训项目

为进一步加强电子信息类学生动手能力和工程实践能力，提高学生针对实际问题进行电子设计、制作的综合素质，吸引和鼓励他们踊跃参加课外科技活动，本章以叮咚音响门铃等几个实用性电路为例，详细讲述其工作原理、设计思路、参数计算、制作调试等过程，并配有课外制作，作为对学生训练结果的考核。

7.1 叮咚音响门铃

只利用一个555定时器组成多谐振荡器，发出音色比较动听的"叮咚"两个声音，并通过该实例掌握555定时器的工作原理及其设计方法。

7.1.1 器件选型及参数计算

555定时器是美国Signetics公司1972年研制的用于取代机械式定时器的中规模集成电路，因设计时输入端有三个5 kΩ的电阻而得名。555定时器是一种模拟和数字功能相结合的集成器件，至今品种繁多，主要有TTL和CMOS两大类型，它们的电路结构和工作原理基本相同。TTL型（以5G555为代表）驱动能力较强，电源电压范围为5～16 V，最大负载电流可达200 mA；而CMOS型（以CC7555为代表）则具有功耗低、输入电阻高等优点，电源电压范围为3～18 V，最大负载电流在20 mA以下。产品型号尾数为555的是TTL型单定时器，双定时器为556；型号尾数为7555的是CMOS型单定时器，双定时器为7556。555定时器成本低、性能可靠，只需要外接几个电阻、电容，就可以方便实现多谐振荡器、单稳态触发器和施密特触发器等脉冲产生与变换电路。由于使用灵活、方便，所以555定时器在波形的产生与变换、测量与控制、家用电器、电子玩具等许多领域中得到了应用。

设计要求是用一个555定时器产生两个不同的频率。根据相关资料可知，"叮"的频率为700 Hz，而"咚"的频率为500 Hz左右，所以必须要利用二极管来导流，设计出两条不同的充放电路径，这样来实现两个不同的频率，电路图如图7.1.1所示。

依据555定时器的计算公式，频率$f = \dfrac{1}{RC \cdot \ln 2}$，其中电阻$R$既含有充电回路的等效电阻，又包含放电回路的等效电阻。根据经验产生100～1 000 Hz的频率，定时电容取值为0.1 μF。经计算，发出"叮"声时的总电阻为20 kΩ左右，发出"咚"声时的总电阻为30 kΩ左右。这样就能确定出电阻$R_2 = 30$ kΩ-20 kΩ$=10$ kΩ；而$R_3 + 2R_4 = 20$ kΩ，根据电阻的标称值，再进一步确定R_3选10 kΩ，R_4选5.1 kΩ。为了使得"咚"这个音维持一段时间（1 s左右），所以采用电容的存储电荷来保证。电路采用的是零输入响应的方式。根据公式$u(t) = U_0 \cdot e^{-\frac{t}{\tau}}$，电路中初始电压为6 V，下降到0.6 V左右将停振，计算出时间常数τ为0.43 s左右，所以电阻R_1选择10 kΩ，电容C_1选择47 μF。

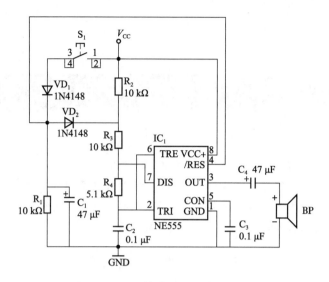

图 7.1.1 叮咚音响门铃电路图

555 定时器的第 5 引脚为压控振荡端，在不改变外围电阻和电容的情况下，也可以通过改变压控端的直流电压值实现振荡频率的变化。但是这种方法的计算过程比较麻烦，读者可以根据自己的理论知识的掌握情况进行论证计算。

7.1.2 电路原理分析

555 定时器与 R_2、R_3、R_4、C_2 等组成多谐振荡器，如图 7.2.1 所示，采用二极管 VD_1 和 VD_2 对充放电路径进行选择。常态 S_1 处于断开状态，此时 555 的第 4 引脚通过 R_1、C_1 接地，处于低电平，故 555 处于复位状态，第 3 引脚输出低电平，扬声器不会有声响。

当 S_1 被按压后，V_{CC}（+6 V）通过 VD_1 向 C_1 充电，使得定时器 555 的第 4 引脚快速呈现高电平，定时器 555 开始振荡，其振荡频率为

$$f_1 = \frac{1.44}{(R' + R_3 + 2R_4)C_2}$$

式中，R' 是 VD_1、VD_2 的直流电阻（二极管的电阻为 0.25 kΩ）。通过代入参数验算得振荡频率为 704 Hz，由于实际电阻有一些偏差，所以符合设计要求。

当松开按钮 S_1 后，由于 C_1 还存有电荷，555 定时器的第 4 引脚仍为高电平，仍将维持振荡状态，但此时的振荡频率变为

$$f_2 = \frac{1.44}{(R_2 + R_3 + 2R_4)C_2}$$

通过验算得到振荡频率为 477 Hz，此时的振荡频率比按压 S_1 时的要低，随着 C_1 通过 R_1 逐步放电，C_1 两端电压逐步降低，直至 555 定时器的第 4 引脚为低电平，使得 555 再次处于复位状态，停止振荡。

因此本电路设计思路是：在 S_1 按下时发出高音的"叮"声，松开 S_1 后发出"咚"声。电阻 R_1 和电容 C_1 是维持"咚"音时间长短的主要参数。电容 C_3 为退耦电容，保证压控端直流电压稳定。电容 C_4 为耦合电容，隔离直流，避免造成扬声器一直鸣叫。

7.1.3 制作与调试

采用计算机辅助设计（CAD）软件，本设计制作了一个 4 cm×6 cm 的 PCB 版图作为参考，如图 7.1.2 所示。

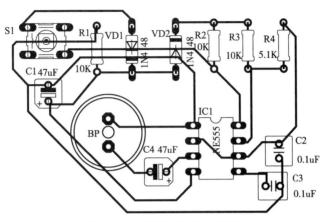

图 7.1.2 叮咚门铃 PCB 版图

注：图中 47uF 即 47μF，10K 即 10 kΩ，下同。

操作时可以参照图 7.2.2 自行设计并完成制版焊接。注意事项：

（1）按钮 S1 安装时注意方向，应依据长短对应安装。

（2）焊接时不能直接焊接 555 定时器，应该焊接底座，以便以后更换器件。

（3）注意焊接顺序，按从低到高，从耐热器件开始的原则，先电阻、二极管、底座、按钮、电容，最后固定扬声器。

为说明调试过程，以扬声器不发声为例，阐述分析调试过程。当扬声器没有发出声音，可用导线将二极管 VD_1 短接，应该发出"叮"音，此处说明二极管 VD_1 有问题。如果还没发声可继续短接二极管 VD_2，此时应该发出"咚"声，有声，说明二极管 VD_2 有问题；没声，说明 555 定时器构成的振荡电路有问题，还需进一步分析定时器及外围器件的连接。如果音调与"叮咚"不一致，可调整电阻 R_2、R_3、R_4 的大小。

7.2 频率合成器

设计任务是利用数字锁相环 CD4046 设计一个频率合成器，可以实现 1~99 之间的任意倍频输出。

7.2.1 锁相环简介

锁相环（phase locked loop，PLL）是一种典型的反馈控制电路，利用外部输入的参考信号控制环路内部振荡信号的频率和相位，实现输出信号频率对输入信号频率的自动跟踪，一般用于闭环跟踪电路。锁相环在工作的过程中，当输出信号的频率与输入信号的频率相等时，输出电压与输入电压保持固定的相位差值，即输出电压与输入电压的相位被锁住，这就是锁相环名称的由来。

锁相环最初用于改善电视接收机的行同步和帧同步，以提高抗干扰能力。20 世纪 50 年代后期随着空间技术的发展，锁相环用于对宇宙飞行目标的跟踪、遥测和遥控。20 世纪 60 年代初随着数字通信系统的发展，锁相环应用愈广，例如为相干解调提取参考载波、建立位同步等。具有门限扩展能力的调频信号锁相鉴频器也是在 60 年代初发展起来的。在电子仪器方面，锁相环在频率合成器和相位计等仪器中起了重要作用。锁相环按其运用可分为模拟锁相环和数字锁相环。

锁相环是一个由鉴相器（phase detector, PD）、滤波器（loop filter, LF）和压控振荡器（voltage controlled oscillator, VCO）三部分组成的反馈控制电路，如图 7.2.1（a）所示。锁相环中的鉴相器又称相位比较器，它的作用是检测输入信号和输出信号的相位差，并将检测出的相位差信号转换成电压信号 U_D 输出，该信号经低通滤波器滤波后形成压控振荡器的控制电压 U_C，对振荡器输出信号的频率实施控制。

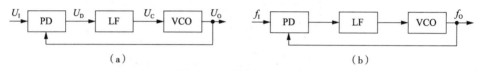

图 7.2.1 锁相环结构图

7.2.2 频率合成器设计方案及原理分析

在现代电子技术中，为了得到高精度的振荡频率，通常采用石英晶体振荡器。但石英晶体振荡器的频率不容易改变，利用锁相环频率合成技术，可以获得多频率、高稳定的振荡信号输出，该技术在通信、雷达、测控、仪器仪表等电子系统中有广泛的应用。频率合成技术是以一个（或几个）高准确度和高稳定度的标准频率作为基准频率，由此得到稳定的输出频率，如图 7.2.1（b）所示。

1. 电路组成

利用锁相环设计的频率合成器由锁相环电路、可编程分频器组成。从锁相环路鉴相器的一端输入频率为 f_I 的信号，另一输入端由锁相环 VCO 输出频率 f_0，经可编程分频器 N 分频，得到 f_0/N，送入鉴相器。当环路锁定时有：$f_I = f_0/N$，即 $f_0 = N \cdot f_I$。改变分频系数 N，可得不同频率信号输出。原理框图如图 7.2.2 所示。

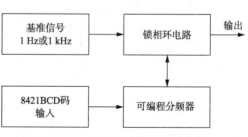

图 7.2.2 频率合成器的原理框图

2. 原理分析

为实现 1~99 之间的任意倍频，本设计采用数字锁相环 CD4046，以及两片可预置数的二-十进制 $1/N$ 减计数器 CD4522 组成，如图 7.2.3 所示（CD4046 和 CD4522 的功能表及其应用，请读者自行参阅相关资料）。本设计的基准频率可由定时器 NE555 构成，根据具体要求可以产生 1 kHz（或 1 Hz）的基准频率。电阻 R_6、电容 C_2 为数字锁相环 CD4046 中压控振荡器的外接振荡电阻及电容。当频率较低时，振荡电容 C_2 可选用较大电容。锁相环的输出频率范围计算公式为

$$\begin{cases} f_{\text{omin}} = 0 & (\text{VCOIN} = 0) \\ f_{\text{omax}} = \dfrac{1}{R_6 \cdot (C_2 + 32)} & (\text{VCOIN} = V_{\text{CC}}) \end{cases}$$

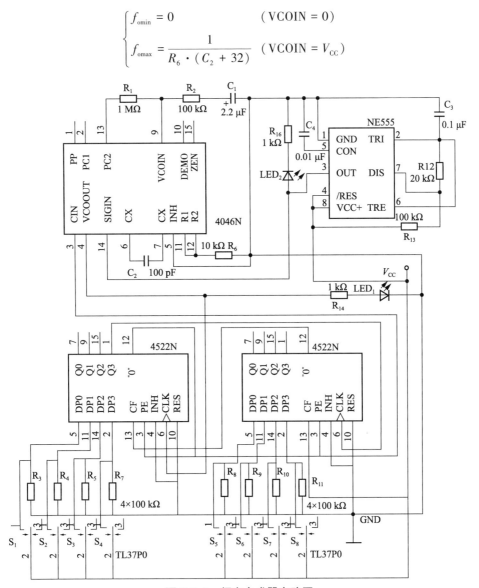

图 7.2.3 频率合成器电路图

电阻 R_1 和 R_2、电容 C_1 构成滤波电路，以保证压控振荡器的输入控制端（VCOIN）得到稳定的控制值。电阻 R_1 和 R_2、电容 C_1 的参数，需要根据实际调试做适当调整，以达到输出波形的稳定。可预置数可编程的二-十进制减计数器 CD4522 的数值由拨码开关输入，拨码开关的数值同时也是倍频的数值，即数字锁相环 CD4046 输出信号的频率就是基准频率与拨码开关的数值的乘积，电路中用 LED_1 进行指示。

7.2.3 制作与调试

1. PCB 版图

本设计制作了 PCB 版图作为参考，如图 7.2.4 所示。读者可以图 7.2.4 进行制作，并完成以下的相关测试。

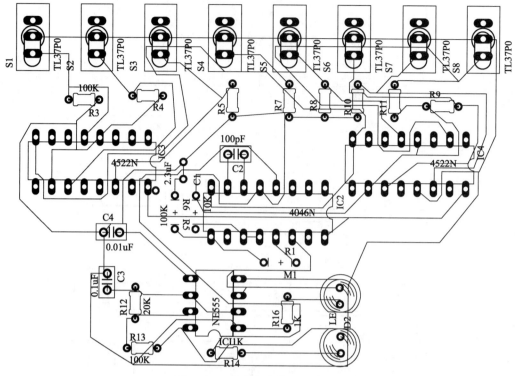

图 7.2.4 频率合成器 PCB 版图

2. 基准频率测试

测试 CD4046 本身的振荡频率。断开 CD4046 与 CD4522 的连接，或将 CD4522 设为 1 倍频，并将测量数据填入表 7.2.1 中。

表 7.2.1 基准频率测试数据表

基准频率	CD4046 本身振荡频率

3. 倍频测试

调节拨码开关，测输出频率，填入表 7.2.2 中，并进行误差计算（基准频率为 1 kHz）。

表 7.2.2 数据测试结果

拨码盘数值	输出频率（理论值）	测量值	误差
1	1 000 Hz		
10	10 kHz		
20	20 kHz		
30	30 kHz		
50	50 kHz		
99	99 kHz		

7.3 篮球赛 24 秒违例倒计时报警器

(2011 年江西省大学生电子设计制作现场赛题)

题意：在赛场给定的器材中选取必要的器件，设计并制作一个篮球赛 24 秒违例倒计时及其报警的装置。

要求：

(1) 具有倒计时功能。可完整实现从"24"秒开始依序倒计时并显示倒计时过程，显示的时间间隔为 1 s。

(2) 具有消隐功能。当"24"秒倒计时至终点的瞬间，显示器字幕立刻自行消隐，消隐时间必须大于 5 s。

(3) 具有复位功能。无论显示器是显示倒计时的时间或消隐状态下，只要按下复位键，显示器立刻显示"24"秒接着开始倒计时。

(4) 具有准时报警功能。当发生"24"秒违例时，在倒计时"24"秒结束，数码管消隐的瞬间并且立发出报警声"嘀"，且该声音时间不能太长也不可太短，只能是 0.5 s 左右，在 3 m 外能听到清晰报警声。

7.3.1 装置结构分析

根据赛题要求，要实现以上功能，该装置应包括：电源电路（即直流稳压电源）、秒信号产生电路、计数器控制单元、信号转换电路、数字译码驱动电路、数字显示及报警输出控制电路等部分。根据竞赛组委会提供的器件清单，产生秒信号的振荡电路可以由两个与非门及相关阻容元件组成；不过其产生的波形不是很理想还须用运算放大器 LM358 对振荡波形进行整形。另据题意可以知道，电路在倒计时计到"00"时必须把"00"锁住以停止计数，使计数输出值为"00"，此时应利用可预置 BCD 码计数器 CD40192 的借位输出信号，通过 CD4011 的与非门与该借位脉冲信号锁住秒脉冲的输入，使其输出恒为低电平。从而达到一直输出"00"的目的；再者由于提供的可用于延时电路设计的器件大部分为电阻和电容，况且题目对延时时间的要求不是很严格，所以可以用阻容元件来延时。也就可以利用这个借位低电平通过对电容充电来完成 0.5 s 和 5 s 的延时从而实现控制报警及消隐的目的。其结构框图如图 7.3.1 所示。

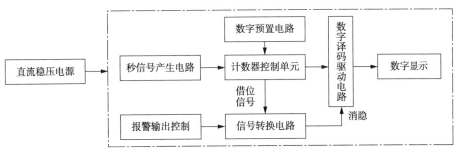

图 7.3.1 篮球赛 24 秒违例倒计时报警器结构框图

7.3.2 电路设计及工作原理

电路原理图如图 7.3.2 所示。

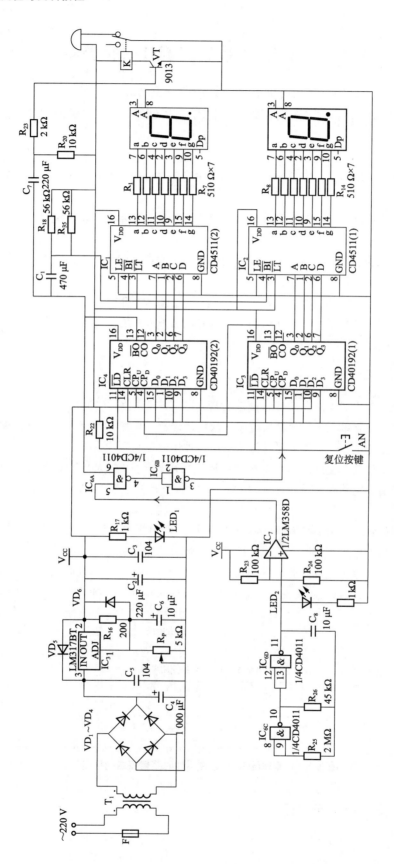

图7.3.2 篮球赛24秒违例倒计时报警器电路原理图

1. 电源部分

电源部分采用小功率可调式稳压集成电路 LM317 及其稳压器的典型电路。

该单元电路主要由降压、整流、滤波及稳压等部分组成（电路原理图详见图 7.3.2 中电源模块部分）。利用 LM317，可以把其 1 引脚和 2 引脚之间的电压稳定在 1.25 V，所以输出电压 $U_0 = 1.25 \times (1+R_P/R_{16})$。调节电位器 R_P 使输出电压 V_{CC} 为 9 V，图中的 VD_{14} 为工作状态指示用的发光二极管，如未发光，则说明该电源电路工作不正常。

2. 秒信号产生及整形电路

该单元电路由两部分组成，一部分是由两与非门组成的振荡电路；另一部分是用 LM358 构成的波形整形电路（LM358 引脚排列如图 7.3.3）。如图 7.3.2 所示，其中振荡电路的振荡周期为 $T = 2.2 \times R_{26} \times C_8$。根据赛题要求，其周期应约为 1 s，经计算后可选择 45 kΩ 的电阻和 10 μF 的电容来实现。由于与非门振荡电路的脉冲的输出端接有电容，所以输出的波形不是很理想，若直接送到下一级用来计数达不到设计要求，因此还必须对波形进行处理后再送到下一级作为计数时钟。此处可将运算放大器 LM358 设计成一个比较器电路以完成对这一秒脉冲信号的整形，可把阈值参考电压设为 $(1/2)V_{CC}$ 就可以得到比较理想的波形。再把这一处理过的脉冲波送到下一级作为计数输入的时钟信号，这样就可使计数器稳定工作，而不会产生误计、多计的现象。另外，在电路中的发光二极管 LED_2 用于振荡电路的工作状态指示，正常应处于 1 s 间隔的闪烁状态；否则，就处长亮或长灭状态。

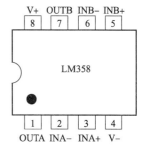

图 7.3.3 双运算放大器 LM358 引脚排列

3. 倒计数锁零电路

该单元电路主要是利用 BCD 码计数器 CD40192 的 CP_D 输入端来完成递减计数，CD40192 引脚排列如图 7.3.4 所示，由题目要求，倒计时的起始时间为 24 秒，则必须采用两片 CD40192 进行级联以完成两位递减的计数功能，根据该集成芯片的工作原理，在其置数输入端负责高位计数的应置成"0010"，低位计数的应置成"0100"（详见图 7.3.2 总图所示）。当 11 引脚为低电平时 CD40192 就会把由置数端 ABCD 组成的 BCD 码的十进制数输出到 Q_0、Q_1、Q_2、Q_3 以达到置数的目的。当复位按键按下之后，11 引脚为低电平，芯片置数借位输出端为高电平，脉冲可以通过两个与非门传送到 4 引脚使得电路可以正常倒计数。

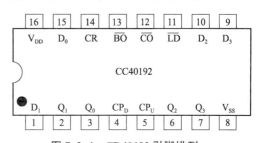

图 7.3.4 CD40192 引脚排列

芯片在正常倒计数时，$\overline{LD}$ 引脚通过一个上拉电阻拉高使其平时为高电平。由于该电路只允许工作在减计数状态，根据真值表，其 5 引脚（CP_U）应接高电平。4 引脚（CP_D）接时钟输入。13 引脚（$\overline{BO}$）为借位输出端，只有当倒计到"00"时才会输出低电平。利用这个低电平一方面借助一个与非门可以把输入的时钟脉冲锁住，从而使输出一直为"00"。此时 13 脚也一直输出为低电平。电路也就一直锁定在输出"00"的状态下。另一方面还需利用这个低电平来触发延时消隐及延时报警等功能。

4. 数显及延时消隐电路

CD4511 为四位锁存译码/驱动器，该集成芯片有一个消隐控制端，只要控制 4 引脚消隐端为低电平，就可实现显示器的消隐功能。当计数器 CD40192 还没有计到"00"时 CD40192 的 13 引脚始终输出高电平，电容两端电压为零，电容开路，即 CD4511 的消隐端被上拉为高电平。当倒计数到"00"时，CD40192 的 13 引脚输出低电平，V_{CC} 经电阻对电容充电，由于电容两端电平不能发生跳变，因此消隐端的电压会随电容充电而慢慢上升。在上升到 (1/2) V_{CC} 前，电路处于消隐状态。

消隐时间计算公式：

$$T = RC \frac{U(\infty) - U(0)}{U(\infty) - U(t)}$$

由于电容的误差较大，因此不可用作精确延时，并且计算出来的延时时间与实际值会有一定的出入。为达到设计要求可以通过串并联电阻来实现。延时报警电路对时间的延时控制和对消隐的延时时间的控制，都是用 RC 电路来实现延时。

延时报警电路如图 7.3.2 总图所示，正常倒计数时，由于借位输出端为高电平，三极管的基极为高电平，三极管导通，继电器中有电流流过，吸合，开关打向常开端，蜂鸣器不响。当倒计数到零时，借位输出端跳变为低电平，三极管 VT 转为截止状态，继电器线圈中没有电流流过，开关处于常开状态，蜂鸣器报警。此时 V_{CC} 将对电容 C_7 充电，三极管基极电压由低电平逐步上升，当上升到开启电压时三极管又处于导通状态，报警停止，报警时间只需调节阻容元件使其延时时间约为 0.5 s 即可。

7.3.3 制作与调试

采用赛场所提供的 20 cm×13 cm 万用板制作。先根据电路原理图构思选择好元器件，接着绘制电气连线（走线）排版草图，审核无误后插件、焊接、调试，逐一单元电路完成，再整体调试。调试过程中可能遇到的一些问题及处理方法：

（1）由两个与非门组成的振荡电路能正常工作（接 LED 会按周期为 1 s 的频率闪烁），但接入到 CD40192 的 CP_D 端后，计数器芯片并不能正常计数（有时一次会减几个数）。

分析：检查 CD40192 的电路没有问题之后，可以确定是由于与非门振荡产生的波形不理想所造成的，因此在与非门的脉冲输出端增设一个由运算放大器构成的电压比较器，以对输出的波形进行整形，使输出的波形成为比较理想的矩形波。将处理好的脉冲矩形波再传送到 CD40192 中的脉冲输入端（CP_D）就能完成正常的倒计数工作。

（2）最初计数器的锁零电路只用了一个与非门，但是计数器的输出电路不能正常锁定在"00"而是会继续进行倒计数。

分析：当倒计数到"00"时，高位的借位输出端输出低电平似乎可以把脉冲锁住，但由于用的是与非门，当锁定时与非门输出的是高电平，而 CD40192 是在时钟上升沿的时候计数的，也就是在锁定的一瞬间与非门又输出了一个上升沿使电路又减了 1，跳到了"99"，这样高位的借位输出端又为高电平，因此无法锁零。对此只需在与非门的输出端再加一个非门即可。这样可以确保消隐时间过后显示器的数字会停留在"00"处，而不会再有其他的变化，直到再按一次复位按钮而重新开始。

（3）根据公式计算出来的电阻、电容的参数值组成的延时电路，其实际延时时间与理论计算结果相差较大。

分析：由于阈值电压不好确定和阻容元件本身的误差较大造成延时时间不准。对于这个问题只能通过实际的时间来调整电路参数，主要是调节电位器的阻值从而达到所要求的延时时间。

（文中的设计介绍，来自江西省大学生电子制作现场赛，竞赛时长7.5 h，给定题目和元器件清单，自行设计和现场制作，并写出设计报告，本节内容所介绍的设计思路则选自毛翔同学提供的竞赛设计报告并由指导老师整理后的结果。）

附录 A 常用数字IC引脚及功能

1. TTL 数字集成电路

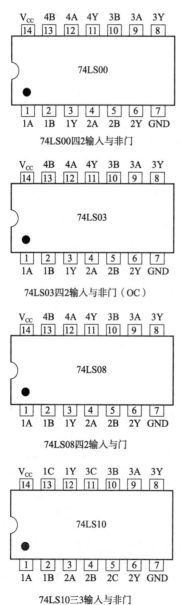
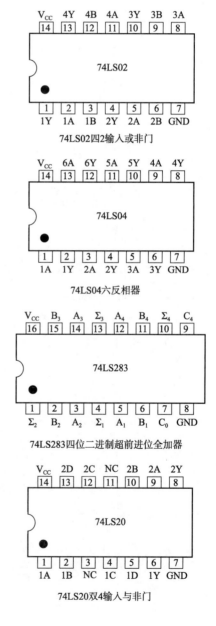

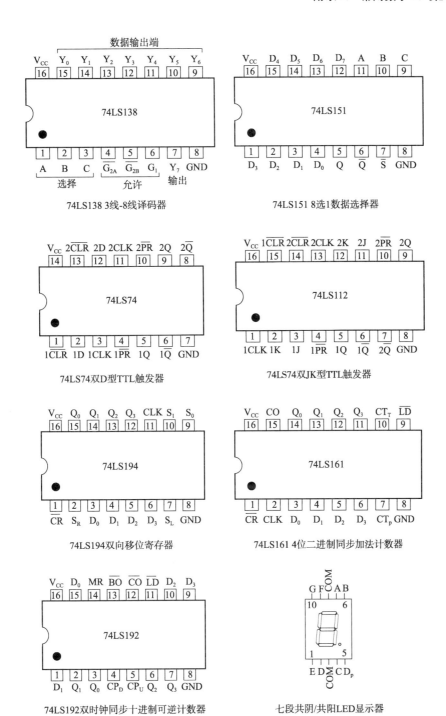

2. CMOS 数字集成电路

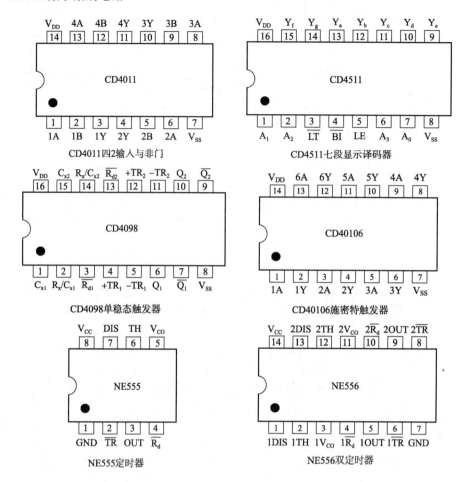

附录 B 图形符号对照表

图形符号对照表见表 B.1。

表 B.1 图形符号对照表

序 号	名 称	国家标准的画法	软件中的画法
1	发光二极管		
2	二极管		
3	极性电容器		
4	变压器		
5	电阻		
6	电压源		
7	蓄电池		

参 考 文 献

[1] 陈金西. 数字电路实验与综合设计［M］. 厦门：厦门大学出版社，2009.

[2] 陈立万，李洪兵，赵威威，等. EDA技术与实验［M］. 成都：西南交通大学出版社，2012.

[3] 邹其洪，黄智伟，高嵩. 电工电子实验与计算机仿真［M］. 北京：电子工业出版社，2006.

[4] 张丽华，刘勤勤，吴旭华. 模拟电子技术基础：仿真、实验与课程设计［M］. 西安：西安电子科技大学出版社，2009.

[5] 周润景，崔婧. Multisim电路系统设计与仿真教程［M］. 北京：机械工业出版社，2018.

[6] 袁东明，史晓东，陈凌霄. 现代数字电路与逻辑设计实验教程［M］. 2版. 北京：北京邮电大学出版社，2013.

[7] 王怀平，管小明，冯林，等. 电工电子实训教程［M］. 北京：电子工业出版社，2011.

[8] 管小明，黎军华，王怀平，等. 电子技能实训导论［M］. 北京：北京理工大学出版社，2016.

[9] 李翠锦，孙霞. 基于VHDL的EDA实验指导教程［M］. 成都：西南交通大学出版社，2018.

[10] 王天曦，李鸿儒. 电子技术工艺基础［M］. 北京：清华大学出版社，2000.

[11] 赵权科，王开宇. 数字电路实验与课程设计［M］. 北京：电子工业出版社，2019.

[12] 任爱锋，袁晓光. 数字电路与EDA实验［M］. 西安：西安电子科技大学出版社，2017.

[13] 王港元. 电工电子实践指导［M］. 4版. 南昌：江西科学技术出版社，2009.

[14] 王港元. 电子设计制作基础［M］. 南昌：江西科学技术出版社，2011.

[15] 夏西泉，刘良华. 电子工艺与技能实训教程［M］. 北京：机械工业出版社，2011.

[16] 王立新. 电工电子工艺实训教程［M］. 北京：机械工业出版社，2019.

[17] 王金明. EDA技术与Verilog HDL［M］. 北京：清华大学出版社，2021.